U0255844

普通高等教育"十三五"规划教材

离心式压缩机原理

主编　祁大同

参编　闻苏平　李景银

　　　秦国良　毛义军

主审　张楚华

机械工业出版社

本教材是流体机械及工程学科入门的基础教材之一,主要在一维定常亚声速流动、工质在热力学意义上为理想气体的前提下,讲授离心压缩机的基本工作原理和热力设计方法,包括压缩机通流部分的基本结构和通流元件的主要作用、气体流动的基本方程和基本概念、能量损失及性能曲线、叶轮及固定元件、相似理论在离心压缩机中的应用、离心压缩机的运行与调节、离心压缩机热力设计。本教材注重突出分析和解决问题的思路与方法,注重培养综合运用基础理论解决实际工程问题的能力。教材中每章后面均附有学习指导和建议,并配有思考题和习题。

本教材为能源与动力工程专业本科生的专业课教材,也适合相关学科的本科生、研究生和有需要的初学者学习使用,并可供从事离心压缩机和鼓风机设计、制造、运行以及从事相关研发工作的工程技术人员和科研人员参考。

图书在版编目(CIP)数据

离心式压缩机原理/祁大同主编. —北京:机械工业出版社,2017.12
(2025.1重印)
普通高等教育"十三五"规划教材
ISBN 978-7-111-58685-2

Ⅰ.①离… Ⅱ.①祁… Ⅲ.①离心式压缩机-高等学校-教材
Ⅳ.①TH452

中国版本图书馆 CIP 数据核字(2017)第 305467 号

机械工业出版社(北京市百万庄大街 22 号 邮政编码 100037)
策划编辑:蔡开颖 责任编辑:尹法欣
责任校对:刘秀芝 封面设计:张 静
责任印制:单爱军
北京虎彩文化传播有限公司印刷
2025 年 1 月第 1 版第 6 次印刷
184mm×260mm·13 印张·312 千字
标准书号:ISBN 978-7-111-58685-2
定价:38.00 元

凡购本书,如有缺页、倒页、脱页,由本社发行部调换

电话服务 网络服务
服务咨询热线:010-88379833 机工官网:www.cmpbook.com
读者购书热线:010-88379649 机工官博:weibo.com/cmp1952
教育服务网:www.cmpedu.com
封面无防伪标均为盗版 金书网:www.golden-book.com

前 言

根据教育部教育教学改革的精神和西安交通大学能源动力类专业教学体制改革和系列教材规划的要求，我们以机械工业出版社 1990 年出版的《离心式压缩机原理》（修订本）（以下简称原教材）为基础，对其基础内容部分重新编写，形成了这本新的教材。所谓"基础内容部分"，指原教材中在"一维定常亚声速流动、工质在热力学意义上为理想气体"假定下的离心压缩机工作原理、热力设计、运行调节及流动相似等基础内容，其他内容（三元流动及实际气体）将作为大学本科高年级学生的选修课程或研究生课程另外出版专门教材。

原教材由西安交通大学徐忠教授主编，程迺晋、李超俊和黄淑娟三位教授参编，是我国风机行业及相关专业领域内一本声誉卓著的教材。我们重编的宗旨是发扬原教材的一系列优点，继承教材中反映出的西安交通大学"基础厚、重实践"的光荣传统，遵循原教材的基本内容和总体框架，力争使基础内容有所深化及拓展，适当融入新时期的理念，努力使教材更适合新时期年轻学生的学习特点，更有利于对他们进行思维方法、创新意识和分析问题、解决问题能力的培养，从而符合最新教学大纲和教学改革的要求。

本教材的目标是使其成为流体机械及工程学科入门的基础教材之一，面向能源与动力工程专业的大学三年级本科生，为他们学好后续课程及做好今后工作或读研深造打下坚实的基础。同时，也努力做到适合相关学科、专业和有需要的初学者学习使用，并可供从事离心压缩机设计、运行以及相关研究工作的工程技术人员和科研人员参考。

本教材由西安交通大学能源与动力工程学院流体机械及工程系的教师编写，共分 8 章。毛义军编写第 1 章，祁大同编写第 2、6、8 章，闻苏平编写第 3、7 章，李景银编写第 4 章，秦国良编写第 5 章。祁大同担任主编，对教材进行统筹修改并最终定稿。

衷心感谢以徐忠教授为代表的原教材编者和以苗永淼先生为代表的所有老师们，是前辈们的辛勤培养使我们能够承担编写教材的任务。沈阳鼓风机集团教授级高工熊欲均、陈福芳和研究院刘长胜总工程师，西安交通大学热流科学与工程系流体力学研究所所长李国君教授，杭氧透平机械公司池雪林总工程师等对本教材的内容及编写提供了很好的指导意见，西安交通大学能源与动力工程学院院长丰镇平教授、院长助理李军、陈雪江和流体机械及工程系主任张楚华教授为抓好本教材的编写工作倾注了大量心血，也向他们表示衷心感谢。硕士生张义、郭明达，本科生陈博和硕博连读生高亢在本教材的编写过程中提供了大力支持和帮助，在此一并表示感谢。

衷心感谢教材主审张楚华教授，他的宝贵意见对于提高教材质量起了极大的作用。

教材中使用并引用了一些对学生的学习和培养起着重要作用的图片和插图，特向制作这些图片和插图的作者和单位表示衷心感谢。

由于我们水平有限，错误和不妥之处在所难免，恳请广大读者批评指正，以使教材内容能在使用过程中不断得到改进和完善。

编者

于西安交通大学

主要符号说明

1. 英文字母

A：	面积	p：	压力，静压，管网阻力
b：	叶轮进口或出口宽度	p_{st}：	滞止压力，总压
c：	绝对速度	P：	功率
c_p：	比定压热容	q_m：	质量流量
d：	直径，叶轮进口轮毂直径，含湿量	q_V：	体积流量
d_Z：	主轴轴径	Q：	热量
D：	直径	r：	半径或径向坐标
g：	重力加速度	R：	气体常数，半径
h：	焓，损失	Re：	雷诺数
i：	冲角	s：	熵
k_v：	比体积比	t：	时间，摄氏温度
K：	级数，系数	T：	热力学温度，静温
K_η：	效率比	T_{st}：	滞止温度，总温
K_d：	系数	u：	圆周或切向速度，热力学能
l：	流程或流线长度，叶片弧长	v：	比体积
L：	轴承跨距	w：	相对速度
m：	质量，多变过程指数	W：	功
M：	力矩，转矩	$\Delta \overline{W}$：	省功比
Ma：	马赫数	x：	x 向坐标
n：	转速	y：	y 向坐标
n_k：	临界转速	Y：	系数
n_s：	比转数	z：	z 向坐标，叶片数，位能
N：	压缩机段数	Z：	中间冷却次数

2. 希腊字母

α：	绝对气流角	θ_{eq}：	当量扩张角
β：	相对气流角或叶片安装角，损失系数	κ：	等熵指数（绝热过程指数）
γ：	叶片进口边倾斜角	λ：	摩擦阻力系数，中冷器压力损失比
δ：	叶片厚度	μ：	气体相对分子质量，滑移系数，动力黏度
Δ：	管壁凸起颗粒直径，叶片折边宽度	ν：	运动黏度
ε：	压比	ρ：	密度
ζ：	系数	σ：	多变过程指数系数
η：	效率	τ：	叶片阻塞系数
θ：	圆周角度，轮盖倾斜角或角坐标	φ：	角度

φ_r：	流量系数	ψ：	能量头系数或多变能量头系数
φ_{2r}：	叶轮出口流量系数	ω：	角速度
φ_{2u}：	周速系数	Ω：	叶轮反作用度

3. 下角标

0：	叶轮进口截面	loss：	损失
1：	叶轮叶片进口截面，任意截面	lsc：	缸内末级
2：	叶轮叶片出口截面，任意截面	lse：	末段
3：	扩压器进口截面	L：	内漏气损失
4：	扩压器出口或弯道进口截面	m：	质量
5：	弯道出口或回流器进口截面	max：	最大
6：	回流器出口截面	min：	最小
aver：	平均值	mix：	混合，尾迹
A：	叶片安装角	out：	蜗壳出口截面
c：	绝对速度	pol：	多变过程
cal：	留有裕度的计算量	r：	径向
con：	收敛	s：	等熵过程
cr：	临界值	se：	段
df：	轮阻损失	sec：	二次流
div：	扩张	sep：	分离
dry：	干气体	sh：	冲击
fri：	摩擦	st：	滞止参数
fsc：	缸内首级	th：	理论的
fse：	首段	tot：	总的，全部
hyd：	水力的，流动的	T：	等温过程
H_2O：	冷却水	u：	切向
i：	段数，任意截面	V：	容积
imp：	叶轮	w：	相对速度
in：	压缩机或段进口截面	w：	凝结水
j：	级数	∞：	无穷大，叶片数无穷多

目 录

前言

主要符号说明

第1章　离心压缩机初步介绍 ………… 1

1.1　压缩机的分类 ………… 1

1.2　表征离心压缩机性能特点的主要参数 … 2

1.3　离心压缩机通流部分的主要结构及
作用 ………… 3

1.4　多轴离心压缩机结构及特点简介 … 6

学习指导和建议 ………… 8

思考题和习题 ………… 8

第2章　气体流动的基本方程和基本
概念 ………… 9

2.1　基本假定和速度三角形 ………… 9

2.2　基本方程 ………… 12

2.3　压缩过程及压缩功 ………… 19

2.4　离心压缩机的效率 ………… 26

2.5　级中气体状态参数的变化 ………… 32

2.6　轴向涡流 ………… 35

2.7　流量 ………… 38

学习指导和建议 ………… 39

思考题和习题 ………… 40

第3章　能量损失及性能曲线 ………… 42

3.1　流动损失 ………… 42

3.2　雷诺数和马赫数对流动损失的影响 … 48

3.3　漏气损失 ………… 51

3.4　轮阻损失 ………… 59

3.5　离心压缩机的性能曲线 ………… 61

学习指导和建议 ………… 68

思考题和习题 ………… 68

第4章　叶轮 ………… 70

4.1　叶轮典型结构介绍 ………… 70

4.2　叶轮做功能力的计算 ………… 79

4.3　叶轮设计参数的合理选择 ………… 83

4.4　半开式、混流式叶轮 ………… 91

学习指导和建议 ………… 95

思考题和习题 ………… 95

第5章　固定元件 ………… 97

5.1　吸气室 ………… 97

5.2　扩压器 ………… 102

5.3　弯道和回流器 ………… 110

5.4　蜗壳（排气室） ………… 115

学习指导和建议 ………… 121

思考题和习题 ………… 121

第6章　相似理论在离心压缩机中的
应用 ………… 123

6.1　离心压缩机的流动相似 ………… 123

6.2　离心压缩机流动相似的结果 ………… 129

6.3　离心压缩机的性能换算与模化设计 … 132

学习指导和建议 ………… 140

思考题和习题 ………… 141

第7章　离心压缩机的运行与调节 …… 142

7.1　离心压缩机与管网联合工作 ………… 142

7.2　离心压缩机的旋转失速与喘振 ………… 146

7.3　离心压缩机的串联与并联 ………… 149

7.4　离心压缩机的调节 ………… 153

学习指导和建议 ………… 161

思考题和习题 ………… 162

第8章　离心压缩机热力设计 ………… 163

8.1　热力设计概述 ………… 163

8.2　效率法设计的主要内容 ………… 165

8.3　效率法方案设计的基本思路 ………… 166

8.4　效率法方案设计的基本步骤 ………… 173

8.5　效率法逐级详细计算 ………… 178

8.6　离心压缩机热力设计例题 ………… 182

学习指导和建议 ………… 198

思考题和习题 ………… 198

参考文献 ………… 199

第 1 章

离心压缩机初步介绍

1.1 压缩机的分类

按照压缩气体的方式不同，压缩机通常分为两类：一类是容积式压缩机，另一类是透平式压缩机。从能量的观点看，压缩机是把原动机的机械能转变为气体能量的一种机械。

1. 容积式压缩机

容积式压缩机通过在保持气体质量不变的条件下减小其容积达到提高气体压力的目的。典型的容积式压缩机又可大致分为两种：一种是往复式，例如活塞式压缩机；另一种是回转式，例如螺杆压缩机、涡旋压缩机等。

2. 透平式压缩机

透平式压缩机通过旋转的叶轮叶片对气体做功使气体压力得以提高。透平是英文Turbine 的译音，透平式压缩机是透平机械（Turbomachinery）的一种。透平式压缩机通常有如下分类方式：

（1）按结构形式分类

1）离心压缩机。叶轮对气体做功时，相对于叶轮的旋转轴中心线而言，气体流动方向主要是与其垂直的半径方向并指向离心方向。

2）轴流压缩机。叶轮对气体做功时，相对于叶轮的旋转轴中心线而言，气体流动方向主要是与其平行的轴线方向。

还有一种观点认为，二者的本质区别为叶轮中有无离心力做功。

（2）按压力分类[1-3]　　通常，在进口为理想大气的条件下（或理解为绝对压力为0.101326 MPa），可根据出口压力按表 1-1 进行分类。

表 1-1　按照压力分类

通风机	出口绝对压力≤0.116036MPa，或风机全压≤0.01471MPa（表压），则称为通风机。在我国风机行业中，习惯上也常将全压≤0.015MPa 的风机称为通风机。根据我国风机行业的习惯，风机的标准进口状态为：工质为空气，进口绝对压力为 0.101326MPa，进口温度为 20℃，相对湿度为 50%

（续）

压缩机	出口绝对压力 ≥ 0.343245MPa 时称为压缩机。为方便,我国风机行业习惯上也常将出口绝对压力 ≥ 0.35 MPa 作为划分标准
鼓风机	出口压力介于通风机与压缩机之间

实际应用中，离心压缩机在压力分类上并非十分严格。例如：压缩机的出口压力并不高，但由于气体的特殊性质需要进行多级压缩，因此被称为压缩机；也有的观点认为压比（出口绝对压力与进口绝对压力之比）≥3.5 时称为压缩机；还有一些是因为使用单位的习惯而被称为压缩机。

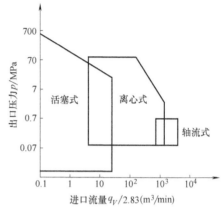

图 1-1 不同压缩机的使用范围

另外，压缩机也常用气体的种类来命名，如氨气压缩机、氢气压缩机、氧气压缩机、裂解气压缩机等。也有的压缩机根据用途来命名，如制冷压缩机、制药压缩机、高炉鼓风机等。

3. 使用范围比较

一般容积式压缩机宜用于中、小流量的场合，而透平式压缩机宜用于大流量的场合。图 1-1 比较了不同压缩机的使用范围。

1.2 表征离心压缩机性能特点的主要参数

通常，离心压缩机的性能特点通过下列主要参数来表示：

1. 工质

工质即工作介质，也就是压缩机输送的气体及相关的组分和物性参数。

2. 进口条件

进口条件即压缩机进口气体的热力状态，例如进口温度、进口压力及相对湿度等（本教材中，滞止温度或滞止压力都冠以"滞止"二字加以说明，凡未说明的，均指静温和静压）。

3. 设计流量

设计流量即进行离心压缩机设计时给定的流量。一般情况下，所有设计工作都按照压缩机在这一流量下运行而展开。流量一般采用下列三种表达方式：

1）质量流量。质量流量表示单位时间内通过压缩机或某一通流截面的流体质量，单位有 kg/s、kg/min、kg/h 等。

2）体积流量。体积流量表示单位时间内通过压缩机某一通流截面的流体体积（通常给出压缩机进口截面处的体积流量）。体积流量与工质在该通流截面的热力状态有关，单位有 m^3/s、m^3/min、m^3/h 等。

3）标准体积流量。标准体积流量通常表示在某一标准状态下，单位时间内通过压缩机某一通流截面的流体体积。

实际上，每一台离心压缩机都可以在包括设计流量在内的一定流量范围内运行。因此，一般情况下，压缩机有自己的最大运行流量和最小运行流量。行业中经常把压缩机在设计流量下运行称为在设计工况或设计点运行，把压缩机运行的流量范围称为压缩机的工况范围，并把工况范围的宽窄作为压缩机性能优劣的评价指标之一。

4. 设计压力（或压比）

设计压力（或压比）是压缩机在设计流量运行时所应达到的出口压力（或压比）。因此，设计压力（或压比）往往成为考核压缩机是否满足设计要求的重要指标之一。压缩机流量变化时，通常出口压力也会随之变化，所以，对应于压缩机的流量范围，出口压力也有一个变化范围。通常，表示压力的单位有 Pa、kPa、MPa 等。

5. 效率

效率通常指压缩机在设计工况运行时的效率，是表征离心压缩机性能优劣的重要指标之一。离心压缩机运行工况不同，通常效率也会有所变化。离心压缩机中常用的效率是多变效率、绝热效率（又称等熵效率）和等温效率。关于效率，在第 2 章中将详细论述。

6. 转速

转速通常指压缩机在设计工况运行时的主轴转速，又称设计转速。在很多情况下，压缩机的转速可以调节，因而存在一个变转速的工作范围。转速的单位为 r/min。

7. 功率

功率通常指压缩机在设计工况运行时所消耗的功率。压缩机的运行工况不同，功率往往也随之变化。压缩机的功率通常包括内功率、轴功率、与压缩机配套的原动机功率等，单位为 W、kW 等。

8. 冷却水温度

冷却水温度指当压缩机需要进行中间冷却时，对被冷却工质进行冷却之前的冷却水温度。

9. 噪声

噪声通常是指压缩机在设计工况运行时，在压缩机外部或指定位置测得的噪声，一般应按照相关标准进行测量。压缩机运行工况不同，噪声通常也会不同。随着环境保护意识的日益增强，离心压缩机噪声也越来越受到关注，正在逐步成为压缩机性能的重要评价指标之一。

1.3 离心压缩机通流部分的主要结构及作用

从结构形式划分，离心压缩机主要分为单轴和多轴两种类型。单轴压缩机为一缸一轴结构，是自离心压缩机诞生以来至今一直存在并广泛使用的基本形式。本教材将以单轴压缩机为主要研究对象，对多轴压缩机只是在部分章节中偶尔提及。因此，当没有特别指明是多轴压缩机时，书中所提离心压缩机均指单轴压缩机。

1. 离心压缩机的基本结构和流动过程

图 1-2 所示为典型的单轴离心压缩机垂直剖视图，有时也称为纵剖视图或径向剖视图。一根主轴由气缸（又称机壳）两端的轴承支撑。离心压缩机工作时，通常还需要有与之配套的原动机系统、变速及调节系统、润滑系统、冷却系统、监测和保护系统等，离心压缩机

是整个装置中的主机。在图 1-2 所示的压缩机中，主轴上装有七个叶轮，通过气缸左端径向轴承之外的联轴器与变速装置或原动机连接，在原动机带动下旋转。主轴主要用于安装叶轮、带动叶轮旋转并传递转矩。主轴上通常还有给叶轮定位的轴套和用于平衡部分轴向推力的平衡盘。行业中通常把固定于主轴之上并随主轴一起旋转的零部件总成称为转子，而把除转子之外的所有静止零部件的总成称为定子或静子。定子的主体是气缸，其他静止零部件（如隔板等）都安装在气缸中。气缸两端设有轴承座，通过轴承为转子提供支撑。

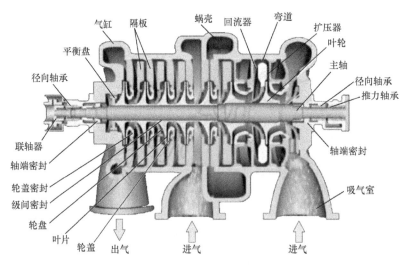

图 1-2　离心压缩机垂直剖视图

　　离心压缩机中零部件很多，本教材主要关注通流部分的主要结构和作用。通流部分是离心压缩机中气流通过的流道部分，通流截面则指气体流道的横截面（横断面）。如图 1-2 所示，气体从右端下部的吸气室入口进入压缩机，在主轴附近经 90°转弯沿轴向进入叶轮。由于叶轮旋转，气体在叶轮内再经 90°转弯，在叶片作用下提高速度、压力和温度并沿离心方向流出叶轮进入扩压器。在扩压器中，气体速度下降，而压力和温度继续升高，然后通过弯道，经 180°转弯进入回流器，从外径向内径方向流动回到主轴附近，再经 90°转弯沿轴向进入下一个叶轮。再次经过叶轮、扩压器、弯道、回流器的流动，气体压力和温度进一步提高，再进入第三个叶轮和扩压器，然后通过蜗壳从压缩机中引出进入中间冷却器。气体经过冷却温度降低后，再从图 1-2 中部的吸气室进入压缩机，在具有四个叶轮的通流部分中重复上述的流动及压缩过程，最后从图 1-2 中左端的蜗壳排出。上述过程中，气体流

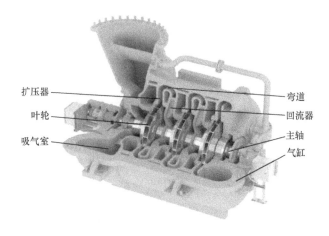

图 1-3　离心压缩机剖视图（一）

动所通过的通道部分即为离心压缩机的通流部分。

图 1-3、图 1-4 所示为用不同形式的视图给出另外两个离心压缩机的剖视图。

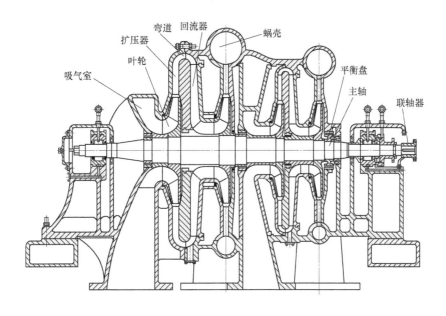

图 1-4　离心压缩机剖视图（二）

2. 基本通流元件及其主要作用

结合上面对气体流动过程的分析，离心压缩机的基本通流元件可按图 1-5 所示进行划分，其名称、位置和主要作用见表 1-2，其中 in-in、out-out 分别表示压缩机的进口截面和出口截面。

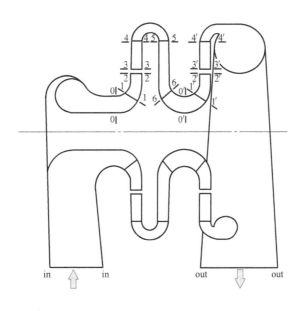

图 1-5　基本通流元件及主要通流截面示意图

表 1-2　基本通流元件及其主要作用

名　称	位　置	主要作用
吸气室	in-in 截面~0-0 截面	引导气体进入叶轮
叶轮	0-0 截面~2-2 截面	传递能量(对气体做功),1-1 截面为叶片进口
扩压器	3-3 截面~4-4 截面	降速增压,将气体动能转化为压力能
弯道	4-4 截面~5-5 截面	引导气体转弯
回流器	5-5 截面~6-6 截面	引导气体进入下一级叶轮
蜗壳	4'-4'截面~out-out 截面	收集扩压器(或叶轮)出口气体并将其排出

　　上述基本通流元件中,叶轮是唯一的转动元件,也是唯一对气体做功的元件。气体通过离心压缩机时压力能够提高主要依赖于叶轮对气体做功。因此,叶轮是最重要的通流元件。其他元件称为固定元件或静止元件。图 1-5 所示的各个通流截面不仅划分了各个基本通流元件,也是学习离心压缩机原理和设计中最常用、最具代表性的通流截面。以后如无特殊说明,将用这些数字作为下角标,用于表示这些有代表性通流截面上的相关参数或物理量。

　　每一个基本通流元件的具体结构和尺寸等详细信息,可参见第 4 章叶轮和第 5 章固定元件中的相关内容。

　　3. 级、段、缸

　　简单讲,一个叶轮及与之配合的所有固定元件构成一个级。行业中习惯把由叶轮、扩压器、弯道和回流器组成的级称为中间级,把由叶轮、扩压器(也可没有扩压器)和蜗壳组成的级称为末级,带有吸气室的中间级作为第一级。

　　气体从吸气室进入压缩机,经压缩后从蜗壳排出,则该吸气室与蜗壳之间的所有级组成一个段。压缩气体如需中间冷却,压缩机必然存在多段,段数等于冷却次数加 1。

　　一个机壳(或气缸)里容纳的所有段和级称为一个缸。一个缸内通常只有一个转子。如果压缩机的压比很高,需要很多级叶轮进行压缩,但由于受临界转速制约,转子长度受到限制,一根主轴上无法安装所需的全部叶轮,此时,压缩机就经常采用多缸形式,如低压缸、中压缸、高压缸等。

　　图 1-2 所示为氨压缩机的高压缸,是一缸两段七级。图 1-3 所示的压缩机为一缸一段三级,图 1-4 所示的压缩机为一缸两段四级,图 1-5 所示的压缩机则为一缸一段两级。

1.4　多轴离心压缩机结构及特点简介

　　多轴离心压缩机[4](Multi-shaft Centrifugal Compressor)大约出现于 20 世纪 40 年代,最常见的形式是一种整体齿轮传动式离心压缩机(Integrally Geared Centrifugal Compressor),也有人称其为齿轮组装式离心压缩机。

　　1. 整体齿轮传动式离心压缩机的主要结构

　　整体齿轮传动式离心压缩机的结构如图 1-6 和图 1-7 所示,通常由一个或两个大齿轮及其周围的若干小齿轮轴组成齿轮传动系统,大齿轮中的主齿轮由原动机驱动,小齿轮轴两端的悬臂伸出端可安装叶轮,每个叶轮可配置相应的进口、扩压器和蜗壳,从而构成一个级,各级之间用管道连接并考虑引入中间冷却器形成一个多轴多段多级离心压缩机。图 1-6 是某国际著名压缩机公司产品说明书中的图片，是一台出现较早的多轴离心压缩机，称为 DH 型离心压缩机，由一个大齿轮和两个小齿轮轴组成，图示结构为三级压缩。图 1-7 是国际著名的德国 MAN Turbo（曼透平）和 GHH BORSIG（盖哈哈-波尔西克）透平机械公司在产品说明书中公开刊载的图片[4]，表示由两个大齿轮和五个小齿轮轴组成的一台十级离心压缩机，反映了当前多轴离心压缩机的国际先进水平。

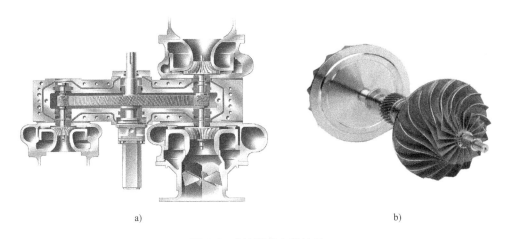

a)　　　　　　　　　　　　　　　　　　　　b)

图 1-6　DH 型离心压缩机

a）水平剖视图　b）转子

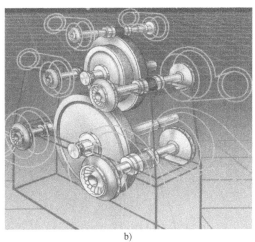

a)　　　　　　　　　　　　　　　　　　　　b)

图 1-7　整体齿轮传动式离心压缩机

a）外观图　　b）内部结构示意图

2. 多轴离心压缩机的主要特点

与单轴离心压缩机相比，多轴离心压缩机有如下主要特点：

1）不需要弯道回流器结构，在叶轮进口容易实现轴向均匀进气条件。

2）多轴可以为叶轮提供多个不同的转速。

3）有利于在各级之间实现中间冷却。

4）有利于在各级叶轮进口实现进口导叶调节。

5）压缩机效率高，工况范围宽。

学习指导和建议

1-1 掌握与离心压缩机相关的一些基本提法和初步概念，如压缩机的分类、表征离心压缩机性能的主要参数、离心压缩机的主要结构、零部件的主要名称等。

1-2 掌握离心压缩机主要通流元件的名称和作用。

1-3 通过学习教材各章中的插图，结合教学模型及图片，掌握各个通流元件的具体结构和那些代表性通流截面的形状，这既是本章重点，也是学好原理课的关键。

思考题和习题

1-1 什么是透平式压缩机？什么是离心压缩机？离心压缩机与轴流压缩机的主要区别是什么？与离心通风机、鼓风机又有什么区别？

1-2 与容积式压缩机和轴流压缩机相比，离心压缩机适合应用在什么样的流量和压力范围？

1-3 表征离心压缩机性能特点的主要参数通常有哪些？

1-4 何谓离心压缩机的设计工况和工况范围？离心压缩机的流量与出口压力（或压比）、效率、功率及噪声之间是否存在一一对应的关系？

1-5 气体通过离心压缩机为什么压力会提高？

1-6 离心压缩机的基本通流元件有哪些？通流元件各自的主要作用是什么？

1-7 划分离心压缩机基本通流元件的代表性通流截面有哪些？掌握这些基本通流元件和代表性通流截面的结构形状和特点。

1-8 何谓离心压缩机的转子、定子、级、段、缸？

1-9 与单轴离心压缩机相比，多轴离心压缩机有哪些特点？

第 2 章

气体流动的基本方程和基本概念

第 1 章中初步介绍了离心压缩机的一些最基本的概念，本章主要介绍：叶轮对气体做功及气体在压缩机内部流动遵循的基本原理或规律，叶轮所做的功、气体热力参数（压力、温度等）的变化如何计算，另外还介绍其他一些重要的基本概念。

本章内容涉及面广，基本概念多，学习难度大，既是后面各章内容的基础，也是全书学习的重点。

2.1　基本假定和速度三角形

1. 基本假定

由于离心压缩机中的流道形状比较复杂，并存在气流摩擦和边界层，所以气体参数不仅沿流道的每一个截面变化，而且在同一个截面上的不同位置，参数也是变化的。因此，级中气体的流动是三元流动。另外，由于叶轮旋转且叶片数有限、叶片出口存在气流尾迹等，都导致叶轮及其后面固定元件中的气体流动是周期性的非定常流动。此外，还有些因素导致压缩机内部产生非定常流动，如压缩机进气条件或转速发生波动等。所以，离心压缩机内部的实际流动是三维非定常流动，用圆柱坐标（r，θ，z）和时间 t 表示，可以写成

$$气流参数 = f(r, \theta, z, t)$$

目前的科学研究中，对于离心压缩机内部三维非定常流动的研究已日益普遍，但是实践表明，对于掌握离心压缩机的基本工作原理及基本设计方法而言，将流动假定为一维定常流动进行研究，不仅方便，而且对于突出学习重点、理解物理本质、掌握基本概念，并为进一步深入学习和研究打好基础也是非常需要的。

一维流动假定是流体力学中基元流束概念的推广应用，假设沿流道的每一个截面上，气流参数均匀分布，也可理解为取截面上的平均值。定常流动假定忽略流动非定常性的影响，假设流动参数不随时间变化。对于本教材，一维定常流动假定实际意味着在离心压缩机通流部分中的气流参数仅是通流截面的函数，特别是经常用到第 1 章中给出的那些具有代表性的通流截面。因此，可以简写为

$$气流参数 = f(通流截面)$$

对于本教材，除特殊说明之外，一维定常亚声速流动是贯穿全书的假定。同样，除特殊说明之外，教材中离心压缩机的工质假定为热力学中符合

$$pv = RT$$

状态方程的理想气体。

式中，p 为气体的压力（Pa 或 MPa）；v 为气体的比体积（m^3/kg）；R 为气体常数 [J/(kg·K)]；T 为热力学温度（K）。

由于离心压缩机属于旋转式机械，所以如无特殊说明，教材中分析问题时一般都采用圆柱坐标系。

2. 叶轮出口速度三角形

叶轮出口速度三角形如图 2-1 所示，常用的有下面这些量：

u_2：叶轮出口线速度，即叶轮旋转引起的牵连速度（m/s），$u_2 = \pi D_2 n/60$；D_2：叶轮叶片出口直径（m）；n：叶轮转速（r/min）。

w_2：叶轮出口相对速度（m/s）。

c_2：叶轮出口绝对速度（m/s）。

β_{2A}：叶轮出口叶片安装角，即叶轮出口处叶片中心线的切线与 u_2 反方向之间的夹角。当叶轮设计及制造之后，β_{2A} 是已知量。

β_2：叶片出口相对气流角，即 w_2 与 u_2 反方向之间的夹角。实际中，$\beta_2 < \beta_{2A}$，β_2 可通过 β_{2A} 进行计算。图 2-1 中为表示方便，假定 $\beta_2 \approx \beta_{2A}$。

α_2：叶片出口绝对气流角，即绝对速度 c_2 与线速度 u_2 之间的夹角。

c_{2r}：叶轮出口绝对速度 c_2 的径向分速度（m/s）。

c_{2u}：叶轮出口绝对速度 c_2 的切向分速度（m/s）。

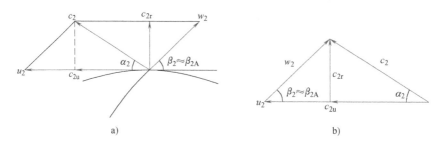

图 2-1　叶轮出口速度三角形

a）平行四边形画法　　b）三角形画法

学习速度三角形的最终目的是在分析问题时能够正确地进行应用。如压缩机在运行过程中，如果流量或转速发生变化，如何正确地画出变化后的速度三角形？为此，首先要善于区分哪些是速度三角形的主要量。

（1）速度三角形的主要量　速度三角形中，主要量是与叶轮的某些结构尺寸或压缩机的运行参数直接关联的量，主要量的变化会引起或决定速度三角形其他量发生变化，但其自身变化仅受与之关联的结构尺寸与运行参数变化的影响，不决定于速度三角形中其他量的变化。因此，主要量有点类似于数学中的自变量，其他量则类似于因变量。速度三角形通常有三个主要量。

（2）叶轮出口速度三角形的三个主要量

u_2：其大小取决于叶轮出口直径和叶轮转速。

c_{2r}：其大小取决于叶轮出口的通流截面面积和流量。

β_{2A}：叶轮设计制造后即为已知量。需要说明，压缩机运行工况变化时，β_2 可通过 β_{2A}、u_2、c_{2r} 等定量进行计算。在正常的工况变化范围内，当 u_2 和 c_{2r} 变化而 β_{2A} 不变时，β_2 变化不大，因此在利用叶轮出口速度三角形定性分析流动变化时，为了方便并突出主要矛盾，有时也用 β_2 取代 β_{2A} 作为叶轮出口速度三角形的一个主要量。

对于一台在确定工况下运行的压缩机，可以首先确定这三个主要量，然后画出叶轮出口速度三角形。同样是这台在确定工况下运行的压缩机，当背压下降导致流量增大时，速度三角形的定性变化如图 2-2 所示。应当注意：定性分析问题时，流量增大只意味着 c_{2r} 增大，另外两个主要量 u_2、β_2 则被认为不变。由图 2-2 可知，此时 c_2、w_2 和 α_2 增加，但 c_{2u} 变小。当这台压缩机转速增加而流量保持不变时，速度三角形的定性变化如图 2-3 所示。注意此时主要量中仅 u_2 增加（图 2-2 和图 2-3 中橘色图形及带 "′" 的字母表示工况变化后的速度三角形）。

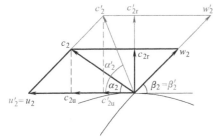
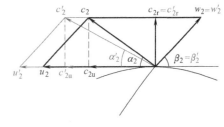

图 2-2　流量增大时叶轮出口速度三角形的变化　　图 2-3　u_2 增加时叶轮出口速度三角形的变化

3. 叶轮叶片进口速度三角形

叶轮叶片进口速度三角形如图 2-4 所示，常用的有下面这些量：

u_1：叶轮叶片进口线速度，即叶轮旋转引起的牵连速度（m/s），$u_1 = \pi D_1 n / 60$；D_1：叶轮叶片进口直径（m）；n：叶轮转速（r/min）。

w_1：叶轮叶片进口相对速度（m/s）。

c_1：叶轮叶片进口绝对速度（m/s）。

β_{1A}：叶轮进口叶片安装角，即叶轮进口处叶片型线的切线与 u_1 反方向之间的夹角。当叶轮设计制造之后，β_{1A} 即为已知量。

β_1：叶轮叶片进口相对气流角，即 w_1 与 u_1 反方向的夹角。图 2-4 所示为 $\beta_1 = \beta_{1A}$ 的情况。

α_1：叶轮叶片进口绝对气流角，即绝对速度 c_1 与线速度 u_1 之间的夹角。

c_{1r}：叶轮叶片进口绝对速度 c_1 的径向分速度（m/s）。

c_{1u}：叶轮叶片进口绝对速度 c_1 的切向分速度（m/s）。

通常，叶轮前没有导流装置时，假定气流沿径向进入叶轮，即 $c_{1u} = 0$，$c_{1r} = c_1$，$\alpha_1 = 90°$，如图 2-4 所示。

叶轮叶片进口速度三角形的三个主要量如下：

u_1：其大小取决于叶轮叶片进口直径和叶轮转速。

c_{1r}：其大小取决于叶轮叶片进口的通流截面面积和流量。

α_1：其方向取决于叶轮叶片进口截面来流绝对速度的气流方向。

这里主要量为何不是 β_1 而是 α_1？因为叶轮进口与出口情况不同。在叶轮出口，气流从旋转的叶轮中流出，即气流从具有牵连运动的相对坐标系

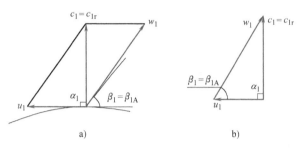

图 2-4　叶轮叶片进口速度三角形（假定 $c_{1u} = 0$）
a）平行四边形画法　b）三角形画法

流出到绝对坐标系，因此对于叶轮出口后的流动，是相对速度与牵连速度决定（合成）绝对速度；而在叶片进口，气流从外界进入旋转的叶轮，即气流从绝对坐标系进入具有牵连运动的相对坐标系，因此对于叶轮而言，其进口流动是绝对速度与牵连速度决定（合成）相对速度。所以，β_1 是被决定的量，而 α_1 是主要量。

从图 2-5 中可以看出，流量增加使 $c_1 = c_{1r}$ 变大，但 u_1、α_1 不变，定性变化的结果是 c_1、c_{1r}、w_1 和 β_1 均增大。图 2-6 给出 $\alpha_1 \neq 90°$ 的条件下，流量增大时叶轮叶片进口速度三角形及其定性变化（图 2-5 和图 2-6 中橘色图形及带 "′" 的字母表示工况变化后的速度三角形）。

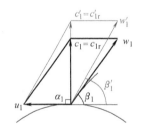

图 2-5　流量增大时叶轮叶片
进口速度三角形的变化

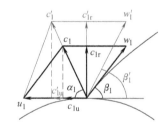

图 2-6　$\alpha_1 \neq 90°$ 时，流量增大时
叶轮叶片进口速度三角形及其变化

通过分析速度三角形的变化可以知道，学习和应用叶轮进出口速度三角形时，不应仅把它当作单纯的几何图形和几何关系，而应该善于把它与实际的流动现象和压缩机的运行条件联系起来，依据物理条件的变化分析速度三角形的变化，这样才能在应用时不出现错误。

同时，推荐对速度三角形的画法优先采用图 2-1a 和图 2-4a 的平行四边形画法，因为这样画更符合速度三角形的各个量源于同一个流体质点的物理实际，**在分析速度三角形变化时不容易出错**。

2.2　基本方程

2.2.1　连续方程

连续方程是质量守恒定律在流体力学中的应用[5,6]。对于离心压缩机的通流部分而言，在一维定常流动假定下，连续方程可表达为：在与外界没有质量交换的条件下，沿着流道的

每一个通流截面，质量流量守恒。

$$q_m = \frac{\mathrm{d}m}{\mathrm{d}t} = \mathrm{const} \tag{2-1}$$

式中，$\mathrm{d}m$ 为单位时间 $\mathrm{d}t$ 内通过的流体质量；q_m 为质量流量（kg/s，kg/min 或 kg/h）。

连续方程形式简单且使用方便，为在各个不同通流截面之间进行热力参数计算提供了一个已知条件。由于离心压缩机通流部分形状比较复杂，使用时首先要正确判断截面的形状，其次在计算流量时要使用与截面垂直的速度。

使用条件：

1）一维定常流动。

2）与外界无质量交换。

3）对于绝对坐标系或相对坐标系均适用。

4）适用于黏性与非黏性气体、可压缩与不可压缩气体、理想与实际气体（本教材中的理想气体指热力学中状态参数变化符合 $pv = RT$ 状态方程的气体，以下不再重复说明）。

2.2.2 欧拉方程

欧拉方程主要说明叶轮对气体做功的原理并用于计算叶轮对气体所做的功。

1. 理论功公式推导

根据动量矩定理[7]有：所研究的气体质量，在任一瞬时，相对于某一固定轴线的动量矩对时间的导数，等于作用于该气体质量上的所有外力对同一轴线的合力矩。

对于透平机械，通常选取叶轮旋转轴中心线作为取矩的参考轴线，并用下式表达动量矩定理，即

$$\frac{\mathrm{d}(mc_u r)}{\mathrm{d}t} = M \tag{2-2}$$

式中，m 为所研究的气体质量（kg），这里取整个叶轮内的气体质量作为研究对象，图 2-7 中只画出一个叶道；c_u 为绝对速度的周向分量（m/s）；r 为半径（m），取矩点距参考轴线的距离；M 为作用于 m 质量气体上所有外力的合力矩（N·m 或 J）。

假定某一时刻，质量为 m 的气体处于图 2-7 中灰色位置，经 $\mathrm{d}t$ 时间后，到达橘色位置。则 $\mathrm{d}t$ 时间内该气体质量的动量矩变化为图中橘色位置与灰色位置的动量矩之差。由于橘色与灰色位置重叠部分的动量矩不变，所以二者之差为叶轮出口处的单纯橘色小部分与叶轮进口处的单纯灰色小部分的动量矩之差。用 $\mathrm{d}m$ 表示橘色小部分或灰色小部分的气体质量，二者都等于叶轮中气体总质量 m 减去橘色与灰色位置重叠部分的气体质量，因此相等。则有

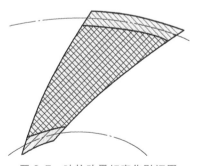

图 2-7 叶轮动量矩变化引证图

$$\mathrm{d}(mc_u r) = \mathrm{d}(\mathrm{d}mc_u r) = \mathrm{d}m\mathrm{d}(c_u r) = \mathrm{d}m(c_{2u}r_2 - c_{1u}r_1)$$

代入式（2-2）有

$$\frac{\mathrm{d}m(c_{2u}r_2 - c_{1u}r_1)}{\mathrm{d}t} = M$$

又因为 $\dfrac{\mathrm{d}m}{\mathrm{d}t}=q_m$，所以

$$M=q_m(c_{2u}r_2-c_{1u}r_1)$$

作用在 m 质量气体上的合力矩是通过叶轮叶片作用于气体的，而叶轮的转矩是由原动机通过旋转轴提供的。因此，上式两边同时乘以叶轮旋转角速度 ω，可得

$$P_{th}=M\omega=q_m(c_{2u}r_2-c_{1u}r_1)\omega=q_m(c_{2u}u_2-c_{1u}u_1) \tag{2-3}$$

式中，P_{th} 为理论内功率（J/s 或 W、kW）。上式两边同时除以 q_m，有

$$W_{th}=c_{2u}u_2-c_{1u}u_1 \tag{2-4}$$

此即透平压缩机的基本方程——欧拉方程。W_{th} 表示叶轮对单位质量气体所做的理论功，单位为 N·m/kg 或 J/kg。也可理解为，单位质量的气体经过叶轮，理论上可以获得 $(c_{2u}u_2-c_{1u}u_1)$ 的能量，所以，W_{th} 又称为叶轮的理论能量头。

根据叶轮进出口速度三角形，可得出关系式

$$w_1^2=u_1^2+c_1^2-2u_1c_{1u}$$

$$w_2^2=u_2^2+c_2^2-2u_2c_{2u}$$

代入欧拉方程式（2-4）可得

$$W_{th}=\dfrac{u_2^2-u_1^2}{2}+\dfrac{w_1^2-w_2^2}{2}+\dfrac{c_2^2-c_1^2}{2} \tag{2-5}$$

式（2-5）称为欧拉第二方程式。

欧拉方程表明：只要知道了叶轮进出口的气流速度，就可以计算叶轮对单位质量气体所做理论功的大小，而可以不管叶轮内部的气体流动情况。

使用条件：

1）一维定常流动。

2）适用于绝对坐标系。

3）适用于黏性与非黏性气体、可压缩与不可压缩气体、理想与实际气体。

4）适用于与外界有或无热交换的情况。

2. **总耗功概念**

欧拉方程式（2-4）表示了叶轮对单位质量气体所做的理论功，为何是"理论功"呢？因为与离心压缩机内部流动的实际情况相比，式（2-3）、式（2-4）考虑得还不够全面，还不能完全反映叶轮对单位质量气体所传递的全部能量，还应该考虑如下两个实际情况。

（1）内漏气损失　如图 2-8 所示，叶轮旋转而气缸不转，所以叶轮轮盖与气缸之间必然存在间隙。间隙的一端是叶轮出口处的气体压力 p_2，另一端是叶轮进口处的气体压力 p_0，且 $p_2>p_0$。由于存在间隙且间隙两端又存在压差，因此，必然有一部分气体从叶轮出口通过该间隙返回叶轮进口，并再次进入叶轮，形成一股循环气流，这种现象称为内漏气现象。当压缩机在某一工况稳定运行时，由于叶轮轮盖与气缸之间

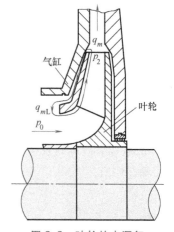

图 2-8　叶轮的内漏气损失和轮阻损失示意图

的间隙不变，间隙两端的压差也不变，所以循环气体在数量上是固定的。当压缩机工况发生变化时，内泄漏的气体数量通常也会发生变化。

由于存在内漏气现象，导致叶轮内的流量大于压缩机流量。用 q_m 表示压缩机流量，q_{mL} 表示内泄漏流量，则叶轮流量为 $(q_m + q_{mL})$。此时，叶轮功率消耗不再是式（2-3）所示的

$$P_{th} = q_m W_{th}$$

而应按照叶轮流量大于压缩机流量来考虑，即

$$P' = W_{th}(q_m + q_{mL})$$

为方便，行业中习惯在功率的表示和计算中仍使用压缩机流量 q_m，而把因存在内漏气 q_{mL} 所多消耗的功作为损失，针对压缩机流量 q_m 将其折算为对单位质量气体耗功的形式来表达，所以通常对上式做如下变化，即

$$P' = W_{th}(q_m + q_{mL}) = W_{th}\left(1 + \frac{q_{mL}}{q_m}\right)q_m = W'q_m$$

其中

$$W' = W_{th}\left(1 + \frac{q_{mL}}{q_m}\right) = W_{th}(1 + \beta_L) = W_{th} + h_L$$

式中，$\beta_L = \dfrac{q_{mL}}{q_m}$，称为内漏气损失系数；$h_L = W_{th}\beta_L$，是由于存在内漏气损失对单位质量气体（针对压缩机流量 q_m 而言）多消耗的功，写成能量损失的形式；而 W' 则是考虑内泄漏损失并经折算后，叶轮对单位质量气体所做的功。很明显，$W' > W_{th}$。

（2）轮阻损失 另外，由于气体具有一定黏性，叶轮高速旋转时其周围气体会对叶轮轮盘和轮盖的外侧壁面产生摩擦阻力作用，叶轮在对气体做功的同时还需要克服摩擦阻力矩而额外做功，这部分额外做功被称为轮阻损失。同上面处理内漏气损失的方法相同，轮阻损失也被针对压缩机流量 q_m 折算为对单位质量气体耗功的形式来表示。于是，同时考虑内漏气损失和轮阻损失之后，针对压缩机流量 q_m，叶轮对单位质量气体的总耗功可表示为

$$W_{tot} = W_{th} + h_L + h_{df} = W_{th}(1 + \beta_L + \beta_{df}) \tag{2-6}$$

式中，W_{tot} 为叶轮对单位质量气体的总耗功（J/kg）；h_L 为内漏气损失（J/kg）；h_{df} 为轮阻损失（J/kg）；β_L、β_{df} 分别为内漏气损失系数和轮阻损失系数，计算方法见第3章。

关于总耗功，还有一个问题应该讨论：总耗功包括三部分，其中理论功 $(c_{2u}u_2 - c_{1u}u_1)$ 以机械能的形式提供给气体，那么 $h_L + h_{df}$ 这部分能量呢？实际上，h_L 是叶轮对内泄漏气体 q_{mL} 所做的功，内泄漏气体在叶轮内受压缩温度升高，经过间隙返回叶轮进口时膨胀将热量散出，然后再压缩、再放热，绕叶轮轮盖反复循环，而 h_{df} 是叶轮克服摩擦阻力所做的功，在叶轮盘、盖外侧产生摩擦热，二者与气体流量 q_m 在叶轮内的压缩过程共同构成一个温度场，使气体流过时吸热而温度升高。所以，$h_L + h_{df}$ 这部分能量是以热量的形式提供给气体，体现为单位质量气体经过叶轮后温度升高。

3. 实际内功率

有了总耗功概念，实际内功率可表示为

$$\begin{aligned}
P &= q_m W_{tot} = q_m W_{th}(1 + \beta_L + \beta_{df}) = q_m W_{th} + q_m W_{th}\beta_L + q_m W_{th}\beta_{df} \\
&= q_m W_{th} + q_m h_L + q_m h_{df} = P_{th} + P_L + P_{df}
\end{aligned} \tag{2-7}$$

总耗功 W_{tot} 与理论功 W_{th} 都是从叶轮做功或耗功的角度分析问题，二者的使用条件一样，与过程中是否存在与外界的热交换无关。但是当讨论这部分功是否全部被气体接收或说这部

分能量如何分配时，则与过程中是否存在与外界的热交换有关。这些内容将在下面能量方程和伯努利方程中进行讨论。

2.2.3 能量方程

欧拉方程主要说明叶轮对气体做功的原理并用于计算叶轮对气体所做的功，而能量方程则从功能转化的角度，说明气体接收叶轮做功之后自身能量发生的变化。

在一维定常流动假定下，气体流经离心压缩机的通流部分，属于工程热力学中典型的稳定流动开口系[8,9]，且流动满足连续方程。为方便，针对压缩机一个级的流动对能量方程进行推导。

参见图 2-9，截面 1 及截面 2 分别为离心压缩机级的进、出口截面，二者均与压缩机主轴垂直，两截面之间的级内气体质量为 m。截面 1 处的气体参数为：压力 p_1、温度 T_1 和绝对速度 c_1，截面 2 处的气体参数为：压力 p_2、温度 T_2 和绝对速度 c_2。经过很短的 Δt 时间后，截面 1 和 2 之间的 m 质量气体移动微小距离到达截面 1′ 和 2′ 位置。由于截面 1′ 和截面 2 之间的气体质量是气体移动前后的重合部分，所以截面 1 和 1′ 之间的微元流体质量与截面 2 和 2′ 之间的微元流体质量相同，均用 Δm 表示。

对于上述研究对象和流动过程，可以这样认为，在 Δt 时间内，有 Δm 质量的气体进入压缩机级，又有同样质量的气体从压缩机级流出，而在这个过程中，

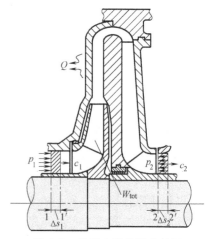

图 2-9　能量方程推导分析图

压缩机级内部各截面处气体的能量因流动稳定而没有变化。因此，根据能量守恒定律，应该有：Δt 时间内，外界对级中气体所输入的能量等于随级中流出的气体所输出的能量。

首先分析输入的能量：

1）随 Δm 质量气体带入的能量：$\Delta m(u_1 + c_1^2/2 + gz_1 + p_1 v_1)$。

其中，u_1、$c_1^2/2$、gz_1 分别为单位质量气体所具有的热力学能、动能和位能，$p_1 v_1$ 为级进口截面处压力 p_1 对单位质量气体所做的推动功。p、v 分别为气体的压力和比体积，单位分别为 Pa 或 MPa、m^3/kg。

2）Δt 时间内只有 Δm 质量气体流经压缩机级，故外界输入的能量为 $\Delta m(Q + W_{tot})$。

其中，Q 为外界对单位质量气体传入的热量，若为向外散热，可表示为 $-Q$。W_{tot} 为叶轮对单位质量气体所做的总耗功，气体流过压缩机级，只有叶轮对气体做功。

再分析从级中输出的能量：

只有随 Δm 质量气体流出压缩机级所带出的能量 $\Delta m\left(u_2 + \dfrac{c_2^2}{2} + gz_2\right)$ 和推动功 $p_2 v_2$。

根据能量守恒原理，输入的能量等于输出的能量，即

$$\Delta m\left(u_1 + \frac{c_1^2}{2} + gz_1 + p_1 v_1\right) + \Delta m(Q + W_{tot}) = \Delta m\left(u_2 + \frac{c_2^2}{2} + gz_2 + p_2 v_2\right)$$

针对单位质量气体，忽略压缩机级与外界的热交换和气体位能的变化，有

$$W_{\text{tot}} = u_2 + p_2 v_2 - (u_1 + p_1 v_1) + \frac{c_2^2 - c_1^2}{2}$$

即
$$W_{\text{tot}} = h_2 - h_1 + \frac{c_2^2 - c_1^2}{2} = h_{2\text{st}} - h_{1\text{st}} \tag{2-8}$$

及
$$W_{\text{tot}} = c_p(T_2 - T_1) + \frac{c_2^2 - c_1^2}{2} = c_p(T_{2\text{st}} - T_{1\text{st}}) \tag{2-9}$$

式中，$h = u + pv = c_p T$ 为单位质量气体的焓（即比焓，本书将静焓简称为焓）；$h_{\text{st}} = h + \frac{c^2}{2} = c_p T_{\text{st}}$ 为单位质量气体的总焓（滞止焓）（J/kg 或 kJ/kg）；c_p 为比定压热容 [kJ/(kg·K)]；T 为热力学温度（K），$T_{1\text{st}}$、$T_{2\text{st}}$ 为滞止温度（K）。

能量方程式（2-8）和式（2-9）表明，叶轮对单位质量气体所做的功等于气体的焓增与动能增量之和。能量方程主要用于分析和计算压缩机级中各个通流截面温度和总能量的变化。

使用条件：

1）一维定常流动，流动满足连续方程。

2）绝对坐标系。

3）忽略与外界的热交换和位能差。

4）适用于有黏性和无黏性气体、可压缩及不可压缩气体。式（2-8）可用于理想气体与实际气体，式（2-9）因推导时用到 $h = c_p T$ 的理想气体关系式，所以只能用于理想气体。

5）与欧拉方程不同，能量方程中的下角标 1、2 不是专指叶轮叶片的进出口截面，而是泛指压缩机通流部分中的任意两个截面，所以能量方程可以在任意两个通流截面之间使用。

2.2.4 伯努利方程

伯努利方程从机械能的角度，说明叶轮对气体所做的功如何分配。伯努利方程可以从能量方程推导得出。能量方程式（2-8）为

$$W_{\text{tot}} = h_2 - h_1 + \frac{c_2^2 - c_1^2}{2}$$

式中右端前两项可写为
$$h_2 - h_1 = \int_1^2 \mathrm{d}h \tag{2-10}$$

根据热力学知识，有
$$\mathrm{d}h = \mathrm{d}(u + pv) = \mathrm{d}u + p\mathrm{d}v + v\mathrm{d}p$$

这里，仍暂时用 u 表示气体热力学能，p、v 表示气体的压力和比体积。

按照热力学第一定律，$\mathrm{d}Q' = \mathrm{d}u + p\mathrm{d}v$，则有

$$\mathrm{d}h = \mathrm{d}Q' + v\mathrm{d}p \tag{2-11}$$

将式（2-11）代入式（2-10）得

$$h_2 - h_1 = \int_1^2 \mathrm{d}h = \int_1^2 v\mathrm{d}p + \int_1^2 \mathrm{d}Q'$$

式中，$v\mathrm{d}p = \dfrac{\mathrm{d}p}{\rho}$，在热力学中称为技术功，$\rho$ 为气体密度（kg/m³）；$\mathrm{d}Q'$ 为气体在 1→2 过程中

吸入的热量。

问题是，在能量方程的推导过程中，已假定压缩机的通流部分与外界没有热交换，气体吸入的热量从何而来呢？从前面总耗功中关于 $h_L + h_{df}$ 的分析可知，气体吸收的是流动过程所产生的损失热。所以，可将 dQ' 写成损失的形式 dh_{loss}，则有

$$h_2 - h_1 = \int_1^2 v dp + \int_1^2 dh_{loss} = \int_1^2 \frac{dp}{\rho} + h_{loss}$$

将上式代入式（2-8），有

$$W_{tot} = \int_1^2 \frac{dp}{\rho} + \frac{c_2^2 - c_1^2}{2} + h_{loss} \qquad (2\text{-}12)$$

式（2-12）即伯努利方程，它表明：叶轮对单位质量气体所做的功用于提高气体的压力和动能，还有一部分变成损失或者说用于克服损失。

从公式推导过程可以看出，伯努利方程与能量方程本质上是同一个方程，只是表达形式不同。能量方程主要从热力学角度出发分析问题，在离心压缩机一维定常流动中较多被用于分析气体温度和总能量的变化；而伯努利方程主要从流体力学或者说从机械能角度出发，较多被用于分析气体的压力和损失，重点是有用能的变化。$\int_1^2 \frac{dp}{\rho}$ 是有用能，代表静压的提高，而提高 $\int_1^2 \frac{dp}{\rho}$ 是叶轮对气体做功的目的。伯努利方程也引出了效率的概念，在叶轮做功 W_{tot} 一定的情况下，提高 $\int_1^2 \frac{dp}{\rho}$ 所占比例而减少损失 h_{loss} 所占的比例，就能够提高压缩机的效率。

1. 使用条件

由于伯努利方程是从能量方程推导而来的，所以伯努利方程的使用条件与能量方程式（2-8）基本一样。只有一点需要说明，本教材根据能量方程推导伯努利方程时，能量方程中已忽略了压缩机与外界的热交换，但实际上，无论是否忽略与外界的热交换，根据能量方程推导出的伯努利方程都是同一种形式，即式（2-12）的形式。也就是说，当考虑压缩机与外界存在热交换时，伯努利方程式（2-12）仍然可以应用，而能量方程式（2-8）、式（2-9）则需在方程左边将已忽略的热交换项 Q 保留，这里不再重复推导。

2. 损失项分析

通常，伯努利方程中的损失项 h_{loss} 表达为

$$h_{loss} = h_{hyd} + h_L + h_{df} \qquad (2\text{-}13)$$

h_{hyd} 表示除内漏气损失 h_L 和轮阻损失 h_{df} 之外，气体流经压缩机通道时所产生的所有流动损失。

另外，由于

$$W_{tot} = \int_1^2 \frac{dp}{\rho} + \frac{c_2^2 - c_1^2}{2} + h_{loss} = \int_1^2 \frac{dp}{\rho} + \frac{c_2^2 - c_1^2}{2} + h_{hyd} + h_L + h_{df}$$

由式（2-6）

$$W_{tot} = W_{th} + h_L + h_{df}$$

则有

$$W_{th} = \int_1^2 \frac{dp}{\rho} + \frac{c_2^2 - c_1^2}{2} + h_{hyd} \qquad (2\text{-}14)$$

式 (2-14) 表明：叶轮对单位质量气体所做的理论功用于提高气体的压力和动能，还有一部分变成流动损失或者说用于克服流动损失。

2.2.5 理想气体的状态方程和过程方程

连续方程、欧拉方程、能量方程和伯努利方程是进行离心压缩机一维定常流动分析的基本方程。为了计算气体状态参数的变化，还需要用到工程热力学中理想气体的状态方程和过程方程[8,9]。

状态方程 $\qquad pv = RT$

式中，R 为气体常数 $[J/(kg \cdot K)]$。

过程方程（以多变过程为例，m 为多变过程指数）为

$$\frac{p}{\rho^m} = \mathrm{const}$$

$$\frac{p_2}{p_1} = \left(\frac{T_2}{T_1}\right)^{\frac{m}{m-1}} = \left(\frac{\rho_2}{\rho_1}\right)^m$$

2.3 压缩过程及压缩功

伯努利方程中，$\int_1^2 \frac{\mathrm{d}p}{\rho} = \int_1^2 v\mathrm{d}p$ 这一项表示叶轮对气体所做的功中用于提高气体压力的部分，在热力学中被称为技术功，而在风机行业中习惯称其为压缩功，故本教材也称其为压缩功。压缩功的计算与气体所经历的压缩过程有关。

2.3.1 气体压缩过程

对于离心压缩机中的流动，实际中通常用到的热力过程是等温过程、绝热过程和多变过程。从热力学中知道[8,9]，等温过程和绝热过程都是不存在损失的理想过程，而实际压缩过程是存在损失的多变过程。既然如此，为什么还要关注等温过程和绝热过程呢？下面对此进行讨论。

为方便，讨论时做如下假定：

1）讨论时所针对的研究对象是同一个压缩机的级、段或整机，故忽略进出口的动能差。

2）讨论的压缩过程不同，但都是在同样的进口状态下从进口压力 p_1 压缩到同样的出口压力 p_2。

3）讨论的压缩过程不同，但压缩工质相同且为理想气体。

1. 等温过程

从热力学已知，等温过程是没有损失但与外界有热交换的理想压缩过程。压缩过程中，$T = \mathrm{const}$，过程方程为

$$\frac{p}{\rho} = pv = RT = \mathrm{const} \tag{2-15}$$

过程线如图 2-10 中的 $1 \rightarrow 2_T$ 所示。

由于过程对外散热，参考前面能量方程的推导过程，可知此时能量方程应有的形式为

$$W_{\text{tot}} - Q = c_p (T_{2_T} - T_1) + \frac{c_{2_T}^2 - c_1^2}{2} \qquad (2\text{-}16)$$

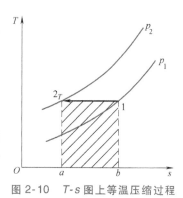

图 2-10 $T\text{-}s$ 图上等温压缩过程

式中，$-Q$ 为单位质量气体与外界的热交换。应说明，这里已用负号表示散热，所以 Q 在后面的计算中无论正负，均只取绝对值，不再重复考虑其正负。而伯努利方程式（2-12）仍为

$$W_{\text{tot}} = \int_1^{2_T} \frac{\mathrm{d}p}{\rho} + \frac{c_{2_T}^2 - c_1^2}{2} + h_{\text{loss}}$$

按前面忽略进出口动能差的假定，有 $\dfrac{c_{2_T}^2 - c_1^2}{2} = 0$

等温过程不存在损失且 $T = \text{const}$，所以：$h_{\text{loss}} = 0$ 且 $c_p(T_{2_T} - T_1) = 0$。

根据式（2-16），有 $W_{\text{tot}} = Q$

再代入伯努利方程式（2-12），并用 W_T 表示等温压缩功，可得

$$\int_1^{2_T} \frac{\mathrm{d}p}{\rho} = W_T = Q \qquad (2\text{-}17)$$

根据热力学知识，理想气体可逆过程的热量可用熵（比熵，本书简称为熵）表示，即

$$\mathrm{d}Q = T\mathrm{d}s$$

则有

$$Q = \int_1^{2_T} \mathrm{d}Q = \int_1^{2_T} T\mathrm{d}s \qquad (2\text{-}18)$$

从图 2-10 可以看出，积分项 $\displaystyle\int_1^{2_T} T\mathrm{d}s$ 可以用过程线 $1 \rightarrow 2_T$ 下的矩形面积 $a2_T1b$ 来表示。

式（2-17）和式（2-18）表明了热力学中的一个观点：在等温压缩过程中，对气体加入的等温压缩功全部变为对外散出的热，并且可以用 $T\text{-}s$ 图上等温过程线下的面积来表示。

所以，通过讨论可知，等温压缩功 W_T 可以在 $T\text{-}s$ 图上用过程线 $1 \rightarrow 2_T$ 下的矩形面积 $a2_T1b$ 来表示。

2. 绝热过程（等熵过程）

从热力学已知，绝热过程又称等熵过程，是既没有损失也与外界没有热交换的理想压缩过程。压缩过程中，$\mathrm{d}Q = \mathrm{d}s = 0$，过程方程为

$$\frac{p}{\rho^\kappa} = p v^\kappa = \text{const} \qquad (2\text{-}19)$$

式中，κ 为等熵指数。

过程线如图 2-11 中的 $1 \rightarrow 2_s$ 所示。

对于绝热过程，能量方程为

$$W_{\text{tot}} = h_{2s} - h_1 + \frac{c_{2s}^2 - c_1^2}{2} = c_p(T_{2s} - T_1) + \frac{c_{2s}^2 - c_1^2}{2} \qquad (2\text{-}20)$$

伯努利方程为

$$W_{\text{tot}} = \int_1^{2s} \frac{dp}{\rho} + \frac{c_{2s}^2 - c_1^2}{2} + h_{\text{loss}} \qquad (2\text{-}21)$$

忽略动能差且没有损失，则 $\dfrac{c_{2s}^2 - c_1^2}{2} = 0$ 且 $h_{\text{loss}} = 0$。

联立式（2-20）和式（2-21），用 W_s 表示绝热压缩功，有

$$W_s = \int_1^{2s} \frac{dp}{\rho} = h_{2s} - h_1 = \int_1^{2s} dh$$

$$= c_p(T_2 - T_1) = c_p \int_1^{2s} dT \qquad (2\text{-}22)$$

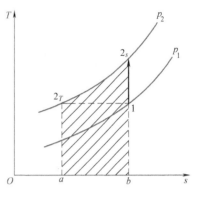

图 2-11　$T\text{-}s$ 图上等熵压缩过程

式（2-22）表明，在绝热过程中，绝热压缩功等于气体的焓增。

从热力学我们知道，引入 $T\text{-}s$ 图的一个重要作用就是在热力过程中气体与外界交换的热量或功可以转换到 $T\text{-}s$ 图上用过程线下的面积来表示。与等温过程的讨论类似，下面仍要讨论绝热压缩功在 $T\text{-}s$ 图上可以用哪一块面积表示。

根据热力学知识，对单位质量气体，有下列微分关系式

$$dh = d(u+pv) = du+pdv+vdp = dQ+vdp = Tds+vdp \qquad (2\text{-}23)$$

利用式（2-23），有

$$\int_1^{2s} dh = \int_1^{2s} Tds + \int_1^{2s} vdp$$

为计算焓增 $\displaystyle\int_1^{2s} dh$，在图 2-11 中，考虑沿等压线 p_2 进行积分，则此时点 1 与点 2_T 温度相等，而终态点均为 2_s 点，考虑到 $\displaystyle\int_{2_T}^{2s} vdp = 0$，可得

$$W_s = \int_1^{2s} dh = \int_{2_T}^{2s} dh = \int_{2_T}^{2s} Tds$$

从图 2-11 可知，沿等压线 p_2 积分的 $\displaystyle\int_{2_T}^{2s} Tds$ 项可用面积 $a2_T2_sb$ 来表示。上式同样表明了热力学中的一个观点：等熵过程的压缩功等于焓增，可用与焓增初态温度相同而终态为同一状态点的等压线下的面积来表示。

所以，通过讨论可知，在 $T\text{-}s$ 图上，绝热过程 $1{\rightarrow}2_s$ 的绝热压缩功 W_s 可以用等压过程线 $2_T{\rightarrow}2_s$ 下的四边形面积 $a2_T2_sb$ 来表示。

3. 无冷却多变过程

无冷却的多变压缩过程是考虑流动过程中存在损失但忽略与外界存在热交换的过程，与离心压缩机级与段内的实际流动过程非常接近。所以，当不存在冷却时，压缩机整机、段或级内的流动，通常都被处理成无冷却的多变压缩过程。其过程方程为

$$\frac{p}{\rho^m} = pv^m = \text{const} \qquad (2\text{-}24)$$

式中，m 为多变过程指数。

由于过程存在损失，即熵增，所以过程线在绝热过程线 $1 \to 2_s$ 右方，如图 2-12 中过程线 $1 \to 2$ 所示。

针对无冷却多变过程 $1 \to 2$，在式（2-8）、式（2-9）和

式（2-12）中令 $\dfrac{c_2^2 - c_1^2}{2} = 0$，则

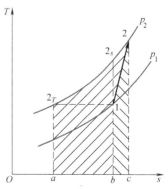

图 2-12　T-s 图上与外界无热
交换时的多变压缩过程

能量方程为 $\qquad W_{\text{tot}} = h_2 - h_1 = c_p(T_2 - T_1)$

伯努利方程为 $\qquad W_{\text{tot}} = \displaystyle\int_1^2 \frac{\mathrm{d}p}{\rho} + h_{\text{loss}}$

二者联立并用 W_{pol} 表示多变压缩功，可得

$$W_{\text{tot}} = h_2 - h_1 = \int_1^2 \mathrm{d}h = \int_1^2 \frac{\mathrm{d}p}{\rho} + h_{\text{loss}} = W_{\text{pol}} + h_{\text{loss}} \qquad (2\text{-}25)$$

式（2-25）表明，在无冷却多变过程中，加给气体的总耗功 W_{tot} 等于气体的焓增，而总耗功和焓增均包括两部分：多变压缩功和损失。

式（2-23）已给出热力学的微分关系式，即

$$\mathrm{d}h = v\mathrm{d}p + T\mathrm{d}s$$

与式（2-25）对比，可知

$$h_{\text{loss}} = \int_1^2 T\mathrm{d}s$$

根据热力学知识，$h_{\text{loss}} = \displaystyle\int_1^2 T\mathrm{d}s$ 可用图 2-12 中 $1 \to 2$ 过程线下的四边形面积 $b12c$ 来表示。

为了在 T-s 图中用面积表示总耗功 W_{tot} 和多变压缩功 W_{pol}，采用前面表示绝热压缩功的方法。应用式（2-23），可有

$$\int_1^2 \mathrm{d}h = \int_1^2 v\mathrm{d}p + \int_1^2 T\mathrm{d}s$$

为了在 T-s 图中用面积表示焓增，仍考虑沿等压线 p_2 进行积分，此时点 1 与点 2_T 温度相等，终态点均为状态点 2，因 $\displaystyle\int_{2_T}^2 v\mathrm{d}p = 0$，可得

$$W_{\text{tot}} = \int_1^2 \mathrm{d}h = \int_{2_T}^2 \mathrm{d}h = \int_{2_T}^2 T\mathrm{d}s \qquad (2\text{-}26)$$

可以看出，在图 2-12 中，$W_{\text{tot}} = \displaystyle\int_{2_T}^2 T\mathrm{d}s$ 可用 $2_T \to 2$ 等压线下的四边形面积 $a2_T2c$ 来表示。

同时，还可发现，四边形面积 $a2_T2c$ 由两块面积组成，即五边形面积 $a2_T21b$ 和四边形面积

$b12c$。而根据前面分析，总面积 $a2_T2c$ 代表总耗功 W_{tot}，四边形面积 $b12c$ 代表损失 h_{loss}，对比式（2-25）

$$W_{pol} = \int_1^2 \frac{dp}{\rho} = W_{tot} - h_{loss}$$

可知，总面积 $a2_T2c$ 减去四边形面积 $b12c$ 后剩下的五边形面积 $a2_T21b$ 即代表多变压缩功 W_{pol}。

通过讨论可知，在 T-s 图上，无冷却多变过程 $1 \to 2$ 的多变压缩功 W_{pol} 可以用五边形面积 $a2_T21b$ 来表示，损失 h_{loss} 用四边形面积 $b12c$ 来表示，而总耗功 W_{tot} 则用两块面积之和的总面积 $a2_T2c$ 来表示。

4. 有冷却的多变过程

有冷却的多变压缩过程是既考虑流动过程中存在损失，又考虑与外界存在热交换的过程。该过程与离心压缩机存在冷却时的实际流动过程非常接近。所以，当存在冷却时，离心压缩机的内部流动通常都被认为是有冷却的多变压缩过程。其过程方程仍为式（2-24）。

由于过程存在冷却，气体对外散热，所以过程线必定在无冷却多变过程线 $1 \to 2$ 左方，即终态点 $2'$ 一定在 2_T 点和 2 点之间。为具一般性，选择过程线 $1 \to 2'$，如图 2-13 所示。

针对有冷却多变过程 $1 \to 2'$，忽略进出口动能差，$\dfrac{c_{2'}^2 - c_1^2}{2} = 0$，则

能量方程为 $\qquad W_{tot} - Q = h_{2'} - h_1 = c_p(T_{2'} - T_1)$ （2-27）

伯努利方程为 $\qquad W_{tot} = \int_1^{2'} \frac{dp}{\rho} + h_{loss}$ （2-28）

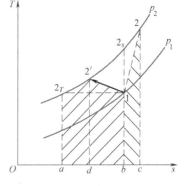

图 2-13 T-s 图上与外界有热交换时的多变压缩过程

其中 $-Q$ 表示压缩过程中单位质量气体因冷却对外散出的热量。再次说明，这里已用负号表示散热，所以 Q 在后面的积分计算中无论正负，均只取绝对值，不再重复考虑正负。同时，为分析方便，假定无论经历的是有冷却还是无冷却的多变过程，压缩机内的损失 h_{loss} 近似相同，都可用图 2-12 或图 2-13 中过程线 $1 \to 2$ 下的四边形面积 $b12c$ 来表示。

从图 2-13 中分析，如果不存在冷却，过程线 $1 \to 2'$ 应处于无冷却多变过程线 $1 \to 2$ 的位置。正是因为存在冷却，过程线 $1 \to 2'$ 才移动到现在图中所示的位置。因此，过程 $1 \to 2'$ 所散出的热量 Q 应由两部分组成：第一部分是损失 h_{loss} 所转化的热量 Q_{loss}，且 $Q_{loss} = h_{loss}$；如果仅仅散出损失热 Q_{loss}，则此时过程线应处于绝热过程线 $1 \to 2_s$ 的位置，而实际此时过程线处于 $1 \to 2'$ 的位置，所以除散出损失热 Q_{loss} 之外，还散出另一部分热量 Q'。所以有

$$Q = Q' + Q_{loss} \qquad (2-29)$$

将式（2-28）和式（2-29）代入式（2-27），有

$$\int_1^{2'} \frac{dp}{\rho} + h_{loss} - Q' - Q_{loss} = h_{2'} - h_1 = c_p(T_{2'} - T_1)$$

可得

$$\int_1^{2'} \frac{\mathrm{d}p}{\rho} - Q' = \int_1^{2'} \mathrm{d}h \qquad (2\text{-}30)$$

根据热力学可知

$$Q' = \int_1^{2'} T \mathrm{d}s$$

可用图 2-13 中过程线下的四边形面积 $b12'd$ 表示。

为了用图中面积表示多变压缩功 $\int_1^{2'} \frac{\mathrm{d}p}{\rho}$，需先分析焓增 $\int_1^{2'} \mathrm{d}h$。仍采用前面分析绝热压缩过程和无冷却多变压缩过程的方法，不再重复推导过程，而是借用热力学中的说法：在 $T\text{-}s$ 图上，理想气体的焓增可以用初态温度相同而终态为同一状态点的等压线下的面积来表示。则 $1 \rightarrow 2'$ 过程的焓增为

$$\int_1^{2'} \mathrm{d}h = \int_{2_T}^{2'} \mathrm{d}h = \int_{2_T}^{2'} T \mathrm{d}s$$

且可用等压过程线 $2_T \rightarrow 2'$ 下的四边形面积 $a 2_T 2'd$ 表示。

根据式（2-30），有

$$\int_1^{2'} \frac{\mathrm{d}p}{\rho} = \int_1^{2'} \mathrm{d}h + Q'$$

由于 $\int_1^{2'} \mathrm{d}h$ 可用四边形面积 $a 2_T 2'd$ 表示，Q' 可用四边形面积 $b12'd$ 表示，所以，多变压缩功 $W_{pol} = \int_1^{2'} \frac{\mathrm{d}p}{\rho}$ 可以用表示 $\int_1^{2'} \mathrm{d}h$ 和 Q' 的两块面积之和来表示，即五边形面积 $a 2_T 2'1b$。

又根据伯努利方程式（2-28）有

$$W_{tot} = \int_1^{2'} \frac{\mathrm{d}p}{\rho} + h_{loss}$$

而 $\int_1^{2'} \frac{\mathrm{d}p}{\rho}$ 可表示为五边形面积 $a 2_T 2'1b$，h_{loss} 可表示为四边形面积 $b12c$，则总耗功 W_{tot} 可用二者之和的六边形面积 $a 2_T 2'12c$ 来表示。

通过上面讨论可知，在 $T\text{-}s$ 图中，对于有冷却的多变压缩过程，多变压缩功 $\int_1^{2'} \frac{\mathrm{d}p}{\rho}$ 可用五边形面积 $a 2_T 2'1b$ 表示，总耗功 W_{tot} 可用六边形面积 $a 2_T 2'12c$ 来表示。

2.3.2 压缩过程讨论

1）从图 2-10~图 2-13 可以看出，耗功最少的过程是等温压缩过程，而耗功最多的过程是无冷却的多变压缩过程。绝热压缩功 W_s 比等温压缩功 W_T 多出三角形面积 $2_T 2_s 1$，是因为没有冷却散热，气体在压缩过程中温度升高，体积膨胀，因此需要耗费更多的压缩功。无冷却的多变压缩功 W_{pol} 比绝热压缩功 W_s 又多出一块三角形面积 $12_s 2$，是因为与绝热过程相比，

过程中存在损失，气体多吸收了损失热，因此需要更多的压缩功。有冷却的多变过程由于存在散热，气体受热膨胀的程度相对减轻，因此耗功相对较少，处于等温压缩功和无冷却多变压缩功之间。理论上，有冷却的多变压缩功 W_{pol} 可以大于、等于或小于绝热压缩功 W_s，图2-13 中所示为小于绝热压缩功的情况，是冷却条件允许时一般希望达到的情况。

2）上述比较表明，压缩过程中加上冷却可以省功，减少损失也可以省功。

3）前面曾提出问题，实际过程是存在损失的多变压缩过程，而等温过程和绝热过程是不存在损失的理想过程，为什么要关注这两个理想过程呢？

从上面分析可知，在有冷却的情况下，等温过程最省功；在没有冷却的情况下，绝热（等熵）过程最省功。虽然这两个理想过程在实际中难以真正实现，但等温过程为有冷却的多变压缩过程提供了一个客观的比较标准，而绝热过程为无冷却的多变压缩过程提供了一个客观的比较标准。如果压缩机的实际多变压缩过程越接近所对应的理想过程，压缩机的性能就越好。

4）总耗功概念是因为考虑损失才提出的，而等温过程和绝热过程是没有损失的理想过程，所以都不存在总耗功，只有实际的多变压缩过程才存在总耗功。

2.3.3　压缩功计算

压缩功指积分项 $\int_1^2 \dfrac{\mathrm{d}p}{\rho} = \int_1^2 v\,\mathrm{d}p$，针对不同压缩过程有不同的计算方法。

1. 等温压缩功

等温压缩过程的过程方程为式（2-15）

$$\frac{p}{\rho} = pv = RT = \text{const}$$

则

$$\int_1^2 v\,\mathrm{d}p = \int_1^2 pv\,\frac{\mathrm{d}p}{p} = p_1 v_1 \int_1^2 \frac{\mathrm{d}p}{p} = RT_1 \ln\!\left(\frac{p_2}{p_1}\right)$$

所以，等温压缩功为

$$W_T = RT_1 \ln\!\left(\frac{p_2}{p_1}\right) \tag{2-31}$$

2. 绝热压缩功

绝热压缩的过程方程为式（2-19）

$$\frac{p}{\rho^\kappa} = pv^\kappa = \text{const}$$

利用关系式

$$\int_1^2 v\,\mathrm{d}p = \int_1^2 \mathrm{d}(pv) - \int_1^2 p\,\mathrm{d}v \tag{2-32}$$

式中右端第一项可变为

$$\int_1^2 \mathrm{d}(pv) = p_2 v_2 - p_1 v_1 = RT_2 - RT_1 = RT_1\!\left(\frac{T_2}{T_1} - 1\right) = RT_1\!\left[\left(\frac{p_2}{p_1}\right)^{\frac{\kappa-1}{\kappa}} - 1\right]$$

右端第二项为

$$- \int_1^2 p \mathrm{d}v = - \int_1^2 p v^\kappa \frac{\mathrm{d}v}{v^\kappa} = - p v^\kappa \int_1^2 v^{-\kappa} \mathrm{d}v = - p_1 v_1^\kappa \frac{1}{1-\kappa}(v_2^{1-\kappa} - v_1^{1-\kappa})$$

$$= - p_1 v_1 v_1^{\kappa-1} \frac{1}{1-\kappa}(v_2^{1-\kappa} - v_1^{1-\kappa}) = \frac{1}{\kappa-1} R T_1 v_1^{\kappa-1} v_1^{1-\kappa} \left[\left(\frac{v_2}{v_1} \right)^{1-\kappa} - 1 \right]$$

$$= \frac{1}{\kappa-1} R T_1 \left[\left(\frac{v_1}{v_2} \right)^{\kappa-1} - 1 \right] = \frac{1}{\kappa-1} R T_1 \left\{ \left[\left(\frac{p_2}{p_1} \right)^{\frac{1}{\kappa}} \right]^{\kappa-1} - 1 \right\} = \frac{1}{\kappa-1} R T_1 \left[\left(\frac{p_2}{p_1} \right)^{\frac{\kappa-1}{\kappa}} - 1 \right]$$

将两项代入式（2-32），可得

$$\int_1^2 v \mathrm{d}p = R T_1 \left[\left(\frac{p_2}{p_1} \right)^{\frac{\kappa-1}{\kappa}} - 1 \right] + \frac{1}{\kappa-1} R T_1 \left[\left(\frac{p_2}{p_1} \right)^{\frac{\kappa-1}{\kappa}} - 1 \right] = \frac{\kappa}{\kappa-1} R T_1 \left[\left(\frac{p_2}{p_1} \right)^{\frac{\kappa-1}{\kappa}} - 1 \right]$$

所以，绝热压缩功为

$$W_s = \frac{\kappa}{\kappa-1} R T_1 \left[\left(\frac{p_2}{p_1} \right)^{\frac{\kappa-1}{\kappa}} - 1 \right] \tag{2-33}$$

3. 多变压缩功

与绝热压缩功的推导过程一样，只需将等熵指数 κ 换成多变过程指数 m 即可得到多变压缩功的表达式

$$W_{\mathrm{pol}} = \frac{m}{m-1} R T_1 \left[\left(\frac{p_2}{p_1} \right)^{\frac{m-1}{m}} - 1 \right] \tag{2-34}$$

对于有冷却或无冷却的多变压缩过程，式（2-34）均适用，区别只是过程指数 m 不同。对于无冷却的多变压缩过程，m 总是大于 κ，而对于有冷却的多变压缩过程，m 可能大于、等于或小于 κ。

2.4　离心压缩机的效率

离心压缩机在任意工况下运行时，都具有与该工况对应的效率。如无特殊说明，通常所谓的"离心压缩机效率"是指压缩机在设计工况运行时的效率。实际中，通常使用三个效率来反映离心压缩机的性能，即多变效率、绝热效率和等温效率。由于对同一台压缩机的同一个工况点，例如设计工况点，三个效率通常具有不同的数值，因此难免有时会使人产生疑问：效率通常反映损失的大小，一台离心压缩机在设计工况运行时的损失应该是确定的，为何会有三个数值不同的效率呢？

另外，效率的确定与所选取的通流部分的进出口截面有关。因此，根据所选取的进出口截面位置，可以有相应的整机效率、段效率、级效率或是某个通流元件的效率。

2.4.1　整机、段或级效率的基本定义

对于压缩机的整机、段或级，效率的基本定义式为

$$\eta = \frac{\int \frac{\mathrm{d}p}{\rho}}{W_{\mathrm{tot}}} \tag{2-35}$$

式中，W_{tot} 为有冷却或无冷却条件下实际多变压缩过程的总耗功；$\int \dfrac{\mathrm{d}p}{\rho}$ 则表示压缩功，针对多变、绝热和等温三个不同的压缩过程可分别代表多变压缩功 W_{pol}、绝热压缩功 W_s 和等温压缩功 W_T，而与不同压缩过程的压缩功 $\int \dfrac{\mathrm{d}p}{\rho}$ 所对应的效率 η 则分别称为多变效率 η_{pol}、绝热效率 η_s 和等温效率 η_T。

2.4.2 无冷却条件下离心压缩机整机、段或级的效率

实际中，在离心压缩机通流部分的任意两个截面之间如果不存在任何冷却措施，该两个截面之间的通流部分被认为与外界没有热交换，气体的实际流动过程是无冷却多变压缩过程，与之对应的理想过程是绝热（等熵）压缩过程。因此，目前广泛使用多变效率和绝热效率来评价不采用任何冷却措施的离心压缩机的整机、段或级的性能。

1. 多变效率

根据式（2-35），多变效率的定义为

$$\eta_{pol} = \frac{W_{pol}}{W_{tot}} \tag{2-36}$$

式中，W_{tot} 和 W_{pol} 分别为无冷却多变压缩过程的总耗功和多变压缩功。

将能量方程式（2-9）和多变压缩功计算式（2-34）代入式（2-36），有

$$\eta_{pol} = \frac{\dfrac{m}{m-1}RT_1\left[\left(\dfrac{p_2}{p_1}\right)^{\frac{m-1}{m}}-1\right]}{c_p(T_2-T_1)+\dfrac{c_2^2-c_1^2}{2}}$$

式中，下角标 1、2 代表压缩机整机、段或级的进出口截面。

对于理想气体，$c_p = \dfrac{\kappa R}{\kappa-1}$，对压缩机的整机、段或级，忽略进出口动能差，$\dfrac{c_2^2-c_1^2}{2}=0$，则有

$$\eta_{pol} = \frac{\dfrac{m}{m-1}RT_1\left[\left(\dfrac{p_2}{p_1}\right)^{\frac{m-1}{m}}-1\right]}{\dfrac{\kappa}{\kappa-1}R(T_2-T_1)} = \frac{\dfrac{m}{m-1}RT_1\left(\dfrac{T_2}{T_1}-1\right)}{\dfrac{\kappa}{\kappa-1}RT_1\left(\dfrac{T_2}{T_1}-1\right)}$$

可得

$$\frac{m}{m-1} = \frac{\kappa}{\kappa-1}\eta_{pol} \tag{2-37}$$

根据过程方程

$$\frac{p_2}{p_1} = \left(\frac{T_2}{T_1}\right)^{\frac{m}{m-1}}$$

两边取自然对数

$$\ln\left(\frac{p_2}{p_1}\right) = \frac{m}{m-1}\ln\left(\frac{T_2}{T_1}\right)$$

再将式（2-37）代入，有

$$\eta_{pol} = \frac{\kappa-1}{\kappa} \frac{\ln\left(\frac{p_2}{p_1}\right)}{\ln\left(\frac{T_2}{T_1}\right)} \tag{2-38}$$

只要知道气体的等熵指数 κ 并通过实验测出压缩机整机、段或级的进出口温度和压力，就可根据式（2-38）计算压缩机整机、段或级的多变效率。同时，利用式（2-37）可计算多变过程指数 m。

2. 绝热效率

绝热效率又称等熵效率。根据式（2-35），绝热效率的定义为

$$\eta_s = \frac{W_s}{W_{tot}} \tag{2-39}$$

需注意，W_s 为绝热过程的压缩功，而 W_{tot} 仍为无冷却多变压缩过程的总耗功，分子和分母来自不同的热力过程。

将能量方程式（2-9）和绝热压缩功计算式（2-33）代入式（2-39），且对于理想气体，$c_p = \frac{\kappa R}{\kappa-1}$，对压缩机的整机、段或级，忽略进出口动能差，有 $\frac{c_2^2 - c_1^2}{2} = 0$，可得

$$\eta_s = \frac{\frac{\kappa}{\kappa-1}RT_1\left[\left(\frac{p_2}{p_1}\right)^{\frac{\kappa-1}{\kappa}}-1\right]}{\frac{\kappa}{\kappa-1}RT_1\left(\frac{T_2}{T_1}-1\right)} = \frac{\left(\frac{p_2}{p_1}\right)^{\frac{\kappa-1}{\kappa}}-1}{\frac{T_2}{T_1}-1} \tag{2-40}$$

只要知道气体的等熵指数 κ 并通过实验测出压缩机整机、段或级的进出口温度和压力，就可根据上式计算压缩机整机、段或级的绝热效率。

3. 关于多变效率和绝热效率的讨论

1）多变效率被广泛用于评价无冷却条件下离心压缩机整机、段或级的热力性能。根据多变效率的定义式（2-36）和图 2-12 可知，多变效率在 T-s 图上是五边形面积 $a2_T21b$ 与总面积四边形 $a2_T2c$ 之比。由于总面积 $a2_T2c$ 减去五边形面积 $a2_T21b$ 就等于代表损失的面积 $b12c$，所以多变效率可以定量反映损失的大小。如果 $\eta_{pol} = 0.85$，则表明另外 15% 就是损失。实际中，损失可通过实验测量，根据下式计算：

$$h_{loss} = W_{tot}(1-\eta_{pol}) = P_{tot}(1-\eta_{pol})/q_m \tag{2-41}$$

式中，q_m 为压缩机的质量流量；P_{tot} 为压缩机整机、段或级的内功率。

2）根据绝热效率的定义式（2-39）和图 2-12 可知，绝热效率在 T-s 图上是四边形面积 $a2_T2_sb$ 与总面积四边形 $a2_T2c$ 之比。由于总面积 $a2_T2c$ 减去四边形面积 $a2_T2_sb$ 并不等于代表损失的面积 $b12c$，还差一块三角形面积 12_s2，所以绝热效率不能定量反映损失的大小。

从图 2-12 和前面关于热力过程的讨论还可以知道，对于无冷却的实际多变过程 $1\rightarrow2$ 而言，绝热过程 $1\rightarrow2_s$ 是通过减少损失所能达到的理想极限过程（损失等于零的过程），实际多变过程 $1\rightarrow2$ 越接近绝热过程 $1\rightarrow2_s$，绝热效率越高，说明压缩机的性能越好。因此，绝热效率在本质上反映了实际的无冷却多变压缩过程接近自身理想极限过程——绝热压缩过程的程度，尽管它不能定量反映损失的数量，但仍然能够真实地反映压缩机性能的优劣，所以在

实际中仍然获得了广泛的应用。特别是在设计参数明显不同的两台压缩机之间，有时因设计参数不同导致设计难度差别较大，采用多变效率互相比较不够合理时，可采用绝热效率进行比较，看哪一台压缩机的实际压缩过程更接近其理想极限过程，虽然仍不一定完全合理，但也是一种可供选择的比较方法。

3) 式（2-37）、式（2-38）和式（2-40）在推导过程中都使用了与外界没有热交换的理想气体能量方程式（2-9），同时忽略了进出口的动能差，应用时请注意使用条件。

2.4.3 有冷却条件下离心压缩机的效率

对于带有冷却的离心压缩机，气体的实际流动过程是有冷却的多变压缩过程，与之对应的理想过程是等温压缩过程。实际中，通常采用等温效率而并不采用多变效率评价有冷却条件下离心压缩机的热力性能。由于目前针对压缩机段和级的通流部分进行冷却的情况相对较少，大量采用的冷却方式仍是在段与段之间采用中间冷却，所以，目前最常见的是用等温效率评价带有中间冷却的压缩机的整机性能。

1. 等温效率

根据式（2-35），等温效率的定义可表示为

$$\eta_T = \frac{W_T}{W_{tot}} \tag{2-42}$$

仍应注意，W_T 为等温过程的压缩功，而 W_{tot} 为有冷却多变压缩过程的总耗功，二者来自不同的热力过程。对于有冷却的离心压缩机，总耗功为各段总耗功之和。实际中，当工质为理想气体时，等温效率可以通过实验测量根据下式计算，即

$$\eta_T = \frac{q_m}{P_{tot}} R T_1 \ln\left(\frac{p_2}{p_1}\right) \tag{2-43}$$

式中，q_m 为压缩机的质量流量；P_{tot} 为压缩机整机的内功率。

用讨论绝热效率的类似方法可以证明，等温效率也不能定量反映损失的数量，但是在本质上反映了实际有冷却多变压缩过程接近自身理想极限过程——等温压缩过程的程度，能够真实地反映有冷却条件下离心压缩机热力性能的优劣。

还需说明，上述等温效率的定义中没有考虑冷却水循环所消耗的功率，所以，虽然目前国内外都用等温效率作为有冷却条件下离心压缩机性能的评价指标，但对这样评价是否完善一直存在一些不同看法。

2. 有冷却条件下不使用多变效率的初步分析

如图 2-13 所示，理论上看，在有冷却条件下，对应于实际的多变压缩过程 $1\to2'$，仍然存在多变压缩功 W_{pol} 和总耗功 W_{tot}，可以分别用五边形面积 $a2_T2'1b$ 和六边形面积 $a2_T2'12c$ 来表示，二者之比即为多变效率。但是，在实际中并不使用多变效率评价有冷却条件下离心压缩机的整机性能，这又是为什么呢？

实际原因可能涉及较多方面，这里只分析一个比较容易理解的原因。为方便，分析时仍延续 2.3 节对热力过程的讨论，同时，不考虑实际中存在冷却水循环耗功等因素。

根据伯努利方程式（2-12）和效率基本定义式（2-35），忽略进出口动能差时，多变效率也可表达为

$$\eta_{\text{pol}} = \frac{\int \dfrac{\mathrm{d}p}{\rho}}{\int \dfrac{\mathrm{d}p}{\rho} + h_{\text{loss}}}$$

与无冷却多变过程中通过减少损失来提高效率和节省耗功不同，有冷却多变过程主要通过冷却散热节省耗功，在上面公式中主要是减少 $\int \dfrac{\mathrm{d}p}{\rho}$ 项而不是 h_{loss} 项，因此，冷却作用越大，分子和分母中的 $\int \dfrac{\mathrm{d}p}{\rho}$ 项越小，分母中的 h_{loss} 项所占比例相对越大，导致过程越省功，多变效率越下降。从图 2-13 也可以发现，有冷却的实际多变压缩过程 $1 \to 2'$ 越接近等温过程 $1 \to 2_T$，压缩过程越省功，多变效率也越低；反之，实际过程 $1 \to 2'$ 离开等温过程 $1 \to 2_T$ 越远，即越向无冷却多变压缩过程 $1 \to 2$ 靠近，则压缩过程耗功越多，但多变效率也越高。越省功效率越低，耗功越多效率也越高，这显然不符合常规的思维逻辑，也不方便用它去比较或评价压缩机的性能，这是在有冷却的离心压缩机中进行性能评价时不使用多变效率的原因之一。

2.4.4 流动效率

流动效率定义式为

$$\eta_{\text{h}} = \frac{W_{\text{pol}}}{W_{\text{th}}} \tag{2-44}$$

可得

$$\eta_{\text{h}} = \frac{W_{\text{tot}} \eta_{\text{pol}}}{W_{\text{th}}} = \frac{W_{\text{th}}(1 + \beta_{\text{L}} + \beta_{\text{df}}) \eta_{\text{pol}}}{W_{\text{th}}} = (1 + \beta_{\text{L}} + \beta_{\text{df}}) \eta_{\text{pol}} \tag{2-45}$$

流动效率主要反映流动损失 h_{hyd} 的大小。由上面讨论已知，在有冷却的情况下不使用多变效率，所以在离心压缩机中，流动效率主要用于无冷却的多变过程。

2.4.5 级中固定元件的效率

固定元件是离心压缩机级中的通流元件，气体在固定元件中的实际流动过程通常是无冷却多变过程，所以通常用无冷却条件下的多变效率评价固定元件的性能。与压缩机的级、段或整机不同，固定元件的特点之一是气体流动过程中不包含叶轮对气体做功。另外，通常情况下，固定元件可分为收敛通道和扩张通道两类，例如：吸气室是典型的收敛通道，而扩压器则为扩张通道。因此，下面分别针对收敛通道和扩张通道两种情况对其效率进行分析。分析时，假定固定元件中的气体为可压缩的理想气体，气体流动过程为无冷却多变过程。

1. 收敛通道的效率

对于固定元件中的收敛通道，如何考虑其效率定义和过程指数等问题呢？

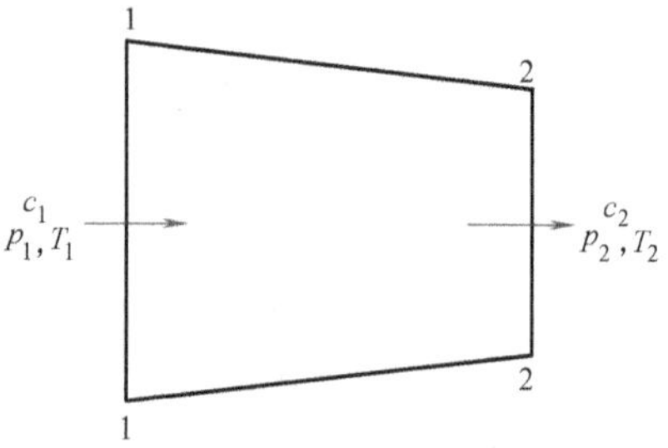

图 2-14 为收敛通道示意图，气体从截面 1 进入，从截面 2 流出，在此过程中与外界没有功、热交换。气体通过收敛通道，实际流动效果是压力能下降，

图 2-14 收敛通道示意图

$p_2 < p_1$，转化为动能增加，$c_2 > c_1$，并克服流动过程中的损失。2.2节曾提到，伯努利方程引出了效率概念，所以应该利用伯努利方程进行分析。伯努利方程式（2-12）为

$$W_{\text{tot}} = \int_1^2 \frac{\mathrm{d}p}{\rho} + \frac{c_2^2 - c_1^2}{2} + h_{\text{loss}}$$

因与外界没有功、热交换，所以 $W_{\text{tot}} = 0$。根据流动的物理实际，压力能的下降量是过程中转化的总能量，压力能的下降转化为动能提高并克服损失，用伯努利方程可描述为

$$-\int_1^2 \frac{\mathrm{d}p}{\rho} = \frac{c_2^2 - c_1^2}{2} + h_{\text{loss}}$$

其中，提高的动能是能量转换后的有用能部分，所以，效率应定义为能量转换部分中的有用能与总能量之比，即

$$\eta_{\text{pol,con}} = \frac{\dfrac{c_2^2 - c_1^2}{2}}{-\displaystyle\int_1^2 \frac{\mathrm{d}p}{\rho}} \tag{2-46}$$

式中，$\eta_{\text{pol,con}}$ 为固定元件中收敛通道的多变效率。

利用能量方程式（2-9），注意到 $W_{\text{tot}} = 0$，同时利用压缩功计算公式，可有

$$\eta_{\text{pol,con}} = \frac{\dfrac{c_1^2 - c_2^2}{2}}{\displaystyle\int_1^2 \frac{\mathrm{d}p}{\rho}} = \frac{c_p(T_2 - T_1)}{\dfrac{m}{m-1} R T_1 \left[\left(\dfrac{p_2}{p_1} \right)^{\frac{m-1}{m}} - 1 \right]} = \frac{\dfrac{\kappa}{\kappa - 1} R(T_2 - T_1)}{\dfrac{m}{m-1} R(T_2 - T_1)}$$

可得

$$\frac{m}{m-1} = \frac{\kappa}{(\kappa - 1)\eta_{\text{pol,con}}} \tag{2-47}$$

需要注意，在收敛通道中，由于气体加速流动经历膨胀过程，所以过程指数与效率之间的关系与2.4.2节讨论的无冷却多变压缩过程的关系式（2-37）是不一样的。

利用过程方程 $\dfrac{p_2}{p_1} = \left(\dfrac{T_2}{T_1} \right)^{\frac{m}{m-1}}$，采用与2.4.2节同样的推导方法，可得

$$\eta_{\text{pol,con}} = \frac{\kappa}{\kappa - 1} \frac{\ln\left(\dfrac{T_2}{T_1} \right)}{\ln\left(\dfrac{p_2}{p_1} \right)} \tag{2-48}$$

实际中，式（2-48）常被用于通过实验确定收敛通道的效率。需要注意，式（2-48）与2.4.2节讨论的无冷却多变压缩过程的关系式（2-38）也是不一样的。

2. 扩张通道的效率

根据物理实际，气流通过扩张通道时，速度下降，$c_2 < c_1$，动能下降转化为压力能增加并克服流动损失。利用与分析收敛通道相同的方法，可得如下关系式，即

$$\eta_{\text{pol,div}} = \frac{\displaystyle\int_1^2 \frac{\mathrm{d}p}{\rho}}{\dfrac{c_1^2 - c_2^2}{2}} \tag{2-49}$$

式中，$\eta_{\text{pol,div}}$ 为固定元件中扩张通道的多变效率。

$$\frac{m}{m-1} = \frac{\kappa}{\kappa-1} \eta_{\mathrm{pol,div}} \qquad (2\text{-}50)$$

$$\eta_{\mathrm{pol,div}} = \frac{\kappa-1}{\kappa} \frac{\ln\left(\dfrac{p_2}{p_1}\right)}{\ln\left(\dfrac{T_2}{T_1}\right)} \qquad (2\text{-}51)$$

可知，扩张通道的效率和过程指数关系式（2-50）和式（2-51）与 2.4.2 节讨论的关系式（2-37）和式（2-38）具有相同的形式。

再次说明，这里收敛和扩张通道的关系式在推导中做了与外界没有功、热交换的假定，适用于离心压缩机固定元件中可压缩理想气体的无冷却多变过程。

2.5　级中气体状态参数的变化

本节内容是在没有冷却的条件下，针对离心压缩机的一个级分析通流部件中气流参数的变化。离心压缩机中经常用到的气体状态参数有温度 T、压力 p、密度 ρ、滞止温度 T_{st}（包括滞止焓 h_{st}）、滞止压力 p_{st} 等。滞止温度、滞止焓和滞止压力有时又称为总温、总焓和总压。

2.5.1　滞止温度和滞止压力

1. 定义

从热力学已知，若忽略位能，处于某一稳定流动状态的理想气体包含两部分能量，一部分是以温度形式表示的焓 $h = c_p T$，另一部分是以速度形式表示的动能 $c^2/2$。此时气体所具有的总能量是二者之和，通常用与该状态对应的滞止状态的参数来描述。将某一状态的气体速度通过绝热（等熵）过程滞止为零即得到与其对应的滞止状态。滞止状态分析图如图 2-15 所示。

此时，该状态下气体所具有的总能量可用滞止温度（或滞止焓）表示为

$$c_p T_{\mathrm{st}} = c_p T + \frac{c^2}{2} \qquad (2\text{-}52)$$

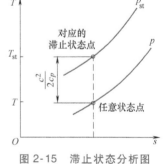

图 2-15　滞止状态分析图

而该状态下气体所具有的总的有用能可用滞止压力表示。

对于可压缩气体
$$p_{\mathrm{st}} = p \left(\frac{T_{\mathrm{st}}}{T}\right)^{\frac{\kappa}{\kappa-1}} \qquad (2\text{-}53)$$

对于不可压缩气体

$$\frac{p_{\mathrm{st}}}{\rho} = \frac{p}{\rho} + \frac{c^2}{2} \qquad (2\text{-}54)$$

2. 滞止温度的变化

滞止温度表示气体所具有的总能量，所以用能量方程式（2-8）分析，有

$$c_p T_1 + \frac{c_1^2}{2} + W_{\text{tot}} = c_p T_2 + \frac{c_2^2}{2}$$

$$c_p T_{1\text{st}} + W_{\text{tot}} = c_p T_{2\text{st}}$$

将上面第二个公式用于带有吸气室的级中各个通流元件的进出口截面之间，可知在叶轮叶片进口之前的 in-0、0-1 截面之间，因 $W_{\text{tot}} = 0$，可得

$$c_p T_{\text{in st}} = c_p T_{0\text{st}} = c_p T_{1\text{st}}$$

在叶轮 1-2 截面之间，由于 $W_{\text{tot}} \neq 0$，所以

$$c_p T_{1\text{st}} + W_{\text{tot}} = c_p T_{2\text{st}}$$

而在叶轮之后的固定元件中，由于 $W_{\text{tot}} = 0$，所以有

$$c_p T_{2\text{st}} = c_p T_{4\text{st}} = c_p T_{5\text{st}} = c_p T_{6\text{st}}$$

这表明，在进入叶轮之前，叶轮没有对气体做功，总能量不变，有 $T_{\text{in st}} = T_{0\text{st}} = T_{1\text{st}}$；在叶轮中，叶轮对气体做功，总能量增加，$T_{2\text{st}} > T_{1\text{st}}$；在叶轮之后，没有外部能量加给气体，总能量守恒，$T_{2\text{st}} = T_{4\text{st}} = T_{5\text{st}} = T_{6\text{st}}$。滞止温度的变化如图 2-16 所示。

3. 滞止压力的变化

滞止压力代表气体所具有的有用能，所以用伯努利方程式（2-12）分析。为分析方便，以气体不可压缩为例进行分析。式（2-12）可写成

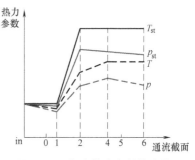

图 2-16 级中热力参数的变化

$$W_{\text{tot}} = \int_1^2 \frac{\mathrm{d}p}{\rho} + \frac{c_2^2 - c_1^2}{2} + h_{\text{loss}} = \frac{p_2 - p_1}{\rho} + \frac{c_2^2 - c_1^2}{2} + h_{\text{loss}}$$

则

$$\frac{p_1}{\rho} + \frac{c_1^2}{2} + W_{\text{tot}} = \frac{p_2}{\rho} + \frac{c_2^2}{2} + h_{\text{loss}}$$

$$\frac{p_{1\text{st}}}{\rho} + W_{\text{tot}} = \frac{p_{2\text{st}}}{\rho} + h_{\text{loss}}$$

将上式用于各个通流元件的进出口截面之间，则在叶轮叶片进口之前的 in-0、0-1 截面之间，因 $W_{\text{tot}} = 0$，有

$$\frac{p_{\text{in st}}}{\rho} = \frac{p_{0\text{st}}}{\rho} + h_{\text{loss in-0}}, \qquad \frac{p_{0\text{st}}}{\rho} = \frac{p_{1\text{st}}}{\rho} + h_{\text{loss 0-1}}$$

可知，在无冷却且没有外部能量输入的情况下，由于存在损失，从 in 截面到 1 截面，总压并不守恒，而是逐渐变小，即

$$p_{\text{in st}} > p_{0\text{st}} > p_{1\text{st}}$$

在叶轮中，有

$$\frac{p_{1\text{st}}}{\rho} + W_{\text{tot}} = \frac{p_{2\text{st}}}{\rho} + h_{\text{loss 1-2}}$$

由于 $W_{\text{tot}} \gg h_{\text{loss}}$，所以 $p_{2\text{st}} > p_{1\text{st}}$。

在叶轮之后，因 $W_{\text{tot}} = 0$，所以 2-4、4-5、5-6 截面之间的情况与 in-0、0-1 截面之间类似，不难得出

$$p_{2\text{st}} > p_{4\text{st}} > p_{5\text{st}} > p_{6\text{st}}$$

滞止压力的定性变化如图 2-16 所示。

2.5.2 温度的变化

能量方程式（2-8）可写为

$$c_p T_2 = c_p T_1 + W_{tot} + \frac{c_1^2 - c_2^2}{2}$$

将上式用于各个通流元件的进出口截面之间，可知在叶轮叶片进口之前的 in-0、0-1 截面之间，有

$$c_p T_0 = c_p T_{in} + W_{tot} + \frac{c_{in}^2 - c_0^2}{2}$$

因 $W_{tot} = 0$，$\dfrac{c_{in}^2 - c_0^2}{2} < 0$，可得 $T_{in} > T_0$。用同样方法可得

$$T_{in} > T_0 > T_1$$

在叶轮 1-2 截面之间

$$c_p T_2 = c_p T_1 + W_{tot} + \frac{c_1^2 - c_2^2}{2}$$

由于 $W_{tot} \neq 0$ 且 $\left(W_{tot} + \dfrac{c_1^2 - c_2^2}{2} \right) > 0$，所以

$$T_2 > T_1$$

在叶轮之后的扩压器中　　$c_p T_4 = c_p T_2 + W_{tot} + \dfrac{c_2^2 - c_4^2}{2}$

因 $W_{tot} = 0$，但 $\dfrac{c_2^2 - c_4^2}{2} > 0$，所以有

$$T_4 > T_2$$

在弯道和回流器中，即 4-6 截面之间，有

$$c_p T_6 = c_p T_4 + W_{tot} + \frac{c_4^2 - c_6^2}{2}$$

因 $W_{tot} = 0$，若认为 $\dfrac{c_4^2 - c_6^2}{2} \approx 0$，可得

$$T_4 \approx T_6$$

这表明，在进入叶轮之前，叶轮没有对气体做功。由于吸气室中流动加速，所以 $T_{in} > T_0 > T_1$；在叶轮中，叶轮对气体做功，$T_2 > T_1$；在叶轮之后的扩压器内，虽然没有叶轮做功，但气体流速降低导致温度继续升高，$T_4 > T_2$；在弯道和回流器内，没有叶轮做功，若近似认为流速不变，则 $T_4 \approx T_6$。温度的变化如图 2-16 所示。

2.5.3 压力的变化

为分析方便，仍以气体不可压缩为例进行分析。式（2-12）可写成

$$\frac{p_2}{\rho} = \frac{p_1}{\rho} + W_{tot} + \frac{c_1^2 - c_2^2}{2} - h_{loss}$$

将上式用于各个通流元件的进出口截面之间，可知在叶轮叶片进口之前的 in-0、0-1 截面之间，可有

$$\frac{p_0}{\rho}=\frac{p_{in}}{\rho}+W_{tot}+\frac{c_{in}^2-c_0^2}{2}-h_{loss\ in\text{-}0}$$

因 $W_{tot}=0$，$c_0>c_{in}$，$h_{loss\ in\text{-}0}>0$，所以 $p_0<p_{in}$，同理可得

$$p_1<p_0<p_{in}$$

在叶轮内，有

$$\frac{p_2}{\rho}=\frac{p_1}{\rho}+W_{tot}+\frac{c_1^2-c_2^2}{2}-h_{loss\ 1\text{-}2}$$

由于 $W_{tot}\neq0$ 且 $\left(W_{tot}+\dfrac{c_1^2-c_2^2}{2}-h_{loss\ 1\text{-}2}\right)>0$，所以

$$p_2>p_1$$

在扩压器内

$$\frac{p_4}{\rho}=\frac{p_2}{\rho}+W_{tot}+\frac{c_2^2-c_4^2}{2}-h_{loss\ 2\text{-}4}$$

由于 $W_{tot}=0$，扩压器主要作用是降速升压，有 $\left(\dfrac{c_2^2-c_4^2}{2}-h_{loss\ 2\text{-}4}\right)>0$，所以

$$p_4>p_2$$

在弯道和回流器内，$W_{tot}=0$，若认为 $c_4\approx c_5\approx c_6$，则

$$\frac{p_6}{\rho}=\frac{p_4}{\rho}-h_{loss\ 4\text{-}6}$$

因 $h_{loss\ 4\text{-}6}>0$，可得 $p_6<p_4$。

压力的变化如图 2-16 所示。

已知温度和压力后，可利用状态方程或过程方程计算密度。

2.6 轴向涡流

2.6.1 能量头系数、周速系数和流量系数

行业中习惯把叶轮对单位质量气体所做的功称为能量头，如理论能量头 W_{th}、多变能量头 W_{pol}、绝热能量头 W_s、等温能量头 W_T 和总能量头 W_{tot}。

能量头与叶轮出口圆周速度 u_2 平方的比值定义为能量头系数。上面的能量头都有对应的能量头系数。离心压缩机中常用的是多变能量头系数，其定义为

$$\psi_{pol}=\frac{W_{pol}}{u_2^2} \tag{2-55}$$

实用中，常省略下角标，将 ψ_{pol} 简记为 ψ。

根据多变效率的定义有

$$W_{pol}=W_{tot}\eta_{pol}=W_{th}(1+\beta_L+\beta_{df})\eta_{pol}=(c_{2u}u_2-c_{1u}u_1)(1+\beta_L+\beta_{df})\eta_{pol}$$

当叶轮前没有进口导叶等调节装置时，通常认为气流沿径向进入叶片，即 $c_{1u}=0$，则

$$W_{pol}=c_{2u}u_2(1+\beta_L+\beta_{df})\eta_{pol}=\varphi_{2u}u_2^2(1+\beta_L+\beta_{df})\eta_{pol} \tag{2-56}$$

式中，φ_{2u} 为周速系数，其定义为

$$\varphi_{2u} = \frac{c_{2u}}{u_2} \qquad (2\text{-}57)$$

联立式（2-55）和式（2-56），有

$$W_{pol} = \varphi_{2u}(1+\beta_L+\beta_{df})\eta_{pol}u_2^2 = \psi u_2^2 \qquad (2\text{-}58)$$

及

$$\psi = \varphi_{2u}(1+\beta_L+\beta_{df})\eta_{pol} = \varphi_{2u}\eta_h \qquad (2\text{-}59)$$

周速系数实际也是理论能量头系数。由理论能量头系数定义

$$\psi_{th} = \frac{W_{th}}{u_2^2} = \frac{c_{2u}u_2 - c_{1u}u_1}{u_2^2}$$

由于假定 $c_{1u} = 0$，则有

$$\psi_{th} = \frac{c_{2u}u_2}{u_2^2} = \frac{c_{2u}}{u_2} = \varphi_{2u} \qquad (2\text{-}60)$$

与周速系数类似，流量系数 φ_{2r} 定义为

$$\varphi_{2r} = \frac{c_{2r}}{u_2} \qquad (2\text{-}61)$$

多变能量头系数反映在相同 u_2 下叶轮做有用功（用于提高气体压力的部分）能力的大小，周速系数反映 c_{2u} 与 u_2 之间的比例关系，反映叶轮利用增大 β_{2A} 做功的程度，流量系数则反映流量的大小，这三个系数在离心压缩机设计、运行和流动分析中经常用到。

2.6.2 轴向涡流及其影响

1. 现象

轴向涡流是气体在离心叶轮中流动时存在的真实现象，有时也被称为轴向旋涡或相对涡流（Relative Eddy），该现象在国内外同类教材中都被述及[10-12]。

可以想象，假定叶轮叶片无穷多时，叶轮出口气流角与叶片安装角相等，即 $\beta_2 = \beta_{2A}$。但实际中叶轮叶片数都是有限的，情况又会如何呢？有的教材[10]通过一个简单的实验结果进行分析。

图 2-17 所示为一个可绕中心轴转动的圆盘，圆盘外径边缘放置一个干净的水杯，水杯与圆盘之间固定连接，不存在相对滑动、移动或转动，并用字母 A、B、C、D 表示水杯与圆盘之间的固定相对位置。水杯中放入清水，再放入一个能够漂浮的箭头，在圆盘处于初始位置时（图 2-17a）箭头指向字母 A。圆盘轻轻地逆时针

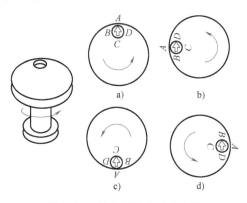

图 2-17 轴向涡流实验示意图

转动，每转 90°时水杯的位置如图 2-17b、图 2-17c 和图 2-17d 所示。圆盘转动一圈，在相对坐标系中看，水杯与圆盘的相对位置始终不变，见图中的字母 A、B、C、D，但在绝对坐标系中，水杯逆时针旋转了 360°。再分析圆盘转动一圈时箭头的运动情况。在绝对坐标系中，当水杯逆时针旋转时，箭头并不与其同步旋转，而是大致保持原来向上的指向；在相对坐标

系中，箭头则相对于水杯沿 A（图 2-17a）、D（图 2-17b）、C（图 2-17c）、B（图 2-17d）方向顺时针转动。这个实验中，圆盘相当于叶轮，水杯相当于封闭的叶道，水及箭头表示叶道中的气体。当叶轮逆时针旋转时，叶道与叶轮之间的相对位置不变，但封闭叶道内的气体相对于叶道顺时针旋转。这种现象即离心叶轮中存在的轴向涡流现象：当叶轮旋转时，在叶轮回转面中，气体相对于叶道存在一个旋转运动，其旋转方向与叶轮转向相反。

　　一些教材和研究文献把叶轮叶道内的流动分成两部分，如图 2-18 所示。一部分是叶轮旋转，但叶道进出口封闭，此时叶道中的气体做轴向涡流运动；另一部分是叶轮不转，叶道进出口不封闭，气流通过叶道做径向流动。叶道中的实际流动被看作二者的叠加。

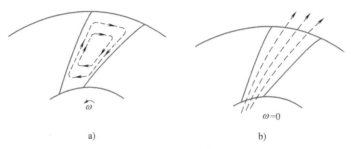

图 2-18　气体在叶轮中的流动

a）轴向涡流　b）径向流动

2. 产生轴向涡流的主要原因

从上面分析可知，产生轴向涡流的主要原因是气体具有惯性且黏性小。

3. 轴向涡流的影响

1）使叶轮回转面中叶片出口气流产生"滑移"，使叶片出口气流角小于叶片安装角，$\beta_2 < \beta_{2A}$，从速度三角形分析（图 2-19）可知，此时 $c_{2u} < c_{2u\infty}$（$c_{2u\infty}$ 表示叶片无穷多时叶轮出口绝对速度的周向分速度），导致 φ_{2u}、W_{th} 和 W_{pol} 小于预期值，即叶轮对气体的做功能力比预期的做功能力下降。

2）改变叶轮回转面叶道内的相对速度分布，使叶片工作面速度降低、压力升高，非工作面速度增大、压力下降，在很多情况下使叶片工作面成为压力面，非工作面成为吸力面，如图 2-20 所示。

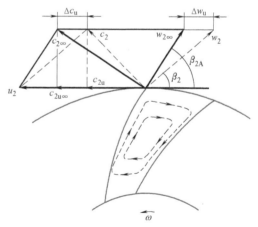

图 2-19　叶轮出口的实际速度三角形

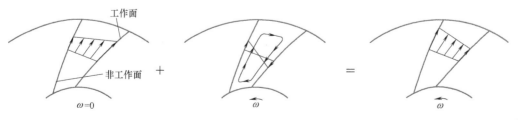

图 2-20　轴向涡流对叶道内速度分布的影响

由于轴向涡流导致叶轮做功能力比预期值要小，因此在计算叶轮对气体的做功时，必须考虑轴向涡流的影响，相关内容将在第 4 章（叶轮）中介绍。

2.7　流量

流量的几种常用表示方式及特点在前面已有叙述，本节主要从概念上进一步讨论离心压缩机的流量范围以及影响流量的主要因素。

2.7.1　影响离心压缩机流量大小的主要因素

假定图 2-21 所示为一个无穷大的墙，墙上有个形状类似于拉伐尔喷管的洞，墙的一边气体压力为 p_1，另一边气体压力为 p_2。如果 $p_1 = p_2$，即墙两边的气体压差为零，则洞中没有气体流过，此时通过墙洞的气体流量为零。如果 $p_1 > p_2$，则洞中将有气体从 p_1 侧流向 p_2 侧，墙两边的压差（$p_1 - p_2$）越大，洞中的气流速度越大，气体流量也越大。根据流体力学知识，当（$p_1 - p_2$）大到某一临界值，使洞中喉部气流速度达到声速时，气体流量达到最大值，即使墙两边的压差继续增加，洞中的气体流量也将不再增加。

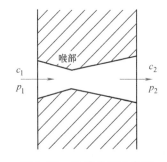

图 2-21　流量分析示意图

从上面分析可以理解，决定墙洞中气体流量的主要因素大致有两个：

1）墙洞两边的压差（$p_1 - p_2$）。

2）墙洞内部通道的结构和特点，特别是喉部截面通流面积的大小。

从上面例子还可看出，通过墙洞的流量有个范围。当墙两边的压差（$p_1 - p_2$）= 0 时，通过墙洞的流量最小，可表示为 $q_{\min} = 0$。当墙两边的压差达到某一临界值，使洞中喉部气流速度达到声速时，气体流量达到最大值 $q_{\max}$。即通过墙洞的流量有个范围 $q_{\min} \sim q_{\max}$。

实际应用中，离心压缩机进出口通常都连接有管道，图 2-22 给出一个简单的示意图。离心压缩机需要克服管道、阀门的阻力，向用户提供一定流量并具有一定压力的气体，以满足用户的需要。对于离心压缩机而言，图 2-22 中的进出口管道、阀门和用户构成一个管网系统。改变阀门开度或用户处的工作压力，都会引起管网阻力变化，相当于改变上例中的压差。对于在图示管网系统中工作的离心压缩机，与图 2-21 的例子类比，可知影响压缩机流量的主要因素为：

1）压缩机出口压力与管网阻力。

2）压缩机和管网系统通流部分的结构和特点，特别是喉部截面通流面积的大小。

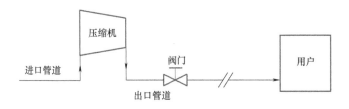

图 2-22　压缩机与管网系统示意图

2.7.2 离心压缩机的流量范围

与图 2-21 的例子一样，离心压缩机也有自己的流量范围。

1. 最大流量

当压缩机背压或管网阻力不断下降时，压缩机的流量和通道内的气流速度便不断增加。理论上讲，当流道的喉部截面气流速度达到声速时，压缩机达到最大流量，有时又称滞止流量或阻塞流量。

实际应用中有时也有这种情况，当压缩机流量增加且偏离设计流量太远时，由于叶轮内部流动情况太差而不能有效对气体做功，此时即使背压或管网阻力很低，且压缩机喉部截面的气流也未达到声速，但压缩机已不能提供更高一些的出口压力去克服管网阻力，因而压缩机的流量也将不再增加，即使尚未达到滞止流量。

另外，由于压缩机在流量很大时效率会大幅降低，运行单位通常不会允许压缩机在效率很低的大流量或最大流量下运行。为了节能，运行单位常常根据可以接受的运行效率选择压缩机的最大运行流量，该流量小于压缩机的滞止流量。

2. 最小流量（喘振流量）

离心压缩机的最小流量不是零流量，而是喘振流量。当管网阻力不断增大时，离心压缩机的流量会逐渐变小，此时叶轮内部的流动情况也会变差。当流量减小到一定值时，由于叶轮内部流动恶化而不能正常对气体做功，导致压缩机出口压力小于管网阻力，压缩机和管网系统之间会引发气流振荡，从而使压缩机产生剧烈振动，极易导致压缩机在很短时间内受到严重破坏，这种现象称为喘振。导致离心压缩机发生喘振时的流量称为喘振流量，喘振流量只是离心压缩机理论上的最小流量，但压缩机不允许在喘振流量运行。实际应用中，为了保证压缩机安全可靠运行，通常选择比喘振流量大一些的喘振控制流量作为最小运行流量。

3. 流量范围

不同的离心压缩机在不同转速下运行时，通常有不同的喘振流量和最大流量，但对任何一台在一定转速下运行的离心压缩机，理论上的流量范围是喘振流量～滞止（或阻塞）流量，实际运行时的流量范围是喘振控制流量～最大运行流量。流量范围宽也是离心压缩机性能优良的重要指标之一。

学习指导和建议

2-1 了解本教材的基本假定，掌握本教材分析和解决问题的前提和思路。

2-2 理解叶轮进出口速度三角形的主要量与离心压缩机运行条件之间的联系，学会在压缩机工况变化时正确画出速度三角形，能够正确利用速度三角形分析实际问题。

2-3 掌握几个基本方程的使用条件、物理意义、相互关联及主要用于解决什么问题。

2-4 了解进行离心压缩机中气体流动分析时用到的主要压缩过程，这些过程各有什么特点，过程和相关物理量在 $T\text{-}s$ 图上如何表示，以及为什么要研究这些压缩过程。

2-5 理解离心压缩机各种效率的定义和物理本质，掌握如何正确使用这些效率去评价离心压缩机及相关通流元件的性能。

2-6 理解滞止参数的物理意义，了解级中气流状态参数的变化规律。

2-7 了解轴向涡流产生的原因、现象及其对叶轮做功能力和流动参数分布的影响。

2-8　理解影响离心压缩机流量的主要因素，了解离心压缩机的流量范围。

思考题和习题（带 ＊ 号的是选做题）

2-1　本教材在研究离心压缩机相关问题时所做的基本假定是什么？为什么要做这些假定？

2-2　离心叶轮出口和进口速度三角形中，通常各有哪些量是主要量？为什么选择它们作为主要量？

2-3　分别画出 $\beta_2 < 90°$、$\beta_2 = 90°$ 和 $\beta_2 > 90°$ 时离心叶轮出口气流的速度三角形，标出以下各量：u_2、c_2、c_{2r}、c_{2u}、w_2、α_2、β_2。再在三张图上用不同颜色画出流量减小及增大约一半时的速度三角形，并说明此时其他各量的变化情况及叶轮做功能力是增大还是减小。

2-4　以 $\beta_2 < 90°$、$\beta_2 = 90°$ 和 $\beta_2 > 90°$ 时离心叶轮出口气流速度三角形为基础，分析 β_2 和 u_2 单独变化时速度三角形的变化，并分析其他各量及叶轮做功能力的变化。

2-5＊　以 $\beta_2 < 90°$、$\beta_2 = 90°$ 和 $\beta_2 > 90°$ 时离心叶轮出口气流速度三角形为基础，分析 u_2、c_{2r} 和 β_2 中有两个同时变化或三个同时变化时速度三角形的变化，并分析其他各量及叶轮做功能力的变化。

2-6　分别画出 $\alpha_1 = 90°$、$\alpha_1 < 90°$ 和 $\alpha_1 > 90°$ 时离心叶轮叶片进口气流速度三角形，标出以下各量：c_1、c_{1r}、c_{1u}、w_1、u_1、α_1、β_1。再在同一张图上用不同颜色画出流量减小或增加约一半时的速度三角形，并说明叶片进口冲角和 w_1 大小的变化及对叶轮做功能力的影响。

2-7　以 $\alpha_1 = 90°$、$\alpha_1 < 90°$ 和 $\alpha_1 > 90°$ 时离心叶轮叶片进口气流速度三角形为基础，分析 u_1 或 α_1 单独变化时速度三角形的变化，并说明叶片进口冲角和 w_1 大小的变化及对叶轮做功能力的影响。

2-8＊　以 $\alpha_1 = 90°$、$\alpha_1 < 90°$ 和 $\alpha_1 > 90°$ 时离心叶轮叶片进口气流速度三角形为基础，分析 u_1、c_{1r} 和 α_1 中有两个或三个同时变化时速度三角形的变化，并说明叶片进口冲角和 w_1 大小的变化及对叶轮做功能力的影响。

2-9　叶片扩压器进出口是否存在速度三角形？为什么？

2-10　在本教材的基本假定下分析离心压缩机的内部流动时用到哪几个基本方程？它们的使用条件是什么？

2-11　本教材中几个基本方程的物理意义是什么？主要用于解决什么问题？

2-12　能量方程和伯努利方程是否可用于压缩机通流部分中的任意两个通流截面之间？为什么？

2-13　在有冷却和无冷却的条件下，离心压缩机中的实际压缩过程是什么过程？对应的理想压缩过程是什么过程？为什么要引入理想压缩过程？

2-14　W_{th}、W_{pol}、W_s、W_r 和 W_{tot} 各表示叶轮加给单位质量气体的什么功？分别对应于气体的什么压缩过程？

2-15　等温、绝热过程是否存在总耗功 W_{tot}？是否存在理论功 W_{th}？

2-16　在无冷却条件下，通常用什么效率评价离心压缩机的性能？在这些效率中，针对同一台压缩机，哪个效率最高？哪个效率最低？为什么？哪个效率定量反映损失的大小？

2-17　在有冷却条件下，通常用什么效率评价离心压缩机的性能？为什么？

2-18　离心压缩机中，通常用什么效率评价固定元件的性能？

2-19　流动效率 η_h 应该用于什么热力过程？

2-20　滞止温度 T_{st} 和滞止压力 p_{st} 的物理意义是什么？定性分析级中气体状态参数 T_{st}、p_{st}、T、p 和 ρ 的变化。

2-21　按照本教材定义，何为能量头系数、周速系数和流量系数？

2-22　简要叙述产生轴向涡流的主要原因、轴向涡流的现象特点及其主要影响。

2-23　轴向涡流是不是损失？为什么？

2-24　叶片扩压器中是否存在轴向涡流？为什么？

2-25　什么是离心压缩机的最大流量和喘振流量？

2-26 离心压缩机在理论上和实际运行时的流量范围是什么？

2-27 空气离心压缩机级，叶轮叶片进口无预旋（$c_{1u} = 0$），$t_{in} = 30℃$，$p_{in} = 0.098MPa$，$D_2 = 0.04m$，$n = 14000r/min$，$\eta_{pol} = 0.8$，$\beta_L = 0.03$，$\beta_{df} = 0.04$，$\varphi_{2u} = 0.68$，$\kappa = 1.4$，$R = 287J/(kg \cdot K)$；求 p_{out} 和 W_{pol}。

2-28 测得空气离心压缩机级的下列参数：级进口温度 $T_{in} = 293K$，级进口压力 $p_{in} = 101300Pa$，级出口滞止温度 $T_{out_{st}} = 350.58K$，级出口压力 $p_{out} = 167145Pa$，级进出口速度 $c_{in} = c_{out} = 20m/s$，空气的气体常数为 $R = 287J/(kg \cdot K)$，$\kappa = 1.4$。

求：1）级的多变压缩功 W_{pol} 和总耗功 W_{tot}（要求使用单位：J/kg）。

2）级的平均多变效率 η_{pol}。

3）级中的总损失 h_{loss}。

（说明：所有计算要求至少保留两位小数。）

2-29 已知离心压缩机级的平均多变效率 $\eta_{pol} = 0.8$，$t_{in} = 20℃$，$p_{in} = 101300Pa$，$p_{out} = 141820Pa$，$\kappa = 1.4$，$R = 287J/(kg \cdot K)$，$c_{in} = c_{out}$。

求：1）级的多变过程指数 m（保留三位小数）。

2）级的多变压缩功 W_{pol}（以 J/kg 为单位，保留两位小数）。

3）级的总耗功 W_{tot}（以 J/kg 为单位，保留两位小数）。

4）级的出口温度 T_{out}（保留一位小数）。

2-30 测得某空气离心压缩机级，$p_{in} = 0.097MPa$，$t_{in} = 20℃$，$c_{in} = 30m/s$，$q_{Vin} = 1.8m^3/s$，$p_{out} = 0.185MPa$，$t_{out} = 98℃$，$c_2 = 240m/s$，$\alpha_2 = 20°$，$D_2 = 0.34m$，$c_1 = 80m/s$，$n = 17850r/min$，$\kappa = 1.4$，$R = 287J/(kg \cdot K)$。

求：1）级的 η_{pol}、η_s。

2）级的总功率 P_{tot}。

3）多变能量头系数 ψ。

4）叶轮出口参数 φ_{2r}、φ_{2u} 及 T_2、p_2。

第 3 章

能量损失及性能曲线

第 2 章中讲到伯努利方程式（2-12）为

$$W_{\text{tot}} = \int_1^2 \frac{\mathrm{d}p}{\rho} + \frac{c_2^2 - c_1^2}{2} + h_{\text{loss}}$$

其中能量损失项 h_{loss} 表达为式（2-13），即

$$h_{\text{loss}} = h_{\text{hyd}} + h_{\text{L}} + h_{\text{df}}$$

式中，h_{L} 为内漏气损失；h_{df} 为轮阻损失；h_{hyd} 为除 h_{L} 和 h_{df} 之外，气体流经压缩机通流部分时所产生的所有流动损失。

本章重点讨论：离心压缩机级中包含哪些流动损失？这些损失产生的机理是什么？各有什么特点？本章讨论能量损失的主要目的不是如何准确地计算损失，而是定性地掌握如何根据损失产生的机理去减少损失，以提高压缩机的效率。

另外，结合叶轮对气体做功的原理和对损失的讨论，本章还分析了离心压缩机性能曲线的形式和特点，为以后在各个章节中学习与压缩机性能有关的内容打好基础。

3.1 流动损失

离心压缩机通流部分的流动损失主要由摩擦损失、分离损失、二次流损失和尾迹损失四部分组成，用公式可表示为

$$h_{\text{hyd}} = h_{\text{fri}} + h_{\text{sep}} + h_{\text{sec}} + h_{\text{mix}} \tag{3-1}$$

式中，h_{fri}、h_{sep}、h_{sec} 和 h_{mix} 分别为摩擦损失、分离损失、二次流损失和尾迹损失。

3.1.1 摩擦损失

1. 产生原因

气体有黏性是气体在流动过程中产生摩擦损失的主要原因，摩擦损失不仅产生于气体与流道壁面之间的摩擦，也产生于具有不同流速的气体流层与流层之间。根据流体力学，可将通道内的流动分为主流区和靠近壁面的边界层两部分。边界层内沿其厚度方向速度梯度很大，流体之间存在着内摩擦力或黏滞力，为了维持流体的流动，主流区气体就必须对边界层

内的气体不断注入能量来克服内摩擦力或黏滞力，这样造成的能量损失就是摩擦损失。

一般而言，离心压缩机的通流元件中都不同程度地存在摩擦损失。对于不同的离心压缩机级而言，通常小流量级的摩擦损失较大，因为小流量级通流截面的当量水力直径小。图3-1表示两个直径 D_2 相同且叶片数也相同的叶轮，其中图3-1a的叶轮出口宽度 b_2 小，而图3-1b的叶轮出口宽度 b_2 较大。从叶轮外径方向的俯视图可以明显看出，宽度小的窄叶轮叶道出口截面的当量水力直径小。

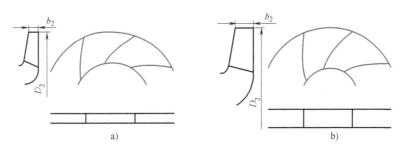

图 3-1　叶轮叶道出口通流截面水力直径比较

a) 出口宽度较窄的叶轮　b) 出口宽度较宽的叶轮

根据流体力学知识[5,6]，离心压缩机流道中的摩擦损失可利用下式估算，即

$$h_{fri} = \lambda \frac{l}{d_h} \frac{c^2}{2} \tag{3-2}$$

式中，λ 为摩擦阻力系数，与流动雷诺数和流道壁面的相对粗糙度有关，量纲为一；l 为流程长度或平均流线的长度（m）；d_h 为流道的平均当量水力直径（m）；c 为流道内的平均气流速度（m/s）。

2. 减少摩擦损失的思路和措施

针对式（3-2），为了降低离心压缩机通流部分的摩擦损失，在进行通流部分的设计时，可从以下方面入手采取措施：

1）针对各个通流元件的特点，在合理的气流速度选取范围内尽量采用较低的速度。

2）尽可能加大通流截面的当量水力直径，例如，叶轮设计中采用较大的叶轮相对宽度 $\frac{b_2}{D_2}$ 等。

3）降低壁面的表面粗糙度值。

4）减少速度梯度，流道设计中尽量少转弯或采用较大的转弯半径。

5）减小摩擦长度或摩擦面积。

3.1.2　分离损失

1. 产生原因

产生分离损失的直接原因是流动的扩压度大，例如：通流截面突然扩大、急转弯等。另外，流动分离的产生有时还与壁面的表面粗糙度、流动雷诺数和气流的湍流度有关。

以二维流动为例，图3-2所示为边界层流动的某些特点。

从流体力学可知，在扩压流动中，沿流动方向（x 方向）的压力梯度 $\frac{\partial p}{\partial x} > 0$，说明沿流

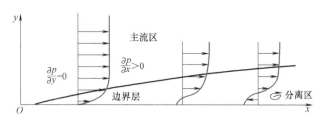

图 3-2　边界层流动的特点

动方向存在逆压梯度，而沿与流动方向垂直的 y 方向的压力梯度 $\dfrac{\partial p}{\partial y}=0$，说明沿 y 方向，边界层内的压力与主流区相同。即沿流动方向，边界层内存在与主流区相同的逆压梯度。

　　另外，气体实现扩压流动，是通过降低自身流速、将动能转化为压力能、提高气体压力而克服流动中存在的逆压梯度的。根据边界层定义中气流速度的特点可知，在扩压流动中，当逆压梯度很大时，主流区和边界层内的流速都会逐步下降，与主流区相比，边界层内的气流会首先出现没有足够动能克服逆压梯度的情况，于是边界层内的气体首先出现滞止、倒流，产生边界层分离。当逆压梯度足够大时，边界层分离会扩展成为很大的流动分离区域，分离区内复杂的旋涡流动会产生很大的能量损失，通常称为分离损失。因此，产生分离损失的直接原因可以简单概括为：流动扩压度大，而边界层内没有足够动能转化为压力克服逆压梯度。由于气流分离首先发生于边界层内，因此，产生分离损失的根本原因仍是气体具有黏性。无分离气流的主要流动损失通常是摩擦损失，在有分离的情况下，分离损失常常成为主要矛盾。

　　离心压缩机的通流元件中，凡是流动扩压度大的地方都可能产生分离损失。图 3-3 所示为流动分离示意图。

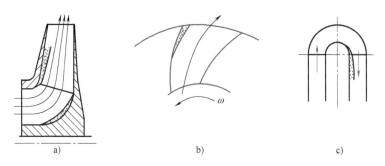

图 3-3　流动分离示意图

a）叶轮子午面轮盖进口转弯处　b）叶轮回转面叶片非工作面出口处　c）弯道子午面转弯后

　　与扩压流动相反，气体在收敛通道中流动时，由于沿流动方向压力总体逐渐降低，流速逐渐增加，主流区有较大动能传入边界层克服黏性阻力，所以收敛流动不容易产生边界层分离。

　　2. 冲击损失

　　冲击损失可以认为是离心压缩机中一种特殊的分离损失。离心压缩机的某些通流元件中存在叶片，在叶片的进口处，当气流角与叶片的安装角一致时，通常认为叶片进口处基本不产生流动分离，而当气流角与叶片安装角不一致时，就会在叶片进口的一侧形成较大的局部扩压度使气流出现分离，这种损失称为冲击损失。

下面以叶轮叶片进口为例进行说明，如图3-4所示。

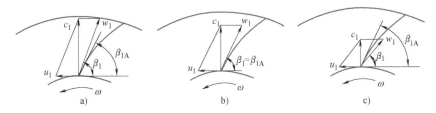

图3-4 叶轮叶片进口气流冲角示意图

a）大流量工况，$\beta_{1A}<\beta_1$，负冲角 b）设计工况，$\beta_{1A}=\beta_1$，零冲角 c）小流量工况，$\beta_{1A}>\beta_1$，正冲角

定义冲角 i 为

$$i = \beta_{1A} - \beta_1 \tag{3-3}$$

式中，β_{1A} 为叶片进口安装角；β_1 为叶片进口气流角。

当 $\beta_{1A}>\beta_1$ 时，$i>0$，称为"正冲角"；当 $\beta_{1A}<\beta_1$ 时，$i<0$，称为"负冲角"；当 $\beta_{1A}=\beta_1$ 时，$i=0$，称为"零冲角"。

由图3-4可知，在叶轮叶片进口处，设计工况下理论上是零冲角，而大流量工况下产生负冲角，小流量工况产生正冲角。

冲击损失可按下式定性估算，即

$$h_{sh} = \zeta_{sh}\frac{w_{1sh}^2}{2} \tag{3-4}$$

式中，ζ_{sh} 为冲击损失系数；w_{1sh} 为冲击速度。

将叶片进口的气流相对速度 w_1 分解成两个互相垂直的分速度：一个是与叶片安装角完全一致的"无冲击速度"，另一个就是"冲击速度" w_{1sh}。

3. 减少分离损失的思路和措施

1）限制流动扩压度。对于不同形状的流动通道，一般是采用控制流道当量扩张角 θ_{eq} 的方法，通常希望 $\theta_{eq}\leqslant 6°$。对于离心叶轮，也可通过控制 w_1/w_2 限制叶轮叶道的扩压度，通常控制 $w_1/w_2\leqslant 1.6$。对于转弯流道，希望尽量采用较大的转弯半径。对于一般的流道，当量扩张角可按下式计算，即

$$\tan\frac{\theta_{eq}}{2} = \frac{\sqrt{A_2}-\sqrt{A_1}}{l\sqrt{\pi}} \tag{3-5}$$

式中，A_1、A_2 为流道进出口的截面面积；l 为进出口截面之间的流道长度。

2）在可能条件下，叶轮设计中采用较大的 b_2/D_2。此时叶道的当量水力直径较大，在通流截面面积相同的条件下，截面的周长相对较小，有利于减少边界层面积和邻近壁面上边界层之间的互相干扰，从而减少分离损失。

3）减少冲击损失。一是在叶片进口采用零冲角或小冲角设计，也可在条件允许时采用机翼型叶片或可转动的可调叶片；二是设计时采用较小的叶片进口气流相对速度 w_1。

4）一些特殊措施，如抽吸或吹走边界层等。

3.1.3 二次流损失

1. 产生原因

图 3-5 表示气流经过一个矩形截面的弯管时，弯管内部的流动情况。为分析方便，假定弯管前方为直管道，且前方来流的气流参数分布均匀。

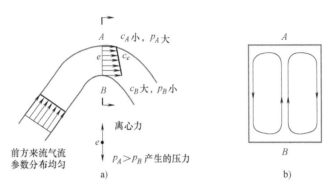

图 3-5　二次流形成原因分析简图

先看图 3-5a。截面 AB（平面）上任意流体质点 e 做转弯流动时，应受到指向位置 A 的离心力作用，但为什么没有产生指向位置 A 的运动呢？从流体力学知，弯管中位置 A 处流速 c_A 小，压力 p_A 大，位置 B 处流速 c_B 大，压力 p_B 小。质点 e 在受到离心力作用的同时也受到压力梯度 $p_A > p_B$ 所产生的压力作用，二者平衡，所以质点 e 具有图示速度 c_e，并不产生指向位置 A 的运动。

再看图 3-5b。在矩形截面 AB（平面）中，存在由位置 A 指向位置 B 的压力梯度 $p_A > p_B$。在截面中间的主流区域，气体具有较高的转弯流速，因而产生指向位置 A 的离心力与压力梯度 $p_A > p_B$ 平衡，故气体具有如图 3-5a 所示的流速方向。该流速方向与截面 AB 垂直，不在截面 AB 内产生运动。但是，根据边界层流动的特点，在截面 AB 中靠近壁面的边界层内，仍然存在与主流区相同的压力梯度 $p_A > p_B$，气体却不具有与主流区相同的转弯流速，没有足够动能产生离心力与压力梯度平衡。因此，首先在截面 AB 两侧壁面的边界层内，产生由位置 A 指向位置 B 的流动，该流动使位置 A 处的边界层变薄，却加厚了位置 B 处的边界层。同时，由于具有较高压力 p_A 的流体质点不断通过两侧边界层从位置 A 流向压力较低的位置 B，因而使截面 AB 主流区中原来存在的离心力与压力梯度 $p_A > p_B$ 的压力平衡状态有所改变，在主流区中产生了从位置 B 指向位置 A 的流动，形成了图 3-5b 中示意的流动图形。由于这种流动产生在与主流方向垂直的截面内，是不期望出现的运动，为了与主流区别，称其为"二次流"，二次流所消耗的能量被称为"二次流损失"。

上例中，二次流产生的直接原因是流动中存在压力梯度，而通流横截面的边界层内没有足够动能产生离心力与该压力梯度相平衡。由于边界层是二次流产生的直接原因之一，因此仍可认为，产生二次流损失的根本原因是气体具有黏性。

应该说明，上述例子只是一个理想化的简单分析，目的是使初学者更容易理解什么是"二次流"。实际流动中，由于气体黏性、通道结构包括转弯曲率以及前方来流不均匀甚至存在流动分离等因素的影响，通流横截面中产生二次流的原因远比上述分析复杂，且流动图形也绝非上例中那样规则。图 3-6、图 3-7 所示是某些文献 [1] 介绍的叶轮中存在的二次流现象。

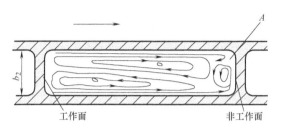

图 3-6 闭式叶轮顶部的二次流实测图形

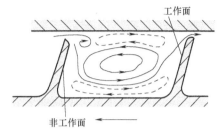

图 3-7 半开式叶轮顶部的二次流图形

2. 二次流的危害

1）二次流自身产生能量损失，而且干扰主流区的流动。

2）使高压侧壁面的边界层变薄，低压侧壁面的边界层变厚，更易产生气流分离或使分离区扩大。

3）二次流向后延续，对后续流动造成不利影响，或与后续流动相互干扰使后续流动变坏。

4）二次流对小流量级（b_2/D_2 小的级）的不利影响更为严重。换言之，小流量级的二次流损失更为严重。主要是小流量级流道的当量水力直径小，边界层面积相对较大，更容易产生二次流并导致气流分离等。

3. 减少二次流损失的思路和措施

1）设法减弱流道中产生的压力梯度，如采用较大的转弯半径，适当增加叶轮或叶片扩压器的叶片数以减少叶片负荷（叶片两面的压差），采用后向叶片而不采用前向叶片等。

2）设计中使流道具有较大的当量水力直径，叶轮设计中采用较大的 b_2/D_2 等。

3.1.4 尾迹损失

1. 产生原因

离心压缩机中，尾迹损失主要产生于叶片的后面。产生原因是叶片尾缘有厚度，气流离开其尾部时厚度突然消失，局部流动截面突然扩张形成旋涡，产生尾迹损失，如图 3-8 所示。

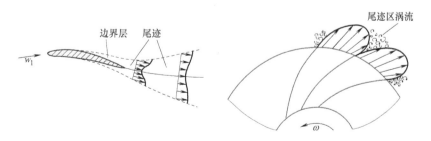

图 3-8 叶片之后和叶轮出口的尾迹示意图

2. 减少尾迹损失的思路和措施

1）叶片出口边削薄。为了不影响叶轮的做功能力，叶片出口应在非工作面削薄，如图

3-9 所示。

2）采用图 3-10 所示的机翼型叶片。

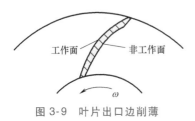

图 3-9　叶片出口边削薄　　　　　　　图 3-10　机翼型叶片

3）设计中使具有叶片的流道具有较大的当量水力直径，如叶轮设计中采用较大的 b_2/D_2 等。若 b_2/D_2 太小，叶轮宽度太窄，则同样通流截面面积的条件下边界层区域相对较大，叶道内的二次流损失和叶片表面出口处的气流分离区域也都相对较大，会增大叶片出口的尾迹损失。因此，较大的 b_2/D_2 有利于减少叶轮出口的尾迹损失。

综上所述，应建立如下基本概念和思路：

1）流动损失主要包括摩擦损失、分离损失（含冲击损失）、二次流损失和尾迹损失。

2）产生流动损失的根本原因在于气体具有黏性，所以在不同的具体条件下产生了不同形式的流动损失。了解各种损失产生的机理和直接原因，有助于在设计压缩机或对其进行节能改进时有针对性地采取措施减少流动损失。

3）一般情况下，小流量级的流动损失相对较大。即同一台压缩机，后面级的流动损失通常较大。同时，四种流动损失中，分离损失（包括冲击损失）对能量的损耗通常更加严重一些。这有助于在减少流动损失时抓住重点。

3.2　雷诺数和马赫数对流动损失的影响

离心压缩机内部流动属于高雷诺数和高马赫数的流动，本节重点研究雷诺数 Re 和马赫数 Ma 对离心压缩机流动损失 h_{hyd} 的影响，目的是有针对性地控制或减少离心压缩机内部的流动损失。

3.2.1　雷诺数对流动损失的影响

1. 流体力学中对雷诺数影响的基本分析

雷诺数定义为

$$Re = \frac{cl}{\nu} \tag{3-6}$$

式中，Re 为雷诺数，量纲为一；c 为气体特征速度（m/s）；l 为流道特征尺寸或长度（m）；ν 为气体运动黏度（m^2/s）。

从物理上理解，雷诺数表示惯性力与黏性力之比。流动的雷诺数小，表示黏性力的作用大；雷诺数大，则表示黏性力的影响小。

图 3-11 所示为著名的尼古拉兹的圆管试验曲线[1,5,6]，该曲线通过对人工粗糙的圆管进行流动实验得到，表示该条件下摩擦阻力系数 λ 与雷诺数 Re 和相对光滑度 r/Δ 之间的关系

（r：圆管半径；Δ：管壁表面凸起颗粒的直径）。相对光滑度 r/Δ 与相对粗糙度 Δ/r 互为倒数，所以，按照行业习惯，把阻力系数表达为雷诺数和相对粗糙度（或相对光滑度）的函数，即

$$\lambda = f(Re, \Delta/r) \tag{3-7}$$

或 $\lambda = f\left(Re, \dfrac{r}{\Delta}\right)$、$\lambda = f\left(Re, \dfrac{d}{\Delta}\right)$ 及 $\lambda = f\left(Re, \dfrac{\Delta}{d}\right)$ 等形式，d 为圆管直径。

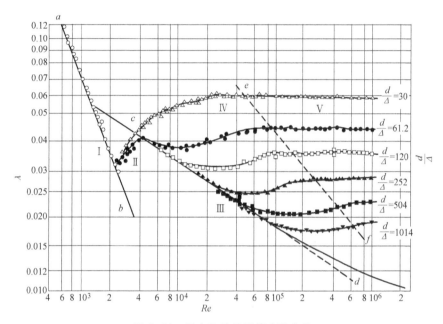

图 3-11　尼古拉兹的圆管实验曲线

尼古拉兹曲线表明：当雷诺数大于临界雷诺数 $Re_{cr} \approx 1 \times 10^5$ 时，摩擦阻力系数 λ 不再随 Re 变化，而只是壁面相对粗糙度的函数。即 Re 的变化不再对圆管的摩擦损失产生影响。

2. 流体力学基本规律在离心压缩机中的应用

离心压缩机的分析、设计和运行的大量实践表明，Re 对离心压缩机流动损失的影响，与上述流体力学中对 Re 影响的分析和尼古拉兹的实验结果在定性上有相同的规律和结论。对于离心压缩机而言，若 Re 较小，Re 的变化对流动损失有明显影响，随着 Re 增大，Re 对流动损失的影响逐渐变小，当 Re 超过某一临界雷诺数时，Re 的变化对流动损失的大小基本不再产生影响，因而可以忽略 Re 对流动损失的影响。

离心压缩机行业中，习惯上常用机器雷诺数 Re_u 表示压缩机级的雷诺数，即

$$Re_u = \frac{u_2 D_2}{\nu_{in}} \tag{3-8}$$

式中，u_2 为叶轮叶片出口的圆周速度（m/s）；D_2 为叶轮外径（m）；ν_{in} 为级进口处的气体运动黏度（m²/s）。

实验表明[1]，离心压缩机级的临界雷诺数大约为 $Re_{u\,cr} \approx 5 \times 10^6 \sim 10^7$。

由于现代离心压缩机级的流动 Re 通常都接近或大于等于临界雷诺数 $Re_{u\,cr}$，雷诺数的变化对流动损失影响不大，所以在离心压缩机中通常都忽略 Re 对流动损失的影响。

3.2.2 马赫数对流动损失的影响

流场中某一点马赫数 Ma 的定义为

$$Ma = \frac{c}{a} \qquad (3-9)$$

式中，c 为该点气流速度（m/s），此处用绝对速度表示，也可以是相对速度 w 等；a 为该点声速（m/s）。

从物理上理解，马赫数表示惯性力与弹性力之比。马赫数越小，气体的可压缩性越小，当 $Ma \le 0.3$ 时，通常气体被近似认为不可压缩；马赫数越大，气体的可压缩性越大，当 $Ma \ge 1$ 时，气流成为超声速流，将产生激波引起很大的能量损失。

由于离心压缩机内通常存在高 Ma 气流，为了减少高速气流引起的流动损失，对于符合本教材一维定常亚声速流动基本假定的离心压缩机，就需要限制某些通流截面的气流马赫数，以达到控制气流速度不要过高的目的。

限制哪些通流截面的气流马赫数呢？根据流体力学知识，应该重点限制离心压缩机通流部分中有可能成为喉部截面的气流马赫数，因为那里最容易产生接近声速的高速气流，如图 3-12 所示。离心压缩机的通流部分中，喉部截面一般处于两个位置：叶轮叶片进口截面或叶片扩压器的叶片进口截面。

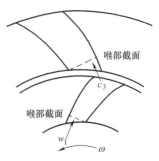

图 3-12　可能成为喉部
的截面示意图

为了控制这两个截面的流速，需要在叶轮叶片进口限制 Ma_{w_1}，在叶片扩压器进口限制 Ma_{c_3}。这里

$$Ma_{w_1} = \frac{w_1}{\sqrt{\kappa R T_1}}, \qquad Ma_{c_3} = \frac{c_3}{\sqrt{\kappa R T_3}} \qquad (3-10)$$

当叶片扩压器进口截面与叶轮出口截面距离很近时，也常用 c_2 和 Ma_{c_2} 代替 c_3 和 Ma_{c_3}。

这里还要介绍两个定义。临界马赫数 Ma_{cr}：流道内任意局部的流速达到声速时的来流马赫数；最大马赫数 Ma_{max}：流道喉部的平均流速达到声速时的来流马赫数。按照上述定义，所要限制的 Ma_{w_1} 和 Ma_{c_3} 一般情况下属于临界马赫数 Ma_{w_1cr} 和 Ma_{c_3cr}，目的是避免压缩机通道内任意局部的流速达到声速。

应该说明，限制 Ma_{w_1cr} 和 Ma_{c_3cr} 是为了压缩机内部流动中不出现局部超声速，从而不引起过大的损失而使压缩机保持较高的效率，这是限制 Ma_{w_1cr} 和 Ma_{c_3cr} 的主要目的和根本原则，至于 Ma_{w_1cr} 和 Ma_{c_3cr} 应该限制在什么数值，则应视不同压缩机的不同特点、不同设计条件甚至要考虑一定的变工况范围才能最终合理确定。所以，下面建议仅供参考：对于一般的后弯或强后弯型叶轮，可以考虑 $Ma_{w_1cr} \le 0.55$；对于径向直叶片叶轮，$Ma_{w_1cr} \le 0.75$；对于叶片扩压器，可以考虑 $Ma_{c_3cr} \le 0.7$。

综上所述，流动的 Re 越高，越可以忽略其对流动损失的影响；流动的 Ma 越高，越需要考虑其对流动损失的影响。离心压缩机内部流动的 Re 和 M 都很高，所以通常情况下不考虑 Re 对流动损失的影响，而必须考虑 Ma 的影响，通过限制 Ma_{w_1cr} 和 Ma_{c_3cr} 控制压缩机内部的流动损失不要太大。

随着现代科技的发展，有时也需要进一步提高气流速度，使 Ma_{w_1} 和 Ma_{c_3} 处于 $Ma_{cr} \leqslant Ma \leqslant Ma_{max}$ 的情况，以获得更大的级压比并减小压缩机的尺寸和重量。此时压缩机内部会出现局部超声速即跨声速流动，损失会明显增加，因此应更加注意提高通流部分的设计和加工质量，在设计工况点选择零冲角或很小的负冲角设计，并尽量缩小工况变化范围。

3.3　漏气损失

3.3.1　概述

有间隙且间隙两端有压差，高压端的气体就会通过间隙向低压端泄漏。离心压缩机的转动与静止部件之间存在间隙，间隙两端通常存在压差，因此存在气体泄漏现象。离心压缩机的泄漏分为内泄漏和外泄漏两种。内泄漏主要发生在图 3-13 所示的叶轮轮盖密封和级间隔板密封处，外泄漏则主要发生在主轴两端的轴端密封处（图 1-2）。

对于内泄漏，由于叶轮轮盖处的漏气损失直接影响叶轮做功的计算，所以需要计算内漏气损失系数 β_{1}，而级间隔板处的漏气损失，通常计入固定元件的损失，不再单独计算。对于外泄漏，则需要计算漏气量的大小，以便为压缩机设计留出合理的流量裕量。

在一定的压力和流量范围内，离心压缩机目前常用的密封有两种：迷宫密封和干气密封。迷

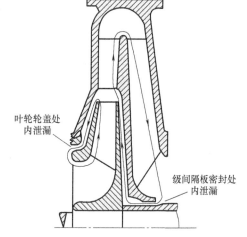

叶轮轮盖处内泄漏

级间隔板密封处内泄漏

图 3-13　叶轮轮盖密封和级间隔板密封处的内泄漏

宫密封又称梳齿型密封，是一种密封后仍存在少量气体泄漏的密封，主要用于对压缩机内泄漏的气体进行密封，即压缩机内部的叶轮轮盖密封、级间隔板密封和平衡盘密封通常采用迷宫密封。另外，对于压缩机内部与外界压差不特别大或允许存在一定气体外泄漏的场合，迷宫密封也被用于压缩机主轴的两端，对压缩机外泄漏气体进行密封。干气密封则通常在不允许存在气体外泄漏的场合被用作压缩机主轴两端的轴端密封，对压缩机的外泄漏气体进行密封。

干气密封结构比较复杂，通常需要专门的生产厂家进行设计和制造，而迷宫密封通常都由压缩机制造企业自行设计和加工。本节重点介绍迷宫密封。

3.3.2　迷宫密封的工作原理

多数情况下，迷宫密封由内、外两个圆环组成。外环直径大一些，一般不转动，内径处装有密封齿；内环直径小一些，一般是转动件，外径处可以是圆柱面，也可在圆柱面上开密封槽或装有密封齿。这类迷宫密封的子午剖视图如图 3-14 和图 3-15 所示。在叶轮轮盖处也常采用阶梯形密封结构（图 3-16），有时也能见到径向排列的迷宫密封结构（图 3-17）。

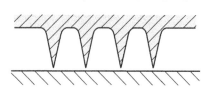

图 3-14　平滑形迷宫密封

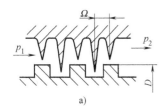 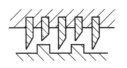 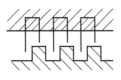 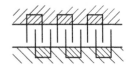

a)   b)   c)   d)

图 3-15 曲折形迷宫密封

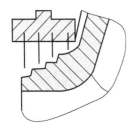

图 3-16 阶梯形迷宫密封

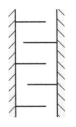

图 3-17 径向排列迷宫密封

1. 气体流经单个密封齿的情况

如图 3-18 所示,气体在曲折形密封中经历从间隙进入空腔,再经过间隙并再次进入空腔,不断重复,最终从最后一个密封齿的间隙中流出,形成由高压端向低压端的泄漏。规定所要研究的单个密封齿处于 2 截面,1、3 截面为该密封齿前后两个空腔的中间截面。

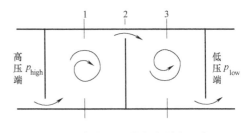

图 3-18 气体流经单个密封齿示意图

在图 3-18 中,从空腔 1 截面到密封间隙 2 截面的流动过程简称为 1→2 过程,从密封间隙 2 截面到下一个空腔 3 截面的流动过程简称为 2→3 过程。为分析方便并突出主要矛盾,假定:

1)密封与外界没有功热交换。

2)每个空腔内气体速度近似为零,$c_1 = c_3 = 0$。

3)1→2 过程为收敛流动,忽略流动损失。

4)2→3 过程中,流动突然扩张,速度消失且在空腔内产生强烈旋涡,动能全部变为损失。

5)被密封的气体为状态参数变化符合 $pv = RT$ 状态方程的理想气体。

因此,气体流经单个密封齿的 1→3 过程相当于流体力学中讲的绝热节流过程。下面利用第 2 章所述气体流动的基本方程对该流动过程进行详细分析。

1→2 过程:收敛流动,压力下降而速度增大,气体压降无损失地全部转化为动能。

列出伯努利方程

$$W_{tot} = \int_1^2 \frac{dp}{\rho} + \frac{c_2^2 - c_1^2}{2} + h_{loss\,1-2}$$

根据上面假定,有

$$W_{tot} = 0, \quad c_1 = 0, \quad h_{loss\,1-2} = 0$$

所以，气体压降全部转化为动能

$$-\int_1^2 \frac{\mathrm{d}p}{\rho} = \frac{c_2^2}{2} \tag{3-11}$$

列出能量方程

$$W_{\text{tot}} = c_p(T_2 - T_1) + \frac{c_2^2 - c_1^2}{2}$$

根据上面假定，有

$$W_{\text{tot}} = 0, \quad c_1 = 0$$

可得焓降也等于动能，有

$$c_p(T_1 - T_2) = \frac{c_2^2}{2} \tag{3-12}$$

$$-\int_1^2 \frac{\mathrm{d}p}{\rho} = c_p(T_1 - T_2) = \frac{c_2^2}{2}$$

说明在 1→2 过程中，气体压降等于焓降，等于密封间隙中的动能，过程线如图3-19中等熵线1→2所示。

再看 2→3 过程：速度滞止为零并全部变为损失。

列出伯努利方程，即

$$W_{\text{tot}} = \int_2^3 \frac{\mathrm{d}p}{\rho} + \frac{c_3^2 - c_2^2}{2} + h_{\text{loss 2-3}}$$

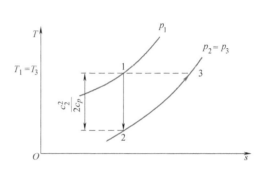

图 3-19　气体流经单个密封齿的 T-s 图

根据上面假定，有

$$W_{\text{tot}} = 0, \quad c_3 = 0, \quad h_{\text{loss 2-3}} = \frac{c_2^2}{2}$$

可得

$$\int_2^3 \frac{\mathrm{d}p}{\rho} = 0$$

则

$$p_2 = p_3$$

所以，2→3 过程是等压过程。

列出能量方程

$$W_{\text{tot}} = c_p(T_3 - T_2) + \frac{c_3^2 - c_2^2}{2}$$

根据上面假定

$$W_{\text{tot}} = 0, \quad c_3 = 0$$

则

$$c_p(T_3 - T_2) = \frac{c_2^2}{2}$$

将上式与式（3-12）联立，可得　　$T_3 = T_1$

所以，2→3 过程是等压过程，密封间隙中的速度全部变为其后空腔内的旋涡损失，损失热被气体吸收，使温度回升，且 $T_3 = T_1$。过程线如图3-19中等压线2→3所示。

从气体经过单个密封齿的流动分析可知，气体从空腔1经历绝热过程流向密封间隙2，压力下降、温度下降转化为密封间隙中的速度 c_2，然后气体从密封间隙2经历等压过程进入下一个空腔3，速度 c_2 全部损失，温度恢复到前一个空腔的温度，$T_3 = T_1$，但压力下降后不再回升，$p_3 = p_2 < p_1$。

2. 迷宫密封工作原理

1）气体在迷宫密封中的流动，相当于多次经过单个密封齿的流动。当迷宫密封两端的压差一定时，采用的密封齿数越多，单个密封齿两侧的压差或压降越小，压力下降转化为密封间隙中的气流速度也越小，整个密封的漏气量就越小。反之，采用的密封齿数越少，密封的漏气量就越大。

2）在迷宫密封中的每个空腔内，气体速度近似为零，温度相等（因与外界没有功热交换，实际是滞止温度守恒），但从高压端到低压端，每个空腔内的气体压力逐渐下降，利用状态方程 $p/\rho=RT$，可知每个空腔内的气体密度 ρ 也逐渐下降。

3）对于迷宫密封中的每个密封间隙而言，泄漏气体的质量流量守恒。由于低压端的气体压力低、密度小，所以低压端的密封间隙中泄漏气体的容积流量大，流动速度高。若密封间隙中出现气流速度达到声速的情况，则声速首先出现在低压端一侧，即从高压端向低压端顺序排列的最后一个密封间隙中，因为那里气流速度最高。

3.3.3 迷宫密封漏气量的计算

1. 密封间隙中速度小于声速的情况

参考图 3-18 及式（3-11），有

$$-\int_1^2 \frac{\mathrm{d}p}{\rho} = \frac{c_2^2}{2}$$

可知密封间隙中的速度主要取决于密封齿前后两个空腔内的压差。

将式（3-11）推广用于密封中的每一个密封间隙，考虑单个密封齿前后压差不大，忽略气体密度的变化，式（3-11）可改写为

$$c = \sqrt{\frac{2\Delta p}{\rho}} \tag{3-13}$$

式中，c 为任意密封间隙中气体的流速；$\Delta p = p_1 - p_2$ 为密封齿前后两个空腔的压差；ρ 为气体密度。

用 A 表示密封间隙处的通流截面面积，漏气量 q_{mL} 可表示为

$$q_{mL} = cA\rho = A\sqrt{2\rho\Delta p}$$

则

$$\Delta p = \frac{q_{mL}^2}{2\rho A^2}$$

上式两边同时乘以 $p/\Delta x$，p 代表密封中任意截面处的气体静压，$\Delta x = l/z$ 代表两个密封齿之间的轴向长度，l 为整个密封的总长度，z 为密封齿数。可有

$$p\frac{\Delta p}{\Delta x} = \frac{q_{mL}^2}{2\rho A^2}\frac{p}{\Delta x}$$

用 $\dfrac{\mathrm{d}p}{\mathrm{d}x}$ 替代 $\dfrac{\Delta p}{\Delta x}$，并注意到 $\dfrac{p}{\rho} = RT = RT_{high}$（high 表示高压端），上式可写为

$$p\frac{\mathrm{d}p}{\mathrm{d}x} = RT_{high}\frac{q_{mL}^2}{2A^2\Delta x}$$

沿密封长度从低压端（用 low 表示）向高压端积分，即

$$\int_{low}^{high} p\mathrm{d}p = RT_{high}\frac{q_{mL}^2}{2A^2\Delta x}\int_{low}^{high}\mathrm{d}x$$

可得

$$\frac{1}{2}(p_{high}^2 - p_{low}^2) = RT_{high}\frac{q_{mL}^2}{2A^2\Delta x}l = RT_{high}\frac{q_{mL}^2}{2A^2}z$$

则有

$$q_{mL} = A\sqrt{\frac{p_{high}^2 - p_{low}^2}{zRT_{high}}} \qquad (3\text{-}14)$$

考虑到实际中从空腔到密封间隙的流动过程存在损失，空腔中气体速度只是近似为零，密封齿前后的气体密度也只是近似不变等因素，漏气量的实际计算公式为

$$q_{mL} = \overline{\alpha} A\sqrt{\frac{p_{high}^2 - p_{low}^2}{zRT_{high}}} \qquad (3\text{-}15)$$

式中，$\overline{\alpha}$ 为根据实践和经验引入的修正系数，称为泄漏系数，其取值方法后面介绍；A 为密封间隙通流截面面积，可根据实际密封结构进行计算（m^2），例如，对于结构最简单的圆环结构的平滑形密封，$A = \pi Ds$，D 为密封间隙的平均直径，s 为密封间隙；p_{high}、p_{low} 分别为密封高压端和低压端的气体静压（Pa）；z 为密封齿数；R 为气体常数 [J/(kg·K)]；T_{high} 为密封高压端的气体温度（K）；q_{mL} 为漏气量（kg/s）。

2. 密封间隙中气流速度达到声速的情况

当密封中出现气流速度达到声速的情况时，声速出现在从高压端向低压端顺序排列的最后一个密封间隙中。用下角标 cr 表示最后一个密封间隙处的参数，用下角标 x 表示最后一个密封齿之前空腔处的参数，两个截面之间的能量方程为

$$W_{tot} = c_p(T_{cr} - T_x) + \frac{c_{cr}^2 - c_x^2}{2}$$

考虑到 $W_{tot} = 0$，$c_x = 0$，有

$$\frac{c_{cr}^2}{2} = c_p(T_x - T_{cr}) \qquad (3\text{-}16)$$

对理想气体

$$c_p = \frac{\kappa R}{\kappa - 1}, \qquad \kappa R T_{cr} = c_{cr}^2$$

可得

$$c_{cr} = \sqrt{\frac{2\kappa}{\kappa + 1}RT_x} \qquad (3\text{-}17)$$

由式（3-16）得

$$\frac{c_{cr}^2}{2} = \frac{\kappa R}{\kappa - 1}T_{cr}\left(\frac{T_x}{T_{cr}} - 1\right)$$

$$\frac{T_x}{T_{cr}} = \frac{\kappa + 1}{2} \qquad (3\text{-}18)$$

利用过程方程

$$\rho_{cr} = \rho_x\left(\frac{p_{cr}}{p_x}\right)^{\frac{1}{\kappa}}, \qquad \frac{p_{cr}}{p_x} = \left(\frac{T_{cr}}{T_x}\right)^{\frac{\kappa}{\kappa-1}} \qquad (3\text{-}19)$$

则最后一个密封间隙中的漏气量为

$$q'_{mL} = Ac_{cr}\rho_{cr} = A\sqrt{\frac{2\kappa}{\kappa+1}RT_x}\ \rho_x\left(\frac{p_{cr}}{p_x}\right)^{\frac{1}{\kappa}}$$

$$= A\sqrt{\frac{2\kappa}{\kappa+1}RT_x}\ \rho_x\left(\frac{2}{\kappa+1}\right)^{\frac{1}{\kappa-1}} = A\alpha_\kappa\sqrt{p_x\rho_x} \qquad (3\text{-}20)$$

其中

$$\alpha_k = \sqrt{\frac{2\kappa}{\kappa+1}} \left(\frac{2}{\kappa+1}\right)^{\frac{1}{\kappa-1}} \tag{3-21}$$

结合式（3-18）和式（3-19），还有

$$\frac{p_x}{p_{cr}} = \left(\frac{\kappa+1}{2}\right)^{\frac{\kappa}{\kappa-1}} \tag{3-22}$$

除最后一个密封间隙之外，其他密封间隙处（从密封高压端到最后一个密封齿之前的空腔）的漏气量仍用气体速度未达声速时的公式计算，可将式（3-14）改写为

$$q_{mL} = A\sqrt{\frac{p_{high}^2 - p_x^2}{(z-1)RT_{high}}} \tag{3-23}$$

根据连续方程，前面$(z-1)$个密封间隙与最后一个气流速度达声速的密封间隙之间，泄漏气体的质量流量守恒，即$q_{mL} = q'_{mL}$，则

$$A\sqrt{\frac{p_{high}^2 - p_x^2}{(z-1)RT_{high}}} = A\alpha_k\sqrt{p_x \rho_x}$$

两边平方

$$p_{high}^2 - p_x^2 = \alpha_k^2(z-1)RT_{high}p_x\rho_x$$

由于迷宫密封的特点，$T_{high} = T_x$，且有 $RT_x = \dfrac{p_x}{\rho_x}$，代入上式

$$p_{high}^2 = [\alpha_k^2(z-1)+1]p_x^2$$

$$\frac{p_{high}}{p_x} = \sqrt{\alpha_k^2(z-1)+1} \tag{3-24}$$

且

$$p_x^2 = \frac{p_{high}^2}{\alpha_k^2(z-1)+1}$$

将上式代入式（3-23）

$$q_{mL} = A\sqrt{\frac{\alpha_k^2 p_{high}\rho_{high}}{\alpha_k^2(z-1)+1}}$$

同样引入泄漏系数，有

$$q_{mL} = \bar{\alpha}A\sqrt{\frac{\alpha_k^2 p_{high}\rho_{high}}{\alpha_k^2(z-1)+1}} \tag{3-25}$$

式中，α_k 的定义见式（3-21）；p_{high} 为密封高压端的气体静压（Pa）；ρ_{high} 为密封高压端的气体密度（kg/m³）；z 为密封齿数；A 为密封间隙处的通流截面面积（m²），可根据密封的具体结构进行计算；q_{mL} 为漏气量（kg/s）。

3. 密封间隙中气流速度是否达到声速的判别

当迷宫密封最后一个密封间隙中的气流速度达到声速时，密封高压端与低压端的压比可称为"临界压比"，用 p_{high}/p_{cr} 表示。每一个迷宫密封都有自己对应的临界压比，该压比的表达式可用下述方法推导，即

$$\frac{p_{high}}{p_{cr}} = \frac{p_{high}}{p_x}\frac{p_x}{p_{cr}}$$

将式（3-24）和式（3-22）代入上式，得

$$\frac{p_{\text{high}}}{p_{\text{cr}}} = \sqrt{\alpha_k^2 (z-1) + 1} \left(\frac{\kappa+1}{2} \right)^{\frac{\kappa}{\kappa-1}} \qquad (3-26)$$

因此，迷宫密封的临界压比可用式（3-26）计算。计算迷宫密封漏气量时，应该先对密封间隙中的气流速度是否达到声速进行判别：当 $\dfrac{p_{\text{high}}}{p_{\text{low}}} < \dfrac{p_{\text{high}}}{p_{\text{cr}}}$ 时，说明密封内部泄漏气流的速度没有达到声速，可用式（3-15）计算密封漏气量；而当 $\dfrac{p_{\text{high}}}{p_{\text{low}}} \geqslant \dfrac{p_{\text{high}}}{p_{\text{cr}}}$ 时，说明密封内部泄漏气流的速度已经达到声速，应该用式（3-25）计算密封漏气量。

4. 泄漏系数 $\overline{\alpha}$ 的选取

对于曲折形迷宫密封，$\overline{\alpha} = 0.67 \sim 0.73$。

对于台阶形迷宫密封，一般可参照曲折形密封选取，也有资料建议可以比曲折形密封选取得略大一些。

对于平滑形密封，因其密封效果较差，$\overline{\alpha}$ 计算式为

$$\overline{\alpha} = (0.67 \sim 0.73) \frac{\overline{\alpha}_{\text{smo}}}{\overline{\alpha}_{\text{step}}}$$

式中，$\overline{\alpha}_{\text{smo}}$、$\overline{\alpha}_{\text{step}}$ 分别为平滑形密封和曲折形密封的泄漏系数。$\overline{\alpha}_{\text{smo}} / \overline{\alpha}_{\text{step}}$ 可参考图 3-20 给出的实验曲线选取，其中一些密封尺寸的定义如图 3-21 所示。

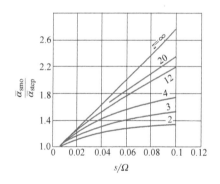

图 3-20　平滑形密封泄漏系数的实验曲线

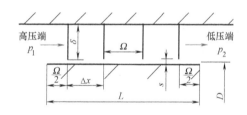

图 3-21　迷宫密封结构尺寸示意图

3.3.4　轮盖密封的计算

叶轮轮盖密封与前面所讲迷宫密封的处理方法在本质上是一样的，主要区别在于轮盖密封两端的压差，特别是高压端的气体静压不易准确给出。为了方便，目前计算中常用叶轮出口静压 p_2 近似代替轮盖密封高压端的气体压力 p_{high}，而将叶轮进口 0 截面静压 p_0 作为轮盖密封低压端的压力 p_{low}。由于实际中 p_2 比 p_{high} 略高，这样处理计算出的密封漏气量也偏大。为了使计算更加准确，常对轮盖密封的 p_{high} 做出修正计算。下面对密封间隙中气体速度未达声速时常用的一种修正方法进行介绍，当密封间隙中气体速度达声速时，可采用同样思路处理。

轮盖密封中的气体平均密度为

$$\rho_{\mathrm{m}}=\frac{p_{\mathrm{m}}}{RT}=\frac{p_{\mathrm{high}}+p_{\mathrm{low}}}{2RT_{\mathrm{high}}}$$

则

$$p_{\mathrm{high}}+p_{\mathrm{low}}=2\rho_{\mathrm{m}}RT_{\mathrm{high}}$$

将上式代入式（3-15），有

$$q_{m\mathrm{L}}=\overline{\alpha}A\sqrt{\frac{p_{\mathrm{high}}^2-p_{\mathrm{low}}^2}{zRT_{\mathrm{high}}}}=\overline{\alpha}A\sqrt{\frac{(p_{\mathrm{high}}-p_{\mathrm{low}})\,2\rho_{\mathrm{m}}RT_{\mathrm{high}}}{zRT_{\mathrm{high}}}}$$

$$=\overline{\alpha}A\sqrt{\frac{2\rho_{\mathrm{m}}(p_{\mathrm{high}}-p_{\mathrm{low}})}{z}} \tag{3-27}$$

由于轮盖与固定元件之间间隙中的气体受到轮盖旋转的影响而产生离心力，使轮盖密封两端的压差减小，所以有的实验[13]表明，轮盖密封两端的压差可表示为

$$p_{\mathrm{high}}-p_{\mathrm{low}}=\frac{3}{4}\rho_{\mathrm{m}}\left(\frac{u_2^2-u_1^2}{2}\right) \tag{3-28}$$

将上式代入式（3-27），有

$$q_{m\mathrm{L}}=\overline{\alpha}A\sqrt{\frac{2\rho_{\mathrm{m}}}{z}\frac{3}{4}\rho_{\mathrm{m}}\frac{u_2^2-u_1^2}{2}}=\overline{\alpha}A\rho_{\mathrm{m}}u_2\sqrt{\frac{3}{4z}\left[1-\left(\frac{D_1}{D_2}\right)^2\right]} \tag{3-29}$$

根据定义，漏气损失系数为

$$\beta_{\mathrm{L}}=\frac{q_{m\mathrm{L}}}{q_m}=\frac{\overline{\alpha}A\rho_{\mathrm{m}}u_2\sqrt{\dfrac{3}{4z}\left[1-\left(\dfrac{D_1}{D_2}\right)^2\right]}}{\pi D_2 b_2 \tau_2 c_{2\mathrm{r}}\rho_2}=\frac{\overline{\alpha}A\sqrt{\dfrac{3}{4z}\left[1-\left(\dfrac{D_1}{D_2}\right)^2\right]}}{\pi D_2^2 \dfrac{b_2}{D_2}\tau_2\varphi_{2\mathrm{r}}\dfrac{\rho_2}{\rho_{\mathrm{m}}}} \tag{3-30}$$

式中，$\overline{\alpha}$ 为泄漏系数，根据密封形式选取；A 为密封间隙的通流截面面积（m^2），根据密封结构计算；z 为轮盖密封齿数；D_1、D_2 分别为叶轮叶片的进出口直径（m）；b_2 为叶轮出口宽度（m）；τ_2 为叶轮叶片出口阻塞系数；$\varphi_{2\mathrm{r}}$ 为叶轮出口流量系数；ρ_2 为叶轮出口处气体密度（$\mathrm{kg/m}^3$）；ρ_{m} 为轮盖密封中气体的平均密度（$\mathrm{kg/m}^3$）。

式（3-30）中，ρ_2/ρ_{m} 也可近似计算为

$$\frac{\rho_2}{\rho_{\mathrm{m}}}\approx\sqrt{k_{v2}}=\sqrt{\frac{\rho_2}{\rho_{\mathrm{in}}}}$$

式中，ρ_{in} 为级进口的气体密度（$\mathrm{kg/m}^3$）；k_{vi} 则表示任意 i 截面处的比体积比，用气体密度表示时可表示为 $\rho_i/\rho_{\mathrm{in}}$，即 i 截面处的气体密度 ρ_i 与级进口的气体密度 ρ_{in} 之比，因此 $k_{v2}=\rho_2/\rho_{\mathrm{in}}$。

若密封间隙的通流截面面积可表示为 $A=\pi Ds$，D 为轮盖密封间隙的平均直径（m），s 为密封间隙（m），则漏气损失系数可表示为

$$\beta_{\mathrm{L}}=\frac{\overline{\alpha}Ds\sqrt{\dfrac{3}{4z}\left[1-\left(\dfrac{D_1}{D_2}\right)^2\right]}}{D_2^2 \dfrac{b_2}{D_2}\tau_2\varphi_{2\mathrm{r}}\dfrac{\rho_2}{\rho_{\mathrm{m}}}} \tag{3-31}$$

当运行工况偏离设计工况而在 $\varphi_{2r} = (0.7 \sim 1.3)\varphi_{2r,des}$（下角标 des 表示设计工况）范围内时，漏气损失系数可按下式估算，即

$$\beta_L = \beta_{L,des} \frac{\varphi_{2r,des}}{\varphi_{2r}} \sqrt{\frac{\varphi_{2u}}{\varphi_{2u,des}}} \tag{3-32}$$

3.3.5 迷宫密封设计的相关建议

1）设计中尽量使叶轮具有较大的相对宽度 $\dfrac{b_2}{D_2}$。

2）密封尽量设置在直径较小的位置，以便减小泄漏面积 A。

3）为使密封具有较好的密封效果，在可能情况下应采用较大的密封齿数 z。除轮盖密封齿数较少（$z = 4 \sim 6$）外，在一般密封中，可取 $z = 6 \sim 35$。但也要注意，密封齿数过多会增加轴向尺寸，而进一步增加密封效果的作用也并不明显。

4）因轴向尺寸限制不能采用较多密封齿数时，可考虑采用相对复杂一些的密封结构，例如用曲折形密封代替平滑形密封，减小密封泄漏系数 $\bar{\alpha}$。

5）根据企业加工能力尽量采用较小的密封间隙 s（mm），目前多取 $s = 0.4$mm。也可参考下式计算，D 为密封间隙处的直径（m）。

$$s = 0.2 + (0.3 \sim 0.6)\frac{D}{1000}$$

6）密封齿顶端厚度尽量削薄，最好做成尖的顶部，并与来流形成如图 3-22 所示安装位置，以便减小漏气量，同时也减小或避免密封齿与转动部件相碰时引起的事故。

7）建议密封齿高度 δ 与节距 Ω 之比 $\delta/\Omega > 1$，比值太小则密封效果差。

8）密封外环应尽量与内环或转子同心，有利于减少漏气量。

9）对于高压压缩机，也可考虑用下式计算漏气量，即

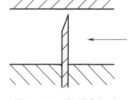

图 3-22　密封齿与来流位置示意图

$$q_{mL} = \bar{\alpha}A \sqrt{\frac{p_{high}\rho_{high}\left[1 - \left(\dfrac{p_{low}}{p_{high}}\right)^2\right]}{z + \ln\dfrac{p_{high}}{p_{low}}}}$$

3.4　轮阻损失

从第 2 章已经知道，叶轮旋转时，叶轮轮盘和轮盖的外侧表面和轮缘都要与周围间隙内的气体发生摩擦，叶轮在对气体做功的同时还需要克服摩擦阻力矩而额外做功，这部分额外做功称为轮阻损失，并针对压缩机流量 q_m 折算为对单位质量气体耗功的形式 h_{df}，这部分耗功变成热量传递给气体。同时，轮阻损失系数定义为

$$\beta_{df} = \frac{h_{df}}{W_{th}} = \frac{P_{df}}{q_m W_{th}} \tag{3-33}$$

3.4.1 轮阻损失的计算

目前离心压缩机轮阻损失的计算,一般都采用参考文献 [1, 14] 中介绍的在封闭圆柱形空腔内进行旋转圆盘实验所得到的经验公式进行计算。

对于一般采用车削或铣制方法加工轮盘和轮盖外侧表面的叶轮,若 $B/D_2 = 0.01 \sim 0.03$,$e/D_2 = 0.01$,当 $Re = 3 \times 10^6 \sim 3 \times 10^7$ 时,叶轮的轮阻损失系数可用下式计算,即

$$\beta_{df} = \frac{0.172}{1000 \, \tau_2 \varphi_{2r} \varphi_{2u} \dfrac{b_2}{D_2}} \tag{3-34}$$

其中,B 为封闭圆柱形空腔内旋转圆盘实验中,圆盘外侧与气缸壁面之间的单侧间隙;e 为圆盘外径处的宽度(或厚度),如图 3-23 所示。对叶轮进行计算时,可考虑将 B 取为轮盘外侧和轮盖外侧与气缸壁面之间两侧间隙的平均值,将 e 取为轮盘出口壁厚与轮盖出口壁厚之和。

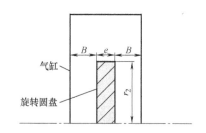

图 3-23　封闭圆柱形空腔内
旋转圆盘实验示意图

也有研究通过实验提出[1],按式(3-34)计算的 β_{df} 值偏大,建议用 0.11 取代式(3-34)分子中的 0.172。

对于轮盘和轮盖外侧表面进行磨光处理的叶轮,若 $Re > 3.14 \times 10^5$,$B/D_2 = 0.01 \sim 0.03$,$e/D_2 = 0$(忽略轮盘、轮盖外缘的影响),轮阻损失功率可用下式计算,即

$$P_{df} = \frac{10.9}{\left(\dfrac{D_2 u_2}{\nu_2}\right)^{0.2}} \rho_2 D_2^2 \left(\frac{u_2}{100}\right)^3 \tag{3-35}$$

式中,ν_2 为叶轮出口处气体的运动黏度(m^2/s)。

则轮阻损失系数可用下式计算,即

$$\beta_{df} = \frac{P_{df}}{q_m W_{th}}$$

当压缩机偏离设计工况运行且 $\varphi_{2r} = (0.7 \sim 1.3) \varphi_{2r,des}$ 时,轮阻损失系数可用下式近似估算[11],即

$$\beta_{df} = \beta_{df,des} \frac{\varphi_{2r,des} \varphi_{2u,des}}{\varphi_{2r} \varphi_{2u}} \tag{3-36}$$

3.4.2 减少轮阻损失的思路

结合式(3-34)、式(3-35)和工程实际经验,提出如下减少轮阻损失的思路:

1)如果加工条件许可,设法降低叶轮轮盘和轮盖外侧壁面的表面粗糙度,从而降低轮盘和轮盖外侧表面的摩擦阻力系数 C_f。

2)设计中,设法使叶轮具有较大的相对宽度 b_2/D_2。

3)设计中,在合理范围内采用较大的流量系数 φ_{2r}。

3.5　离心压缩机的性能曲线

性能曲线主要用于反映离心压缩机的性能。性能曲线通常分为两类：设计转速下的性能曲线和变转速条件下的性能曲线。

性能曲线通常都是通过实验获得的，也可以通过数值计算得到。通过实验获得的性能曲线通常更加可靠。

3.5.1　设计转速下的性能曲线

一般定义：在确定的工质物性、进口条件和设计转速下，压缩机运行时出口压力、效率、功率等性能参数随流量变化的关系曲线即压缩机在设计转速下的性能曲线。性能曲线通常总是以流量为横坐标，以出口压力、效率、功率等参数为纵坐标。实用中，出口压力 p_{out} 可以用压比 ε、理论功 W_{th}、多变压缩功 W_{pol} 或能量头系数 ψ 等代替，效率可以是多变效率 η_{pol}、绝热效率 η_s 或等温效率 η_T，流量可以用质量流量 q_m，也可以用进口容积流量 q_{Vin} 或流量系数 φ_{2r} 等。

目前，行业中使用的这类性能曲线图上有时没有明确标示出获得该性能曲线时的转速、工质物性和进口条件，遇到这种情况，应主动查清这些条件，避免使用时出错。

1. 单级性能曲线

（1）曲线的形状　将压缩机出口压力 p_{out} 随压缩机进口体积流量 q_{Vin} 变化的关系曲线简写为 p_{out}-q_{Vin} 曲线，简称为压力曲线。同理，还可以有效率曲线 η_{pol}-q_{Vin}、功率曲线 P-q_{Vin} 及其他形式的一些性能曲线，如压比曲线 ε-q_{Vin}、ε-q_m，能量头曲线 W_{pol}-q_m 等。

1）p_{out}-q_{Vin} 曲线。根据伯努利方程，有

$$\int_{in}^{out} \frac{dp}{\rho} = W_{tot} - \frac{c_{out}^2 - c_{in}^2}{2} - h_{loss}$$

对于压缩机级，忽略级进出口的动能差，$\dfrac{c_{out}^2 - c_{in}^2}{2} = 0$，则

$$\int_{in}^{out} \frac{dp}{\rho} = W_{tot} - h_{loss} = W_{th} - h_{hyd} \tag{3-37}$$

暂不考虑损失，并考虑到一般情况下认为 $c_{1u} = 0$，可得

$$\int_{in}^{out} \frac{dp}{\rho} = W_{th} = c_{2u} u_2 = \varphi_{2u} u_2^2 \tag{3-38}$$

因为进口条件 p_{in} 已经确定，所以 $\displaystyle\int_{in}^{out} \frac{dp}{\rho}$ 可以代表 p_{out} 或 ε 的大小。对于设计制造好的压缩机级和确定的转速，u_2 是定值，因此式（3-38）表明 $\displaystyle\int_{in}^{out} \frac{dp}{\rho}$、$p_{out}$ 或 ε 与 φ_{2u} 成正比。

从第 4 章将会看到，离心压缩机中，通常 $\beta_2 < 90°$，根据叶轮出口速度三角形（图 3-24），有

$$c_{2u} = u_2 - c_{2r}\cot\beta_2$$

两边同时除以 u_2，可得

$$\varphi_{2u} = 1 - \varphi_{2r}\cot\beta_2 \qquad (3-39)$$

忽略流量变化时 β_2 的微小变化，φ_{2u} 与 φ_{2r} 是线性变化关系。由于 $\beta_2 < 90°$，所以，φ_{2u} 随 φ_{2r} 增大而减小。φ_{2u} 代表叶轮做功能力的大小，且与 $\int_{in}^{out}\dfrac{dp}{\rho}$ 或 p_{out}、ε 成正比，φ_{2r} 代表流量大小，所以 φ_{2u} 随 φ_{2r} 的变化关系定性代表了理想条件下 $\int_{in}^{out}\dfrac{dp}{\rho}$ 或 p_{out}、ε 随 q_{Vin} 变化的关系，如图 3-25 所示。

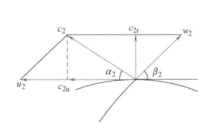

图 3-24　$\beta_2<90°$时的叶轮出口速度三角形

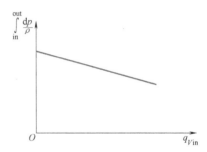

图 3-25　理想条件下压缩功随流量的变化

以上述线性关系为基础，考虑实际流动中存在损失后曲线形状的变化。根据式（3-37），有

$$\int_{in}^{out}\frac{dp}{\rho} = W_{th} - h_{hyd} = \varphi_{2u}u_2^2 - h_{fri} - h_{sep} - h_{sec} - h_{mix} \qquad (3-40)$$

首先考虑摩擦损失

$$h_{fri} = \lambda\frac{l}{d_h}\frac{c^2}{2}$$

可知，摩擦损失与速度的平方成正比，而速度随流量的增加而增加，所以，摩擦损失随流量变化的关系可定性表示为图 3-26 所示的二次抛物线。

对于分离损失，可以首先分析通流部分中有叶片的地方，如叶轮、叶片扩压器、回流器和导流叶片等。一般而言，当压缩机在设计工况运行时叶片进口处的冲击损失小，其后的分离损失也小；而压缩机偏离设计工况运行且偏离越大时，叶片进口的冲击损失越大，同时导致其后出现的分离损失也越大。通流部分中其他区域的分离损失，也会不同程度地受到叶片区域流动状态的影响，所以压缩机内部的分离损失在设计工况时通常较小，而随着对设计工况的偏离而逐步增大。分离冲击损失随流量变化的关系定性可如图 3-27 所示。

二次流损失的产生与压力梯度和边界层存在密切关系，分析起来相对复杂，比较容易理解的是，在相同的压力梯度下，边界层分离比较严重时，二次流损失也会比较严重，所以，

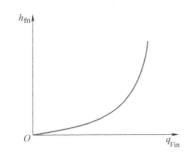

图 3-26 摩擦损失随流量变化的关系

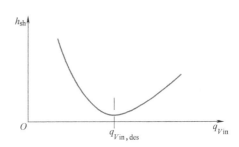

图 3-27 分离冲击损失随流量变化的关系定性

二次流损失随流量变化的关系大致也会与分离损失随流量变化的关系类似。

尾迹损失产生于叶片之后，叶片表面分离区的大小直接影响尾迹的大小，所以尾迹损失随流量变化的关系大致也与分离损失类似。

根据式（3-40）和对流动损失的大致分析，压缩功 $\int_{in}^{out}\frac{dp}{\rho}$、出口压力 p_{out} 或压比 ε 随流量 q_{Vin} 变化的关系曲线由理论上的线性关系再减去各种损失的影响之后，定性具有图 3-28 所示的形状。

2）η_{pol}-q_{Vin} 曲线。效率曲线反映压缩机在不同工况下运行时效率的高低或损失的大小。上面已经分析，多数流动损失在设计工况时较小，而偏离设计工况则增加，这是因为压缩机是按照设计工况的要求进行设计的。在设计工况下，各种气动参数和结构参数的匹配都相对最佳。综合各种因素，效率曲线显示出图 3-28 中给出的形

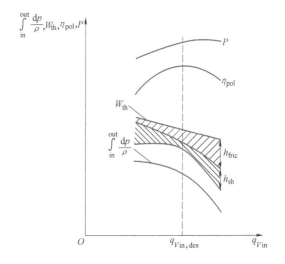

图 3-28 压缩功、出口压力或压比随流量变化的关系

状，通常在设计工况损失最小，效率最高，而偏离设计工况时，损失增加，效率下降，偏离设计工况越远，效率越低。

3）P-q_{Vin} 曲线。式（2-7）表明：

$$P = q_m W_{tot}$$

从公式看，内功率 P 随流量 q_m 的增加而增加。但另一方面，随着流量增加，叶轮的做功能力下降，即 W_{tot} 随流量增加而下降。实际中，流量 q_m 的增加通常都比总耗功 W_{tot} 的下降要快一些，所以功率 P 通常随着流量的增加而增加，只是在流量很大时才会出现功率下降的现象。这是因为流量很大且偏离设计工况很远时，叶轮内部流动状况变得很差，叶轮无法正常对气体做功，导致叶轮做功能力大幅下降。功率曲线的大致形状如图 3-28 所示。

（2）曲线的作用 曲线反映在确定的转速、工质物性和进口条件下压缩机级运行时的热力性能。

1）反映压缩机级工况范围的大小。

2）反映压缩机在不同流量下运行时所能达到的压力（压比）、效率和功率消耗等性能。

3）反映效率曲线是否高且平坦。

2. **多级性能曲线**（级数对性能曲线的影响）

为掌握多级性能曲线与单级性能曲线的主要区别，需要了解级数对性能曲线的影响。为简化分析过程，以两个完全相同的级串联为例进行分析，并与单级运行时进行比较。所谓两个级完全相同，是指两个级的结构尺寸完全相同，在相同运行条件下具有完全相同的单级性能曲线。将两级串联作为一个整体时，其进口条件以第一级的进口参数来表示，出口条件则以第二级的出口参数来表示。

（1）**工况范围** 用下角标"in1""in2"分别代表第一级和第二级的进口参数，根据连续方程，有

$$q_{Vin2} = \frac{\rho_{in1}}{\rho_{in2}} q_{Vin1} \tag{3-41}$$

由于密度 $\rho_{in2} > \rho_{in1}$，所以，$q_{Vin2} < q_{Vin1}$，第二级的进口体积流量小于第一级的进口体积流量。因此，当第二级的进口体积流量达到原单级的喘振流量时，第一级的进口体积流量尚大于原单级时的喘振流量，但由于第二级发生喘振，两级串联的整机即发生喘振，此时第一级的进口体积流量 q_{Vin1} 或质量流量 $q_{Vin1}\rho_{in1}$ 成为两级串联后的新的喘振流量，该喘振流量大于原单级时的喘振流量。图 3-29 给出与单级相比，两级串联后喘振流量变大的示意图。图中下角标 sur 表示喘振，cho 表示阻塞。

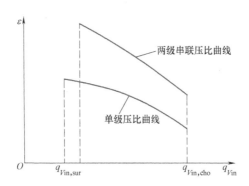

图 3-29　两级串联与单级相比喘振流量变大的示意图

与喘振流量取决于后面级相反，当两级串联后的运行工况向大流量方向变化时，若达到最大运行流量，则通常发生在第一级，因为 $q_{Vin1} > q_{Vin2}$。对于阻塞流量，分析起来有一定困难，因为压缩机常常是在流量很大时，其内部流动情况就已经很差，叶轮已不能正常对气体做功。但仅从理论上分析，仍可认为首先在第一级达到阻塞流量，理由仍是 $q_{Vin1} > q_{Vin2}$。所以，一般情况下，两级串联之后，其最大运行流量和阻塞流量仍取决于第一级，且与单级时大致相同。

根据上面分析，与单级相比，两级串联后工况范围将变窄，因为最大运行流量和阻塞流量基本不变，喘振流量变大。因此，级数对工况范围的影响是：级数越多，工况范围越窄。

（2）**压比** 用 ε_1、ε_2 表示第一级、第二级的压比，则针对每一个进口体积流量或质量流量，两级串联后的压比 ε 可表示为

$$\varepsilon = \varepsilon_1 \varepsilon_2$$

且两级串联后的压比曲线更陡一些，如图 3-29 所示。

所以，与单级相比，多级串联后的压比为每一个质量流量下各级压比的连乘积，级数越

多，压比曲线越陡。

（3）效率 在设计工况，由于级间匹配不一定最佳，所以级数越多，累计损失越大。因此，与单级效率相比，多级时效率下降；在变工况情况下，多级的偏离比单级的偏离更大，后面级的累计损失也更大，因此与单级相比，效率曲线随流量偏离设计工况下降更快，曲线也变得更陡。

（4）功率 整机功率是每一级功率的叠加，级数越多，压缩机消耗的功率越大。特别是后面级通常效率低一些，功率也会更大一些。

综上所述，级数对离心压缩机性能曲线的主要影响是：级数越多，工况范围越窄，压比曲线越陡，效率越低且变工况时效率下降越快。

3. **多段性能曲线**（中间冷却对性能曲线的影响）

仍以上面两级串联为例进行比较，区别是在两级之间加入中间冷却。

（1）工况范围 对于两级串联而言，式（3-41）

$$q_{Vin2} = \frac{\rho_{in1}}{\rho_{in2}} q_{Vin1}$$

表明，由于 $\rho_{in2} > \rho_{in1}$，所以 $q_{Vin2} < q_{Vin1}$。如果在两级之间再加上中间冷却，由于第二级进口气体温度 T_{in2} 降低，则气体密度 ρ_{in2} 进一步增大，导致 q_{Vin2} 比没有中间冷却时更小，其工况范围比没有中间冷却时进一步变窄。

（2）压比 没有中间冷却时，两级串联后的压比为 $\varepsilon = \varepsilon_1 \varepsilon_2$。加入中间冷却后，由于第一级出口气流经过中间冷却器后进入第二级之前会损失一部分压力，使第二级进口压力 p_{in2} 低于第一级出口压力 p_{out1}，则加入中间冷却后，两段的压比关系为

$$\varepsilon = \frac{p_{out2}}{p_{in1}} = \frac{p_{out1}}{p_{in1}} \frac{p_{in2}}{p_{out1}} \frac{p_{out2}}{p_{in2}} = \varepsilon_1 \lambda_1 \varepsilon_2$$

其中

$$\lambda_1 = \frac{p_{out1} - \Delta p}{p_{out1}} = \frac{p_{in2}}{p_{out1}} < 1$$

式中，λ_1 为中间冷却器压力损失比；Δp 为气体流过中间冷却器产生的压力损失；下角标1、2表示段数。

当级压比较高时，中间冷却往往也会使压比曲线变得更陡一些。

（3）效率和功率 离心压缩机采用中间冷却时，整机的压缩过程属于有冷却的多变压缩过程。此时应使用等温效率 η_T 取代多变效率 η_{pol} 描述压缩机的整机性能，其原因在第2章已经做过分析。

另外，根据式（2-34）

$$W_{pol} = \frac{m}{m-1} RT_{in} \left[\left(\frac{p_{out}}{p_{in}} \right)^{\frac{m-1}{m}} - 1 \right]$$

可知，采用中间冷却可以通过降低段进口的气体温度 T_{in}，在相同段压比的情况下节省段的多变压缩功 W_{pol}，降低压缩机用于压缩气体所消耗的内功率，从而提高等温效率。

因此，与不采用冷却措施相比，采用中间冷却之后压缩机的工况范围会变得更窄，级压比较高时压比曲线往往更陡一些，总压比与各段压比的关系中要计入中间冷却器压力损失比，整机效率应使用等温效率进行描述。合理采用中间冷却可以节省多变压缩功，从而提高

效率。

3.5.2 变转速条件下的性能曲线

变转速是离心压缩机运行中常用的一种重要调节方法。对于在某一变转速范围内运行的压缩机，常用与不同转速所对应的若干条性能曲线（又称性能曲线族）来表示该压缩机的性能。那么，离心压缩机的性能曲线与转速之间存在什么样的关系呢？

1. 流量及流量范围

首先分析压缩机的流量及流量范围如何随转速变化。为方便，选择高效点流量作为压缩机流量范围的代表，因为高效点流量向大流量或小流量方向移动，整个流量范围也相应向大流量或小流量方向移动。

在叶轮叶片进口，以质量流量形式表示的高效点流量 q'_m 为

$$q'_m = c'_{1r}\rho_1 A_1 = \frac{c'_{1r}}{u_1}\rho_1 A_1 u_1 = \varphi'_{1r}\rho_1 A_1 \frac{\pi D_1}{60}n \tag{3-42}$$

式中，ρ_1 为叶片进口的气体密度；A_1 为叶片进口通流截面面积；c'_{1r} 为高效点流量下叶片进口绝对速度 c_1 的径向分速度（与 A_1 垂直）；φ'_{1r} 为高效点流量下叶片进口的流量系数；D_1 为叶轮叶片进口直径；n 为叶轮转速。

式（3-42）中，叶轮结构参数 A_1、D_1 不随转速变化，密度 ρ_1 随转速的变化不大，忽略其变化不影响对问题的分析。在叶片进口气流角 α_1 确定的条件下，φ'_{1r} 代表高效点流量下叶片进口气流速度三角形的比例关系，其主要特点是叶片进口处的气流冲角 $i \approx 0$，在叶片进口产生最小的冲击损失。当离心压缩机叶轮转速发生变化时，高效点流量随之发生变化，但新的高效点与原高效点在叶片进口处的气流速度三角形保持相似，具有相同的 φ'_{1r}，使压缩机在新的高效点流量下运行时仍保持叶片进口处的气流冲角 $i \approx 0$。所以，φ'_{1r} 也不随转速变化。因此，在式（3-42）中，高效点流量 q'_m 与转速 n 成正比，n 增加，q'_m 也增加，压缩机的流量范围向大流量方向移动；n 下降，q'_m 减小，压缩机的流量范围向小流量方向移动。

2. 出口压力或压比

将第 2 章的式（2-34）与式（2-58）联立可得

$$W_{pol} = \frac{m}{m-1}RT_{in}\left[\left(\frac{p_{out}}{p_{in}}\right)^{\frac{m-1}{m}} - 1\right] = \psi u_2^2 = \psi\left(\frac{\pi D_2}{60}\right)^2 n^2$$

上式中，能量头系数 ψ 随转速的变化不大，所以，在同样的工质和进口条件下，叶轮加给气体的多变压缩功 W_{pol} 与 n^2 成正比。转速 n 增加，W_{pol} 将增大，压缩机的出口压力 p_{out} 或压比 ε 也将增大。反之，若转速 n 下降，W_{pol} 将减小，压缩机的出口压力 p_{out} 或压比 ε 也将降低。

综上所述，在压缩机的性能曲线图中，若转速增加，出口压力或压比曲线将向右上方移动，即出口压力及流量同时增大；若转速降低，出口压力或压比曲线将向左下方移动，即出口压力及流量同时减小。性能曲线的变化如图 3-30 所示，图中下角标 1~4 对应由高到低的四个转速 $n_1 \sim n_4$。

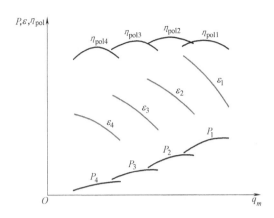

图 3-30 变转速条件下离心压缩机性能曲线的变化

3. 效率及功率

通常,压缩机在设计转速运行时效率最高,因为压缩机的各种热力参数和结构参数都是根据设计条件进行设计并力求实现最佳的组合与匹配。当转速偏离设计转速时,各种参数之间也会偏离最佳组合而导致损失增加、效率下降。

压缩机消耗的内功率随转速增加而增大,因为叶轮的做功能力随转速增加而增大,压缩机的压比和流量均随之增大。

变转速条件下离心压缩机的效率和功率曲线如图 3-30 所示。

4. 性能曲线的不同形式

在实际应用中,变转速条件下离心压缩机的性能曲线也有不同的表现形式,如图 3-31 ~ 图 3-33 所示。其中,图 3-32 是将效率曲线投射到压比曲线上形成等效率线,从而可用下面一张图同时表示压缩机在不同转速下压比、效率与流量的对应关系,如图 3-33 和图 3-34 所示。图 3-34 显示出现代先进的压缩机设计水平,用户在设计要求中提出的十几个运行工况都被多变效率为 88% 的高效区域所覆盖。

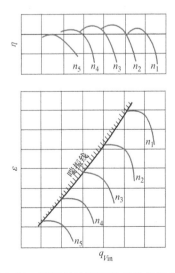

图 3-31 不同转速下压缩机的性能曲线

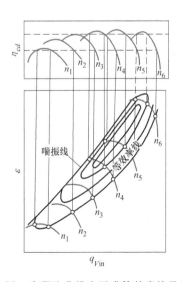

图 3-32 在压比曲线上形成等效率线示意图

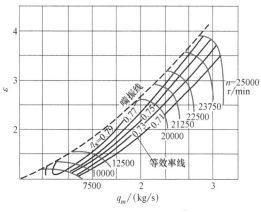

图 3-33 某压缩机在不同转速下的性能曲线

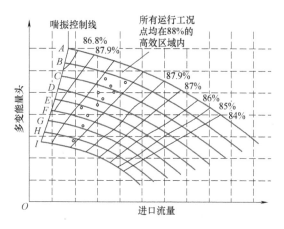

图 3-34 某离心压缩机的变转速性能曲线

学习指导和建议

3-1 掌握离心压缩机通流部分存在哪些主要的流动损失、产生损失的主要原因和减少损失的主要思路和方法。了解哪些损失对能量的损耗相对更为严重，学会在减少损失时抓住重点。

3-2 了解离心压缩机流动分析中忽略 Re 对流动损失的影响而考虑 Ma 影响的原因，清楚控制 Ma 的方法及其原因。

3-3 了解离心压缩机产生漏气损失的位置和目前的处理方法。了解迷宫密封的工作原理及其漏气量的计算方法，掌握迷宫密封设计中应注意的问题及减少漏气损失的思路。

3-4 了解离心压缩机性能曲线的基本类型、不同形式和它们之间的联系及特点，能够从原理的角度分析其形状及特点形成的原因，并能利用性能曲线评价、分析压缩机的性能。

思考题和习题

3-1 离心压缩机通流部分存在哪些主要的流动损失？产生损失的主要原因和减少损失的主要思路和方法是什么？

3-2 离心压缩机在设计工况下运行并假定此时叶轮叶片进口气流为零冲角，请利用速度三角形分析，若流量增大或减小，会在叶轮叶片进口产生什么样的气流冲角。

3-3 若进入叶轮的气流在叶片进口产生同样大小的正冲角或负冲角，哪种情况下叶轮内部的流动损失更大？为什么？

3-4 一般情况下，多级离心压缩机中前面级的损失大还是后面级的损失大？为什么？

3-5 离心压缩机流动分析中为什么忽略雷诺数 Re 对流动损失的影响，而必须考虑马赫数 Ma 的影响？

3-6 为减少流动损失，离心压缩机设计中通常怎样控制 Ma？为什么要在这些截面控制 Ma？为什么叶轮进口截面控制 Ma 一般小于叶片扩压器进口的 Ma？这些 Ma 属于临界马赫数还是最大马赫数？

3-7 离心压缩机通流部分哪些位置存在漏气？通常在什么条件下和什么位置处使用迷宫密封？在什么条件下和什么位置处使用干气密封？

3-8 从迷宫密封的高压端到低压端，温度 T、静压 p、密度 ρ 和速度 c 如何变化？

3-9 为减少漏气，迷宫密封的密封片多一些好还是少一些好？为什么？

3-10 迷宫密封间隙中气流速度是否可能达到声速？若达到声速，出现在什么位置？为什么？

3-11　为减少漏气，迷宫密封设计中应注意哪些问题？

3-12　减少轮阻损失的思路和措施是什么？

3-13　离心压缩机设计转速下性能曲线的一般定义是什么？

3-14　离心压缩机性能曲线的压比曲线、效率曲线和功率曲线大致是什么形状？为什么是这个形状？

3-15　从性能曲线上可以看出压缩机的哪些性能特点？

3-16　与单级性能曲线相比，多级和多段性能曲线（压比或出口压力、效率、工况范围、功率等）有何变化或特点？

3-17　离心压缩机的流量、压比、效率和功率随转速如何变化？

第4章

叶 轮

前已述及，叶轮是离心压缩机级中唯一对气体做功、使气体获得能量的元件，其性能对压缩机整级性能有至关重要的影响。根据叶轮的作用，本章学习的主要思路围绕下面三个问题：

1）熟悉离心压缩机叶轮有哪些主要形式，它们各有什么特点。这些内容可以帮助我们在叶轮设计中根据使用条件或设计要求选择最合适的叶轮形式。

2）掌握如何尽可能准确地计算叶轮的做功能力，这是保证压缩机在设计流量下准确达到预期出口压力的关键环节之一。

3）掌握叶轮的主要气动参数和结构参数对叶轮和级性能的影响，掌握在叶轮一维方案设计中如何合理地选择这些参数，为设计高效叶轮打下坚实的基础。

4.1 叶轮典型结构介绍

4.1.1 叶轮主要结构参数

图 4-1 给出后向闭式二元叶轮的主要结构参数：

D_2—叶轮叶片出口直径； δ—叶片法向厚度；

D_1—叶轮叶片进口直径； z—叶片数；

D_0—叶轮进口直径； β_{1A}—叶片进口安装角；

d—叶轮进口轮毂直径； β_{2A}—叶片出口安装角；

b_2—叶轮叶片出口宽度； γ—叶片进口边倾斜角；

b_1—叶轮叶片进口宽度； r—轮盖进口圆角半径；

R_1—叶片圆弧半径； R_0—叶片圆弧半径的圆心所在圆半径；

θ—叶轮轮盖倾斜角，$\theta = \arctan\dfrac{2(b_1 - b_2)}{D_2 - D_1}$，从叶轮强度考虑，$\theta$ 宜小于 12°。

叶轮叶片进口宽度 b_1 是指叶片进口直径 D_1 处的叶片轴向宽度，叶片进口边倾斜角 γ 一般为 40°~80°。

4.1.2 叶轮的主要形式

1. 按外形结构划分

按照外形结构，离心压缩机叶轮通常有下列划分：

（1）闭式叶轮 闭式叶轮指既有轮盘和叶片，又有轮盖的叶轮。图4-1、图4-2所示为闭式叶轮。与下面所述的半开式叶轮相比，闭式叶轮通常具有相对较高的效率，所以在实际中应用也最为广泛。如无特别指明，本章介绍的内容重点也是针对闭式叶轮。

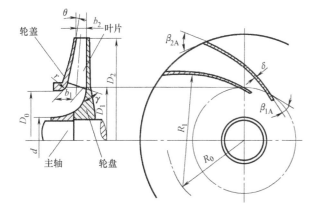

图4-1 后向闭式二元叶轮的主要结构参数　　　　图4-2 闭式三元叶轮

（2）半开式叶轮 半开式叶轮指有轮盘和叶片但没有轮盖的叶轮。其特点是强度较高，有利于提高叶轮出口的圆周速度并获得较高的压比。但通常情况下，叶轮效率低于闭式叶轮。图1-6所示为半开式三元叶轮，也可见图4-26和图4-27。

（3）混流式叶轮 从叶轮子午面看，叶轮出口方向既不是径向，也不是轴向，而是介于轴向和径向之间的某个方向，如图4-3所示。

（4）双面进气叶轮 图4-4、图4-5所示为双面进气叶轮，其主要特点是流量较大，且对叶轮所受的轴向力有自动抵消的作用。

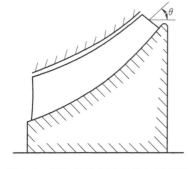

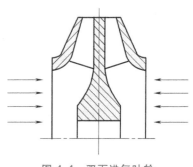

图4-3 混流半开式叶轮子午面简图　　　　图4-4 双面进气叶轮

2. 按叶片形式划分

（1）等厚度薄板叶片 如图4-1、图4-5和图4-7所示，叶片通常是由等厚度的薄金属板制成的二元叶片，这种叶轮通常称为二元叶轮。薄板叶片叶轮的加工工艺相对比较简单，造价低，使用广泛。

（2）机翼型叶片　图4-6所示为机翼型叶片。这种叶轮在变工况运行时可减小叶片进口的冲击损失，叶片的工作面和非工作面可采用不同型线，有助于改善叶道内的速度分布，但是加工工艺比薄板叶片叶轮复杂一些。

（3）长短叶片　当叶片数较多时，叶轮进口处叶片阻塞较大，为了减少叶片进口的阻塞，有时考虑采用长短叶片结构，如图4-7所示。

图4-5　双面进气单级鼓风机

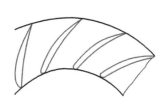

图4-6　机翼型叶片

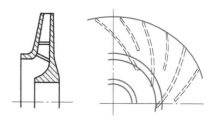

图4-7　长短叶片

（4）三元扭曲叶片　如图4-2和图1-6所示，也可见图4-26，具有三元扭曲叶片的叶轮简称为三元叶轮，三元扭曲叶片可以更好地适应气流流动的空间性，因此叶轮效率高于其他叶片形式的叶轮。尽管制造工艺相对复杂，但随着科技的发展，三元叶轮的应用越来越多，特别是应用于大、中流量的场合。作为原理性教材，本教材只介绍二元叶轮，与三元叶轮有关的知识可参考相关的文献。

（5）楔形叶片　当流量很小时，叶轮出口宽度将会过窄，导致压缩机级效率降低。使用楔形叶片（图4-8）可以适当加大叶轮的出口宽度，因此，楔形叶片叶轮在流量很小的场合有时会被采用。楔形叶片虽然加大了叶轮的出口宽度，但也同时加大了叶片出口的阻塞和尾迹损失，是否采用应对利弊进行综合权衡。

图4-8　楔形叶片

3. 按叶片出口角划分

1）强后弯式叶轮：叶片出口角 $\beta_{2A} < 30°$ 的叶轮。

2）后向叶轮：$30° \leq \beta_{2A} < 90°$ 的叶轮，也称后弯式叶轮。

3）径向叶轮：$\beta_{2A} = 90°$ 的叶轮。

4）前向叶轮：$\beta_{2A} > 90°$ 的叶轮，也称前弯式叶轮。

叶轮虽然有各种形式，但通常人们关注最多的是按照叶片出口角划分的形式，因为不同的叶片出口角直接关系到叶轮做功能力的大小，也与叶轮性能直接相关。

4.1.3　反作用度

用角标1、2表示叶片进出口位置，反作用度 Ω 的定义为

$$\Omega = \frac{\int_1^2 \frac{\mathrm{d}p}{\rho}}{W_{\mathrm{th}}} \tag{4-1}$$

物理意义：叶轮对气体所做的理论功中用于提高气体静压的部分所占的比例。

反作用度大，说明叶轮对气体所做的理论功在叶轮中转变为静压的部分相对较大，而出口动能相对较小。由于一般情况下叶轮效率高于其后面固定元件的效率，所以叶轮的反作用度大容易获得较高的整级效率。在叶轮设计中，通常希望叶轮具有较大的反作用度。

有时，也在忽略叶轮损失（$h_{\mathrm{hyd}} = 0$）的假定下，用下式近似计算叶轮的反作用度，即

$$\Omega = \frac{\dfrac{u_2^2 - u_1^2}{2} + \dfrac{w_1^2 - w_2^2}{2}}{W_{\mathrm{th}}}$$

若叶轮进口无预旋（$c_{1\mathrm{u}} = 0$），则有

$$\Omega = \frac{u_2^2 - u_1^2 + w_1^2 - w_2^2}{2\varphi_{2\mathrm{u}} u_2^2}$$

4.1.4 叶轮效率

用角标 1、2 表示叶片进出口位置，叶轮多变效率可定义为

$$\eta_{\mathrm{pol,imp}} = \frac{\int_1^2 \frac{\mathrm{d}p}{\rho}}{W_{\mathrm{tot}} - \dfrac{c_2^2 - c_1^2}{2}} \tag{4-2}$$

物理意义：在叶轮加给气体的总能量中将气体动能增加的部分去掉后，该能量中用于提高气体静压的部分所占的比例。叶轮多变效率定量反映叶轮中能量损失的大小。

由叶轮效率定义式（4-2）可得

$$\eta_{\mathrm{pol,imp}} = \frac{\dfrac{m_{\mathrm{imp}}}{m_{\mathrm{imp}}-1} R T_1 \left[\left(\dfrac{p_2}{p_1} \right)^{\frac{m_{\mathrm{imp}}-1}{m_{\mathrm{imp}}}} - 1 \right]}{\dfrac{\kappa}{\kappa-1} R (T_2 - T_1)} = \frac{\dfrac{m_{\mathrm{imp}}}{m_{\mathrm{imp}}-1} R T_1 \left(\dfrac{T_2}{T_1} - 1 \right)}{\dfrac{\kappa}{\kappa-1} R (T_2 - T_1)} = \frac{\dfrac{m_{\mathrm{imp}}}{m_{\mathrm{imp}}-1}}{\dfrac{\kappa}{\kappa-1}}$$

则

$$\frac{m_{\mathrm{imp}}}{m_{\mathrm{imp}}-1} = \frac{\kappa}{\kappa-1} \eta_{\mathrm{pol,imp}} \tag{4-3}$$

利用过程方程

$$\eta_{\mathrm{pol,imp}} = \frac{\kappa-1}{\kappa} \frac{\ln\left(\dfrac{p_2}{p_1}\right)}{\ln\left(\dfrac{T_2}{T_1}\right)} \tag{4-4}$$

可见，这样定义叶轮效率，叶轮多变效率和叶轮多变过程指数的计算式（4-3）、式（4-4）与级的多变效率和多变过程指数计算式（2-37）、式（2-38）有相同的形式，便于记忆和应用。

叶轮的绝热效率定义为

$$\eta_{s,\text{imp}}=\frac{W_s}{W_{\text{tot}}-\dfrac{c_2^2-c_1^2}{2}}=\frac{\dfrac{\kappa}{\kappa-1}RT_1\left[\left(\dfrac{p_2}{p_1}\right)^{\frac{\kappa-1}{\kappa}}-1\right]}{\dfrac{\kappa}{\kappa-1}RT_1\left(\dfrac{T_2}{T_1}-1\right)}$$

则

$$\eta_{s,\text{imp}}=\frac{\left(\dfrac{p_2}{p_1}\right)^{\frac{\kappa-1}{\kappa}}-1}{\dfrac{T_2}{T_1}-1} \tag{4-5}$$

可知，叶轮绝热效率的计算式（4-5）与级的绝热效率计算式（2-40）也具有相同的形式。

4.1.5 后向、径向、前向叶轮的比较

实际应用的离心压缩机中，使用最多的是后向叶轮，其次是径向叶轮，通常不使用前向叶轮，这是为什么呢？

图4-9给出后向、径向和前向三种叶轮形式，图4-10给出相应的叶轮出口速度三角形。

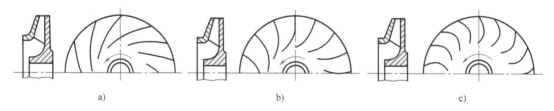

图 4-9　三种叶轮形式

a）后向叶轮　b）径向叶轮　c）前向叶轮

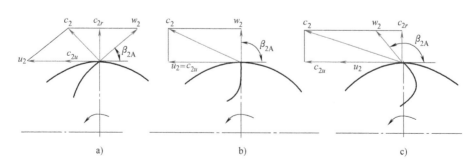

图 4-10　三种叶轮的出口速度三角形

a）后向叶轮　b）径向叶轮　c）前向叶轮

为分析方便,特做如下假定:

1) 各叶轮出口直径、出口宽度相同,各叶轮的工质、流量和转速相同。在图 4-10 中,各个叶轮的 u_2、c_{2r} 相同。

2) 各叶轮的进口参数完全相同,即在图 4-10 中,各叶轮的 c_1、u_1、w_1、α_1 都相同。

3) 在图 4-10 中,图 a、图 c 的 w_2 方向不同,但大小相等。

根据欧拉方程 $W_{th} = c_{2u}u_2 - c_{1u}u_1$,由于上述三种叶轮具有相同的 u_2、u_1 和 c_{1u},则根据图 4-10 中 c_{2u} 的大小,可知前向叶轮的做功能力最大,径向叶轮的做功能力居中,后向叶轮的做功能力最小。既然如此,为何实际中一般不使用前向叶轮呢?

将欧拉第二方程式(2-5)与伯努利方程式(2-14)比较

$$W_{th} = \frac{u_2^2 - u_1^2}{2} + \frac{w_1^2 - w_2^2}{2} + \frac{c_2^2 - c_1^2}{2}$$

$$W_{th} = \int_1^2 \frac{\mathrm{d}p}{\rho} + h_{hyd} + \frac{c_2^2 - c_1^2}{2}$$

可知:式(2-5)中的 $\dfrac{u_2^2 - u_1^2}{2} + \dfrac{w_1^2 - w_2^2}{2}$ 项与式(2-14)中的 $\displaystyle\int_1^2 \frac{\mathrm{d}p}{\rho} + h_{hyd}$ 项相对应,物理上可理解为:叶轮对气体所做的理论功中,欧拉第二方程式前两项的作用主要是提高气体的静压并克服流动损失,而第三项 $\dfrac{c_2^2 - c_1^2}{2}$ 主要代表气体动能的增加。

根据前述假定,对于图 4-10a 和图 4-10c 所示的后向和前向叶轮而言,二者的 $\dfrac{u_2^2 - u_1^2}{2} + \dfrac{w_1^2 - w_2^2}{2}$ 项完全相等,只是 $\dfrac{c_2^2 - c_1^2}{2}$ 项不同,这表明,前向叶轮的做功能力虽大,但只是用于提高叶轮出口的气体动能,并没有用于提高气体的静压并克服流动损失。一般而言,设计者希望叶轮对气体所做的功尽可能多地在叶轮中转化为气体静压的提高(叶轮是压缩机中效率最高的元件),不希望叶轮所做功较多用于提高叶轮出口的速度,因为叶轮出口速度还需要在其后的固定元件中进一步转化为静压能,而气体在固定元件中的流动效率较低,这样不利于获得较高的整级效率。

除此之外,三种叶轮中,前向叶轮效率最低,这里仍通过前向与后向叶轮的比较来说明。

1) 在叶轮进出口直径、叶片进口角和叶片数相同的情况下,与后向叶轮相比,前向叶轮的叶道转弯剧烈,且通常叶道略短,叶道的当量扩张角大,因此分离损失大。

2) 由图 4-11 和图 4-12 可以看出,由于叶道的形状特点以及轴向涡流的影响,与后向叶轮相比,前向叶轮叶道内速度和压力分布的不均匀性更大,叶片工作面与非工作面之间的速度或压力梯度更大,因此叶道内二次流损失更大。二次流损失大还会导致分离损失进一步增加。

所以,即使如图 4-10a、图 4-10c 所示,前向叶轮和后向叶轮用于在叶轮内提高气体静压并克服流动损失的欧拉功部分大小相同,即下式的左边部分相等:

图 4-11　后向叶轮回转面叶道内速度分布示意图

图 4-12　前向叶轮回转面叶道内速度分布示意图

$$\frac{u_2^2 - u_1^2}{2} + \frac{w_1^2 - w_2^2}{2} = \int_1^2 \frac{\mathrm{d}p}{\rho} + h_{\mathrm{hyd}}$$

但由于前向叶轮效率低、流动损失大，即上式右边的 h_{hyd} 项大，所以前向叶轮内气体的静压提高比后向叶轮小。

前向、径向、后向叶轮性能特点的比较见表 4-1。

表 4-1　前向、径向、后向叶轮性能特点的比较

序　号	比　较　内　容	前　向	径　向	后　向
1	相同 u_2 条件下的做功能力	大	中	小
2	叶轮反作用度	小	中	大
3	叶轮效率	低	中	高
	叶道转弯半径	小	中	大
	叶道扩压度	大	中	小
	叶道内的速度（压力）梯度	大	中	小
	叶道内的流动损失	大	中	小
4	叶轮出口 Ma_{c_2}	大	中	小
5	利用大 u_2 提高做功能力的可能性	小	中	大

综上所述，虽然前向叶轮做功能力比后向叶轮大，但其多出的做功能力主要用于提高叶轮出口的气体动能，并未用于提高气体静压，加之前向叶轮效率低，流动损失大，使前向叶轮内部气体静压的提高小于后向叶轮。另外，前向叶轮的出口速度 c_2 大，后面固定元件的损失随之增大，导致压缩机整级效率降低；而后向叶轮的 c_2 较小，还有潜力通过提高 u_2 进一步加大做功能力。径向叶轮的做功能力、反作用度和流动效率等则处于前向叶轮与后向叶轮之间。因此，在离心压缩机的实际应用中，后向叶轮使用最多，径向叶轮也有较多应用，

一般不使用前向叶轮。

4.1.6 叶片阻塞系数及叶片型线绘制

1. 叶片阻塞系数

由于叶片具有一定厚度，所以，为了比较准确地计算叶轮、叶片扩压器或回流器进出口的通流截面面积，应该考虑叶片厚度的影响。为此，引入了叶片阻塞系数 τ，其定义为

$$\tau = \frac{\text{考虑叶片阻塞影响之后的通流面积}}{\text{没有考虑叶片阻塞影响的通流面积}}$$

以叶轮为例，有了叶片阻塞系数 τ 的概念后，连续方程在叶轮的进、出口可表示为

$$q_m = c_{1r}\pi D_1 b_1 \tau_1 \rho_1 = c_{2r}\pi D_2 b_2 \tau_2 \rho_2 \tag{4-6}$$

图 4-13 所示为叶轮中铆接叶片的叶片形式，焊接或铣制叶片则不存在折边部分，但焊接叶片存在焊缝。考虑叶片厚度 δ 和铆接叶片折边部分 Δ 的影响时，叶片阻塞系数可用下式计算。

叶片进口阻塞系数

$$\tau_1 = \frac{\pi D_1 b_1 - \dfrac{z\delta_1 b_1}{\sin\beta_{1A}} - \dfrac{2z\delta_1 \Delta}{\sin\beta_{1A}}}{\pi D_1 b_1} = 1 - \frac{z\delta_1\left(1 + \dfrac{2\Delta}{b_1}\right)}{\pi D_1 \sin\beta_{1A}} \tag{4-7}$$

叶片出口阻塞系数

$$\tau_2 = \frac{\pi D_2 b_2 - \dfrac{z\delta_2 b_2}{\sin\beta_{2A}} - \dfrac{2z\delta_2 \Delta}{\sin\beta_{2A}}}{\pi D_2 b_2} = 1 - \frac{z\delta_2\left(1 + \dfrac{2\Delta}{b_2}\right)}{\pi D_2 \sin\beta_{2A}} \tag{4-8}$$

对于焊接、铣制叶片或无折边部分的叶片，其阻塞系数可按下式计算，即

$$\tau_1 = 1 - \frac{z\delta_1}{\pi D_1 \sin\beta_{1A}} \tag{4-9}$$

$$\tau_2 = 1 - \frac{z\delta_2}{\pi D_2 \sin\beta_{2A}} \tag{4-10}$$

对于焊接叶轮的焊缝，或是叶片进、出口端部进行了削薄，可根据具体情况加以适当考虑。叶片扩压器、回流器或进口导叶等通流元件的叶片阻塞系数，处理思路同叶轮。

2. 叶片型线绘制[10]

(1) 后弯圆弧叶片　圆弧叶片通常是指采用等厚度钢板通过轧型工艺轧制而成的叶片，如图 4-1 所示。因其叶片中心线多为一段或若干段圆弧组成，故称为圆弧叶片。圆弧叶片加工工艺简单，在离心叶轮中得到广泛应用。下面以单圆弧叶片为例，介绍圆弧叶片型线的绘制方法。

如图 4-14 所示，在叶轮回转面上，当叶轮叶片的进出口安装角 β_{1A} 和 β_{2A}、叶轮叶片进出口直径 D_1 和 D_2 确定之后，便可用下面公式计算叶片圆弧半径 R 及其圆心所在半径 R_0 以

及叶片弧长 l。

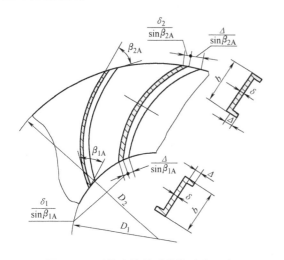
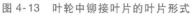

图 4-13　叶轮中铆接叶片的叶片形式

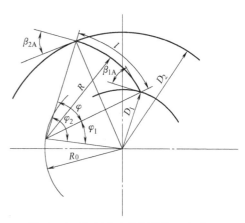

图 4-14　单圆弧叶片型线的几何关系

$$R = \frac{D_2\left[1-(D_1/D_2)^2\right]}{4\left[\cos\beta_{2A}-(D_1/D_2)\cos\beta_{1A}\right]} \tag{4-11}$$

$$R_0 = D_2\sqrt{\frac{R}{D_2}\left(\frac{R}{D_2}-\cos\beta_{2A}\right)+\frac{1}{4}} = \sqrt{R(R-D_2\cos\beta_{2A})+\left(\frac{D_2}{2}\right)^2} \tag{4-12}$$

$$l = 2\pi R\frac{\varphi}{360°} \tag{4-13}$$

其中，$\varphi = \varphi_2 - \varphi_1$，均为角度，定义如图 4-14 所示，且

$$\varphi_2 = \arccos\frac{R^2+R_0^2-D_2^2/4}{2RR_0} \tag{4-14}$$

$$\varphi_1 = \arccos\frac{R^2+R_0^2-D_1^2/4}{2RR_0} \tag{4-15}$$

（2）径向出口的圆弧叶片（图 4-15）　当 $\beta_{2A}=90°$ 时，利用几何中的余弦定理，有

$$R = \frac{D_2^2-D_1^2}{4D_1\cos\beta_{1A}} \tag{4-16}$$

$$R_0 = \sqrt{R^2+D_2^2/4} \tag{4-17}$$

叶片弧长的计算方法和公式与后弯圆弧叶片弧长的计算完全一样。

（3）直叶片　当叶片出口角 β_{2A} 为 $60°$ 左右时，有时还采用直叶片，如图 4-16 所示。此时叶片型线半径 $R=\infty$，进出口参数之间的关系为

$$\cos\beta_{1A} = \frac{D_2}{D_1}\cos\beta_{2A} \tag{4-18}$$

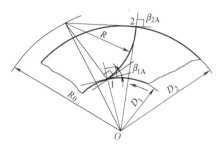

图 4-15 径向出口圆弧叶片型线的几何关系

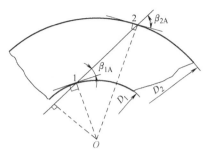

图 4-16 直叶片型线的几何关系

叶片直线长度的计算式为

$$l = \frac{1}{2}\sqrt{D_1^2 + D_2^2 - 2D_1 D_2 \cos(\beta_{2A} - \beta_{1A})} \tag{4-19}$$

4.2 叶轮做功能力的计算

4.2.1 叶轮做功能力计算的基本公式

在离心压缩机热力设计中，要按照一维设计方法进行方案设计和逐级详细计算。叶轮做功的计算是热力设计中的关键环节之一，它关系到所设计的压缩机能否在设计流量下准确达到预期的设计压力。

从第 2 章可知，欧拉方程是将叶轮对单位质量气体所做的理论功 W_{th} 与叶轮的进出口参数联系起来的基础关系式，即式（2-4）

$$W_{th} = c_{2u} u_2 - c_{1u} u_1$$

当叶轮前方没有进口导叶等调节装置、假定气流沿径向进入叶片（即 $c_{1u} = 0$）时

$$W_{th} = c_{2u} u_2 - c_{1u} u_1 = \frac{c_{2u}}{u_2} u_2^2 = \varphi_{2u} u_2^2 \tag{4-20}$$

实际中，叶轮传递给气体的总能量用总耗功 W_{tot} 表示，即

$$W_{tot} = W_{th}(1 + \beta_L + \beta_{df}) = \varphi_{2u} u_2^2 (1 + \beta_L + \beta_{df}) \tag{4-21}$$

其中，用于提高气体静压的部分用多变压缩功 W_{pol} 表示，即

$$W_{pol} = W_{tot}\eta_{pol} = \varphi_{2u} u_2^2 (1 + \beta_L + \beta_{df})\eta_{pol} = \varphi_{2u}\eta_h u_2^2 = \psi u_2^2 \tag{4-22}$$

上述公式中，u_2 取决于叶轮出口直径和叶轮转速，内漏气损失系数 β_L 和轮阻损失系数 β_{df} 的计算方法见第 3 章，多变效率 η_{pol} 的处理方法见后面第 8 章"离心压缩机热力设计"，本节介绍周速系数 φ_{2u} 的计算方法。合理计算 φ_{2u} 是准确计算叶轮对气体做功能力的关键。

4.2.2 周速系数 φ_{2u} 的计算

1. 叶轮回转面出口气流速度的"滑移"

在图 4-17 中，用下角标带有符号 ∞ 的参数表示叶片无穷多时叶轮出口参数的理论值，下角标不带符号 ∞ 的参数表示有限叶片数条件下叶轮出口参数的实际值。图 4-17 表明，由于轴向涡流的存在，使叶轮回转面中叶片出口气流速度产生"滑移"，$\Delta c_u = \Delta w_u$ 被称为滑移

速度。滑移现象使得 $\beta_2 < \beta_{2A}$，$c_{2u} < c_{2u\infty}$，$\varphi_{2u} = \dfrac{c_{2u}}{u_2} < \varphi_{2u\infty} =$

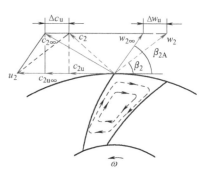

$\dfrac{c_{2u\infty}}{u_2}$，导致 W_{th}、W_{tot} 和 W_{pol} 小于预期值，即导致叶轮对气体的做功能力比预期的做功能力下降。这是准确计算叶轮做功能力的主要困难之一。

定义滑移系数，即

$$\mu = \frac{c_{2u}}{c_{2u\infty}} = \frac{\varphi_{2u}}{\varphi_{2u\infty}} \qquad (4\text{-}23)$$

图 4-17 叶轮出口的实际速度三角形

滑移系数反映了 c_{2u}、φ_{2u} 实际值与理论值之间的差别，计算 φ_{2u} 有时也通过计算滑移系数 μ 来实现。到目前为止，从理论上精确计算 φ_{2u} 或 μ 仍很困难，通常都是根据一些假定、实验结果或经验，得出一些经验公式或半理论半经验公式进行计算。

2. φ_{2u} 计算的斯陀道拉（Stodola）公式

由图 4-17 可知，$c_{2u} = c_{2u\infty} - \Delta c_u$，而 $c_{2u\infty} = u_2 - c_{2r}\cot\beta_{2A}$ 可根据叶轮出口参数进行计算，因此，计算 c_{2u} 的关键在于解决滑移速度 Δc_u 的计算。为了解决 Δc_u 的计算问题，斯陀道拉公式的推导遵循如下基本假定：

1）将叶道内的流体流动看作一维流动，则叶轮出口气流参数均匀。

2）忽略气体黏性，则叶道内轴向涡流与叶轮转速相等，转向相反。

3）将轴向涡流在叶轮出口引起的滑移速度 $\Delta c_u = \Delta w_u$ 假想为一个小圆的线速度，该小圆位于叶轮出口边缘，转速与叶轮转速相同，转向与叶轮转向相反，直径为叶轮出口叶道的垂直宽度 d，如图 4-18 所示。

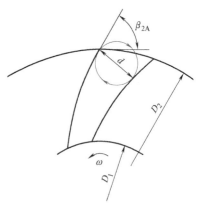

则 $\Delta c_u = \Delta w_u = \dfrac{\pi d n}{60} = \dfrac{\pi n}{60}\left(\dfrac{\pi D_2}{z}\sin\beta_{2A}\right) = u_2\dfrac{\pi}{z}\sin\beta_{2A}$

由叶轮出口速度三角形知

图 4-18 斯陀道拉假定说明图

$$c_{2u} = c_{2u\infty} - \Delta c_u = u_2 - c_{2r}\cot\beta_{2A} - u_2\frac{\pi}{z}\sin\beta_{2A}$$

有

$$\varphi_{2u} = \frac{c_{2u}}{u_2} = 1 - \varphi_{2r}\cot\beta_{2A} - \frac{\pi}{z}\sin\beta_{2A} \qquad (4\text{-}24)$$

式（4-24）即著名的斯陀道拉公式。该公式看似简单，但准确性相对较高，是后向离心叶轮设计中使用最多的公式，在径向叶轮设计中也常被使用。在解决滑移速度 Δc_u 的计算过程中，斯陀道拉理论通过合理的假定将复杂问题简单化，但牢牢抓住了轴向涡流影响这一核心问题，并巧妙地将周速系数 φ_{2u} 的计算与叶轮出口的结构参数及气流参数联系起来，使得该公式使用方便却准确性较高，这种解决工程实际问题的思路和方法值得认真体会和学习。

应该指出，由于斯陀道拉公式是在一定假定条件下得出的，因此与实际存在一定误差。特别是压缩机流量较小、叶轮宽度较小时，该公式的计算误差相对较大。经验证实，对于叶栅稠度较大、叶轮较宽的后向叶轮，该公式与实际有较好的符合，并且当 φ_{2r} 在（$0.7 \sim 1.3$）$\varphi_{2r,des}$ 范围内变化时，该公式仍可近似应用。

3. 半开式径向叶轮的滑移系数计算公式

半开式径向叶轮广泛使用下述公式计算滑移系数[15]，即

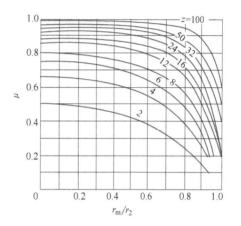

$$\mu = \cfrac{1}{1+\cfrac{2}{3}\cfrac{\pi}{z}\cfrac{1}{1-(r_m/r_2)^2}} \qquad (4\text{-}25)$$

式中，$r_m = \sqrt{\dfrac{r^2+r_0^2}{2}}$，$r$ 和 r_0 分别为导风轮进口的内半径和外半径；r_2 为叶轮出口半径；z 为叶片数。

图 4-19 给出了式（4-25）中 μ 的变化曲线，表 4-2 列出了半开式径向叶轮滑移系数的实验数据，该实验数据与式（4-25）的计算结果符合较好。

图 4-19 式（4-25）得出的 μ 曲线

表 4-2 半开式径向叶轮滑移系数实验数据

z	2	4	7	10	14	16
μ	0.52	0.67	0.77	0.82	0.87	0.89

斯坦尼兹建议采用下面公式计算径向叶轮的滑移系数[16]，即

$$\mu = 1 - \frac{0.63\pi}{z} \qquad (4\text{-}26)$$

该公式是从分析径向平面内的理想位流流动得出，且需满足条件：

$$\frac{r_2}{r_1} \geqslant \exp\left(\frac{2\pi}{z}\right)$$

对于径向叶轮，式（4-26）的计算结果也与表 4-2 的实验数据符合较好。也有文献指出，当叶轮宽度较窄时，式（4-26）的计算值将偏大。

4. φ_{2u} 计算的威斯纳（Wiesner）公式

关于周速系数的分析和实验公式是很多的，威斯纳[17]对前人的 65 个叶轮实验做了综合整理和分析，从统计角度得出如下较为满意的经验公式。

当 $\left(\dfrac{r_1}{r_2}\right) \leqslant \left(\dfrac{r_1}{r_2}\right)_{lim} = \left(\ln^{-1}\dfrac{8.16\sin\beta_{2A}}{z}\right)^{-1}$ 时

$$\varphi_{2u} = 1 - \frac{\sqrt{\sin\beta_{2A}}}{z^{0.7}} - \varphi_{2r}\cot\beta_{2A} \qquad (4\text{-}27)$$

当 $\left(\dfrac{r_1}{r_2}\right) > \left(\dfrac{r_1}{r_2}\right)_{lim}$ 时

$$\varphi_{2u} = \left(1 - \frac{\sqrt{\sin\beta_{2A}}}{z^{0.7}}\right)\left\{1 - \left[\frac{\dfrac{r_1}{r_2} - \left(\dfrac{r_1}{r_2}\right)_{lim}}{1 - \left(\dfrac{r_1}{r_2}\right)_{lim}}\right]^3\right\} - \varphi_{2r}\cot\beta_{2A} \qquad (4\text{-}28)$$

5. 考虑叶轮进口结构参数影响时的斯陀道拉修正计算公式

在不使用进口导叶等调节装置的情况下，通常假定叶轮进口气流无预旋（$c_{1u} = 0$），欧拉方程变为：$W_{th} = \varphi_{2u}u_2^2$。这表明叶轮做功能力的计算与叶轮进口结构参数不再有关。按照斯陀道拉公式 $\varphi_{2u} = 1 - \varphi_{2r}\cot\beta_{2A} - \dfrac{\pi}{z}\sin\beta_{2A}$，则对于两个出口条件相同的叶轮（图4-20），无论其进口截面的直径、宽度、角度多么不同，计算所得的叶轮做功能力都将完全相等，这与事实显然并不相符。

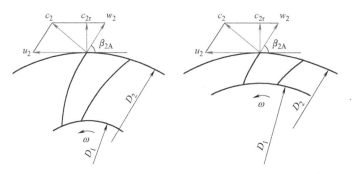

图4-20 出口条件相同但进口结构参数不同的两个叶轮

另外，一些实验已经证明[18-22]，即使不安装进口导叶，叶轮叶片进口处的 c_{1u} 实际也不为0，主要原因是气体具有黏性，叶轮叶片高速旋转，其扰动在亚声速气流中会逆流上传，从而对来流产生影响，形成一种"自然预旋"，导致 $c_{1u} \neq 0$。

参考文献[23]以斯陀道拉理论和公式为基础，将斯陀道拉处理叶轮出口滑移的思想和方法用于叶轮进口，推导了考虑叶轮进口结构参数影响而导致 $c_{1u} \neq 0$ 的欧拉功计算公式为

$$W_{th} = c_{2u}u_2 - c_{1u}u_1 = \left[\varphi_{2u} - \left(\frac{D_1}{D_2}\right)^2\varphi_{1u}\right]u_2^2 = \varphi'_{2u}u_2^2 \qquad (4\text{-}29)$$

其中，φ_{2u} 的计算仍是斯陀道拉公式，φ_{1u} 则为

$$\varphi_{1u} = \frac{c_{1u}}{u_1} = \frac{\pi}{z}\sin\beta_{1A} \qquad (4\text{-}30)$$

则

$$\varphi'_{2u} = 1 - \varphi_{2r}\cot\beta_{2A} - \frac{\pi}{z}\sin\beta_{2A} - \left(\frac{D_1}{D_2}\right)^2\frac{\pi}{z}\sin\beta_{1A} \qquad (4\text{-}31)$$

式（4-31）是考虑叶轮进口结构参数对叶轮做功能力影响的斯陀道拉修正计算公式。

利用已有实测性能曲线的33台离心风机[23]和一台离心压缩机模型级，在风机设计点和压缩机性能曲线范围内，将忽略叶轮进口参数影响时 φ_{2u} 的斯陀道拉公式（4-24）和考虑叶

轮进口参数影响时 φ'_{2u} 的斯陀道拉修正计算式（4-31）的计算结果与实测值进行了比较，结果表明：对于其中26台离心风机和一台离心压缩机模型级，式（4-31）算出的修正周速系数 φ'_{2u} 比用斯陀道拉公式（4-24）算出的周速系数 φ_{2u} 更接近实测值。然而，公式（4-31）在叶轮进出口直径比 $D_1/D_2 \geq 0.75$、叶片数 $z \geq 40$ 或叶片数 $z \leq 6$ 的时候误差仍然过大，不建议使用。

6. 内漏气现象对 φ_{2u} 计算的影响

第2章中曾讨论过在叶轮轮盖侧产生的内漏气现象使得叶轮流量大于压缩机流量的问题，并在叶轮耗功计算中通过内漏气损失系数 β_L 计入了内漏气现象的影响。实际上，由于叶轮流量大于压缩机流量，必然也会对叶轮做功能力即 φ_{2u} 的计算产生影响。以斯陀道拉公式为例，φ_{2u} 的计算公式为

$$\varphi_{2u} = 1 - \varphi_{2r}\cot\beta_{2A} - \frac{\pi}{z}\sin\beta_{2A}$$

其中，按照压缩机流量计算 φ_{2r} 的公式为

$$\varphi_{2r} = \frac{q_m}{\pi D_2 b_2 \tau_2 \rho_2 u_2}$$

若按照叶轮流量计算 φ_{2r}，则公式为

$$\varphi_{2r} = \frac{q_m(1+\beta_L)}{\pi D_2 b_2 \tau_2 \rho_2 u_2}$$

可以看出，按照叶轮流量计算出的 φ_{2r} 必然大于按照压缩机流量计算出的 φ_{2r}，从而导致实际中叶轮做功能力比按照压缩机流量计算出的预期值更低一些。因此，从理论上讲，按照叶轮流量计算叶轮出口流量系数 φ_{2r} 不仅更符合实际，而且对于在一维设计中保证压缩机出口压力满足设计要求是更加有利的。同时，在 c_{2r} 计算时考虑内泄漏流量的影响，还有利于提高叶轮出口速度 c_2 计算的准确性，从而有利于扩压器进口流动的正确设计计算；在叶轮进口气流参数的计算中使用叶轮流量，也有助于提高叶片进口冲角计算的准确性。

综合本节各方面内容，应当强调指出，进行离心压缩机设计时，正确决定 c_{2u} 或 φ_{2u} 非常重要。它不仅关系到正确计算叶轮的做功能力，也直接影响到压缩机级气流参数和结构尺寸的确定。特别是对多级离心压缩机而言，由于各级 φ_{2u} 计算误差的积累，有可能造成后面级的气流参数与设计意图有很大差别。多年来，针对 φ_{2u} 的计算得出了很多数据和公式，但它们都是在某些假定或特定条件下针对一定的研究对象得出的，因此都有各自的局限性，存在误差在所难免，也不能期待它们普遍适用于各种各样的场合。所以，在应用这些公式时，必须考虑它们的适用范围与所设计叶轮之间的差别，慎重、合理地选择相对最合适的计算公式。若无把握，最好采用对压缩机内部流动进行数值模拟的方法或通过模型级实验对所选公式的计算结果进行验证，以期使设计计算更好地符合客观实际。

4.3 叶轮设计参数的合理选择

通常，叶轮设计希望达到以下目的：

1）保证能量头，或者说保证叶轮具有足够的做功能力，以保证压缩机具有预期的设计压比或出口压力。上述 φ_{2u} 计算是其中重要的一部分，其他内容详见第8章。

2）保证合适的通流能力，以确保满足所需的设计流量。具体内容见第8章。

3）尽可能提高叶轮效率。这是本节的主要内容。

本节围绕设计高效叶轮，叙述在一维设计中如何合理地选择和确定叶轮的主要参数。

4.3.1 在合理范围内选择较大的 u_2

结合欧拉方程和伯努利方程可知，叶轮设计中首先应该考虑选择较大的 u_2 做功。u_2 大，不仅可以提高叶轮的做功能力，而且 $(u_2^2-u_1^2)/2$ 这一项大可以使叶轮所做的功更多地用在叶轮中提高气体静压，有利于提高叶轮效率和整级效率。实际中，u_2 的选择可能受到材料强度、工艺水平等条件限制，可在允许范围内选择较大的数值。目前，在民用离心压缩机领域，对于后向叶轮，u_2 一般不超过 320m/s，对于半开式径向直叶片叶轮，u_2 可达到 600m/s 左右。

4.3.2 采用后向或径向叶轮

选择叶轮叶片出口安装角 β_{2A} 时，为有利于提高叶轮效率，应该首先考虑选择后向叶片，即 $\beta_{2A}<90°$，较多是选择 β_{2A} 在 45°~60° 范围内；有时为了提高叶轮做功能力，减少级数，也选择径向叶片，$\beta_{2A}=90°$。一般不使用前向叶片，理由见 4.1 节内容。

4.3.3 b_2 或 b_2/D_2 较大

从第 3 章的学习已经有了这个基本概念，在合理范围内选择较大的 b_2 或 b_2/D_2，有利于使叶轮叶道具有较大的当量水力直径，从而减少内漏气损失、轮阻损失和叶轮内部的各种流动损失，有利于提高叶轮效率。

对于常规的二元叶轮，通常希望 b_2/D_2 在 0.02~0.065 范围内，最佳范围为 0.04~0.05；三元叶轮由于对流动的空间特性有较强的适应能力，因此 b_2/D_2 较大，上限可达到 0.12 左右甚至更大。

4.3.4 叶轮子午面轮盖进口转弯半径较大

如图 4-21 所示，气体在叶轮子午面内的流动经历由轴向转为径向的转弯流动，该转弯流动通常会引起下列问题：

1）在叶轮轮盖进口转弯处产生气流分离并向后延伸形成较大分离区，该分离区与叶片吸力面的分离区汇合并相互影响，产生较大分离损失。即使在具有扭曲叶片的三元叶轮内，叶轮轮盖和叶片非工作面的交界区域通常也存在气流分离，而且该分离区很难通过改进叶轮设计而被完全消除。

2）由于气体在叶轮轮盖进口产生绕流，在叶片进口附近形成图 4-21 所示的不均匀的子午绕流速度分布，轮盖侧速度大，轮盘侧速度小，对于常规二维叶片，这种速度分布通常会在叶片进口边产生冲角，造成较大冲击损失。

因此，为了提高叶轮效率，设计中通常希望叶轮轮盖进口

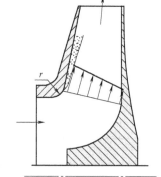

图 4-21 叶轮子午面转弯流动示意图

转弯半径 r 尽量大一些，一般希望叶轮的 $r/b_1 > 0.5$。如有可能，采用子午型线为锥弧形、圆弧形的轮盖更好。

4.3.5　w_1 或 Ma_{w_1} 小

从第3章已经知道，为了避免叶轮内部出现局部气流速度达到或超过声速从而产生过大的流动损失，在离心压缩机设计中应注意限制叶轮叶片进口截面的相对速度马赫数 Ma_{w_1}。对于一般的后弯或强后弯型叶轮，通常希望 $Ma_{w_1} \leqslant 0.55$。

另外，w_1/w_2 常被用于表示叶轮叶道内相对流动的扩压度，为了限制该扩压度，通常希望 $w_1/w_2 \leqslant 1.6$。

同时，w_1 小，其分量冲击速度 w_{sh} 也小，叶片进口的冲击损失也相对较小。

为了实现上述目的，在离心压缩机的一维方案设计中，可以根据 w_1 最小的原则来确定叶轮叶片进口直径 D_1，或轮径比 D_1/D_2，或相对比值 D_0/D_2。

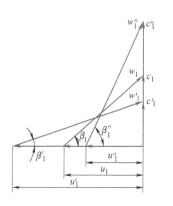

图 4-22　不同 D_1 时的
叶片进口速度三角形

1. 关于存在最小 w_1 的基本分析

为分析方便，假定叶轮的转速、流量和叶轮出口参数已经确定，$c_{1u} = 0$，$c_1 = c_{1r}$，则其叶片进口速度三角形具有如图 4-22 所示的特点：当叶片进口直径 $D_1 = D_1'$ 较大时，u_1' 较大而 c_1' 较小，此时叶片进口相对速度 w_1' 较大；而当叶片进口直径 $D_1 = D_1''$ 较小时，u_1'' 较小而 c_1'' 较大，此时 w_1'' 仍然较大；因此，一定存在某个合适的 D_1 值，使叶片进口相对速度 w_1 具有相对最小值，如图 4-22 所示。

2. 以 w_1 最小为原则确定 D_1/D_2 或 D_0/D_2

根据上面所做的基本假定，因为叶轮进口无预旋，$c_{1u} = 0$，$c_{1r} = c_1$，由速度三角形有

$$w_1^2 = c_{1r}^2 + u_1^2 \tag{4-32}$$

根据连续方程

$$c_{1r} = c_{2r} \frac{D_2 b_2 \tau_2 \rho_2}{D_1 b_1 \tau_1 \rho_1} = c_{2r} \frac{D_2 b_2 \tau_2 k_{v2}}{D_1 b_1 \tau_1 k_{v1}} \tag{4-33}$$

在 0-0 截面和 1-1 截面之间，假定 $\rho_1 \approx \rho_0$，定义 $K_c = c_1'/c_0 = c_1 \tau_1/c_0$，这里，$c_1'$ 为进入叶片之前、没有考虑叶片阻塞影响的叶片进口绝对速度，则有

$$\frac{\pi}{4}(D_0^2 - d^2) c_0 \rho_0 = \pi D_1 b_1 \tau_1 c_{1r} \rho_1$$

$$b_1 = \frac{D_0^2 - d^2}{4 D_1 \tau_1 c_{1r}/c_0} = \frac{D_0^2 - d^2}{4 D_1 K_c} \tag{4-34}$$

将式（4-34）代入式（4-33），可得

$$c_{1r} = \frac{c_{2r} D_2 b_2 \tau_2 k_{v2}}{D_1 \tau_1 k_{v1} \dfrac{D_0^2 - d^2}{4 D_1 K_c}} = \frac{4 c_{2r} b_2 \tau_2 k_{v2} K_c}{\tau_1 k_{v1} D_2 \dfrac{D_0^2 - d^2}{D_2^2}} = 4 c_{2r} \frac{b_2}{D_2} \frac{\tau_2 k_{v2} K_c}{\tau_1 k_{v1} \left[\left(\dfrac{D_0}{D_2} \right)^2 - \left(\dfrac{d}{D_2} \right)^2 \right]}$$

将上式代入式（4-32）并在方程两边同时除以 u_2^2，整理后可得

$$\frac{w_1^2}{u_2^2} = \left\{ 4 \frac{c_{2r}}{u_2} \frac{b_2}{D_2} \frac{\tau_2 k_{v2} K_c}{\tau_1 k_{v1} \left[\left(\frac{D_0}{D_2} \right)^2 - \left(\frac{d}{D_2} \right)^2 \right]} \right\}^2 + \left(\frac{D_1}{D_2} \right)^2 \qquad (4\text{-}35)$$

令 $K_D = D_1 / D_0 = 1.0 \sim 1.05$，上式变为

$$\frac{w_1^2}{u_2^2} = \left\{ 4 \frac{c_{2r}}{u_2} \frac{b_2}{D_2} \frac{\tau_2 k_{v2} K_c}{\tau_1 k_{v1} \left[\frac{1}{K_D^2} \left(\frac{D_1}{D_2} \right)^2 - \left(\frac{d}{D_2} \right)^2 \right]} \right\}^2 + \left(\frac{D_1}{D_2} \right)^2 \qquad (4\text{-}36)$$

在上式右端，仅将 D_1/D_2 视为变量，其余参数均视为常量，将上式对 D_1/D_2 求导数，然后令 $\mathrm{d}\left(\frac{w_1^2}{u_2^2} \right) \big/ \mathrm{d}\left(\frac{D_1}{D_2} \right) = 0$，可得

$$\left(\frac{D_1}{D_2} \right)^2_{w_1, \min} = K_D^2 \left(\frac{d}{D_2} \right)^2 + \left(4\sqrt{2} \varphi_{2r} \frac{b_2}{D_2} \frac{\tau_2 k_{v2} K_c K_D^2}{\tau_1 k_{v1}} \right)^{\frac{2}{3}} \qquad (4\text{-}37)$$

同理，也可将式（4-35）变为

$$\frac{w_1^2}{u_2^2} = \left\{ 4 \frac{c_{2r}}{u_2} \frac{b_2}{D_2} \frac{\tau_2 k_{v2} K_c}{\tau_1 k_{v1} \left[\left(\frac{D_0}{D_2} \right)^2 - \left(\frac{d}{D_2} \right)^2 \right]} \right\}^2 + K_D^2 \left(\frac{D_0}{D_2} \right)^2 \qquad (4\text{-}38)$$

同样在上式右端，仅将 D_0/D_2 视为变量，将其余参数视为常量，对 D_0/D_2 求导数并令 $\mathrm{d}\left(\frac{w_1^2}{u_2^2} \right) \big/ \mathrm{d}\left(\frac{D_0}{D_2} \right) = 0$，可得

$$\left(\frac{D_0}{D_2} \right)^2_{w_1, \min} = \left(\frac{d}{D_2} \right)^2 + \left(4\sqrt{2} \varphi_{2r} \frac{b_2}{D_2} \frac{\tau_2 k_{v2} K_c}{\tau_1 k_{v1} K_D} \right)^{\frac{2}{3}} \qquad (4\text{-}39)$$

对于式（4-37）和式（4-39），应做如下说明：

1）计算 $\left(\frac{D_1}{D_2} \right)_{w_1, \min}$ 或 $\left(\frac{D_0}{D_2} \right)_{w_1, \min}$ 时，其余参数应该预先确定。通常，φ_{2r}、b_2/D_2、τ_2、k_{v2} 已在方案设计中预先确定，d/D_2、K_D、K_c、τ_1 和 $k_{v1} \approx k_{v0}$ 可先选定或假定，然后校核。如果设计过程中上述参数发生改变，则计算应该重新进行，以尽量满足 w_1 最小的原则。

2）也有资料认为，经验表明，对于常规的二维叶轮，D_1/D_2 应在 $0.45 \sim 0.65$ 范围内，最好在 $0.5 \sim 0.6$ 范围内。若按照式（4-37）或式（4-39）计算出的 D_1/D_2 不在上述范围内，可考虑调整公式中的相关参数，使计算结果落入上述范围。

3. d/D_2 的选择

d/D_2 称为轮毂比或轴径比，通常首先是从满足转子动力学要求的角度确定 d/D_2，因此，随着级数或转速的增加，往往不得不采用较大的轮毂比。

但另一方面，图 4-23 的实验结果表明，叶轮轮毂比大往往会降低级的气动性能。因为轮毂比大通常会导致气流速度增加，不利于实现 w_1 最小或使 D_1/D_2 落入最佳范围。

对于后向叶轮，一般希望 $d/D_2 = 0.25 \sim 0.40$。有时也用 d/D_0 控制轮毂直径 d，对于径向直叶片叶轮，$d/D_0 = 0.35 \sim 0.50$。在满足转子动力学要求的前提下，应尽量取下限值。

4. K_c 的选择

$K_c = c_1'/c_0 = c_1\tau_1/c_0$ 称为速度系数，这里，c_1' 为进入叶片之前、没有考虑叶片阻塞影响的叶片进口绝对速度，而 c_1 则为刚刚进入叶片、计入叶片阻塞影响的叶片进口绝对速度。

关于 K_c 的选择一直存在不同观点，有的研究实践表明 $K_c > 1$（收敛流动）有助于提高级效率，而有的研究则证明 $K_c < 1$（扩张流动）可以得到更好的级性能。

实际上，在叶轮进口区域的流动中，w_1 最小、轮盖进口转弯半径大、叶片进口冲击损失小及 d/D_2 取下限值等都是比 K_c 取值更为重要的原

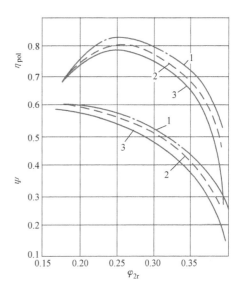

图 4-23　不同轮毂比叶轮的级性能曲线
1—$d/D_2 = 0.25$　2—$d/D_2 = 0.30$　3—$d/D_2 = 0.35$

则，所以 K_c 的选择首先应有利于上述诸原则的实现，同时根据每个叶轮不同的具体情况，尽量使流动的总体损失最小。由于叶轮进口 0-0 截面到叶片进口 1-1 截面距离很短，所以无论选择 $K_c > 1$（加速流动）还是 $K_c < 1$（减速流动），都应有 $K_c \approx 1$。

4.3.6　叶片进口冲击小

若想降低叶片进口的冲击损失，通常是从两方面入手：降低气体进入叶片时的相对速度 w_1 和减小气流冲角。如何降低 w_1 前已述及，这里重点讲如何减小气流冲角。

1. 叶片进口角及冲角的确定

前已述及，根据 w_1 最小的原则确定 $(D_1/D_2)_{w_1,\min}$ 或 $(D_0/D_2)_{w_1,\min}$ 时，计算公式中涉及 τ_1、k_{v1} 和 $K_c = c_1'/c_0 = c_1\tau_1/c_0$ 等参数，因此 c_1 的计算需要与 D_1、D_0、d、b_1、K_c、τ_1、k_{v1} 的计算相结合，在满足 w_1 最小的原则条件下确定 c_1（$=c_{1r}$）。由于叶轮转速 n 已定，所以 D_1 确定后 u_1 已定。则

$$\beta_1 = \arctan\left(\frac{c_1}{u_1}\right) \tag{4-40}$$

根据冲角定义式（3-3），有

$$\beta_{1A} = \beta_1 + i \tag{4-41}$$

参考文献 [1] 建议，按照 w_1 和叶轮损失最小的条件得出的叶片进口气流角在 $\beta_1 = 30° \sim 35°$ 范围的附近较好，可供参考。关于冲角，对于后弯及强后弯型叶轮，一般取冲角 $i = -2° \sim +1°$，而对于径向直叶片叶轮，在进口平均半径上一般取 $i = 1° \sim 6°$ 甚或更大，这是由于这种叶轮的导风轮进口顶部 Ma_{w_1} 较高，在负冲角情况下，有可能使该处的 Ma_{w_1} 超过临界值，以致引起效率下降。

另外，这里再次提到考虑叶轮流量大于压缩机流量的问题。在处理叶轮及叶片进口速度

与相关通流截面的关系式时，使用叶轮流量 $q_m(1+\beta_L)$ 取代压缩机流量 q_m 在理论上有利于提高叶片进口冲角计算的准确性。

2. 叶片进口边倾斜

图 4-1 中给出了叶片进口边倾斜角 γ 的定义。$\gamma=90°$ 时，叶片进口边与主轴轴线平行，叶片进口边上每一点的圆周速度 u_1 都相同。另一方面，如图 4-21 所示，气流在叶片进口附近经历转弯流动，轮盖侧的 c_1 及 c_{1r} 大，轮盘侧的 c_1 及 c_{1r} 小。所以，按照式（4-40） $\beta_1 =\tan^{-1}(c_1/u_1)$ 计算，沿叶片宽度方向，轮盖侧气流角大，轮盘侧气流角小。一维设计中，通常在式（4-40）和式（4-41）中使用 c_1 或 c_{1r} 的平均值确定叶片进口安装角 β_{1A}，所以，由于沿叶片进口边的宽度方向，β_{1A} 相同而 β_1 是轮盖侧大、轮盘侧小，因此，在叶片进口边上，实际只有中间区域的某一点处气流冲角为零，而轮盖侧的叶片进口边存在较大的负冲角，轮盘侧的叶片进口边存在较大的正冲角。为了减少冲击损失，将叶片进口边倾斜（图 4-21），使 $\gamma<90°$，轮盖侧 D_1 增大，轮盘侧 D_1 减小。此时，叶轮叶片进口边轮盖侧的 c_1 及 c_{1r} 大，但 u_1 也同时增大，轮盘侧的 c_1 及 c_{1r} 小，但 u_1 也同时减小，使轮盖和轮盘侧的气流角 β_1 更接近叶片进口安装角 β_{1A}，从而减小了叶片进口的冲击损失。确定叶片进口边倾斜角 γ 的原则是叶片进口边上各点的冲角总体最小。

4.3.7 叶道扩压度小

叶道扩压度小，有利于减少叶轮流道内的分离损失。通常，可按照第 3 章式（3-5）计算叶道的当量扩张角，即

$$\tan\frac{\theta_{eq}}{2} = \frac{\sqrt{A_2}-\sqrt{A_1}}{l\sqrt{\pi}}$$

叶道进出口的面积可表示为

$$A_1 = \pi D_1 b_1 \tau_1 \sin\beta_{1A}/z$$
$$A_2 = \pi D_2 b_2 \tau_2 \sin\beta_{2A}/z$$

则

$$\tan\frac{\theta_{eq}}{2} = \frac{\sqrt{D_2 b_2 \tau_2 \sin\beta_{2A}}-\sqrt{D_1 b_1 \tau_1 \sin\beta_{1A}}}{l\sqrt{z}} \qquad (4-42)$$

式中，叶道长度 l 可参考叶片长度计算式（4-13）或式（4-19）计算。一般希望 $\theta_{eq}\leq6°$。

为了减小叶道的扩压度，通常采用的方法是按照 w_1 最小的原则确定叶片进口参数（或控制 $w_1/w_2\leq1.6$）、采用较小的 β_{2A} 或适当增加叶片数 z。为了控制叶道内不同位置的局部扩压度，可采用二维或三维方法设计叶片型线或型面。

4.3.8 叶道内速度梯度或压力梯度小

由于叶轮流动的特点，叶道内的轮盘与轮盖之间、叶片的工作面（通常是压力面）与非工作面（通常是吸力面）之间存在压力或速度梯度，引起二次流损失，并进一步加剧分离损失和尾迹损失。因此，设计中注意减小叶轮叶道内的压力梯度或速度梯度，有利于减少二次流损失。

减小叶道中的速度或压力梯度，可以采取如下措施：一是加大叶轮轮盖进口转弯半径 r；二是不要采用过大的叶轮出口宽度 b_2 或 b_2/D_2，这样有利于减少轮盘侧与轮盖侧气体流

动状态的差别;三是在保证叶轮做功能力的同时采用较小的叶片出口角 β_{2A},至少不要采用前向叶片,因为前向叶轮的叶道内,工作面与非工作面之间速度分布的不均匀性远大于后向叶轮;四是选择合适的叶片数。前三个措施的细节可参见前面的内容,这里重点讲一下叶片数的选择。

叶片数多,可减小轴向涡流的影响,有利于提高叶轮的做功能力,有利于减小叶片工作面和非工作面之间的速度或压力梯度,有利于减小叶道的当量扩张角,因此有利于降低二次流损失和分离损失,但通常会增大摩擦损失、冲击损失并加大叶片进口的阻塞。如果叶片数过多,会导致叶道的当量水力直径过小,大大增加流动损失。

叶片数少则刚好相反,轴向涡流的影响相对较大,叶轮的做功能力相对下降,叶片工作面和非工作面之间的速度或压力梯度相对上升,叶道的当量扩张角相对增加,因此会增大二次流损失和分离损失,但可能减小摩擦损失、冲击损失及叶片进口的阻塞。

经验表明,叶片数过多或过少都不好,客观上存在最佳叶片数。由于叶轮及其工作条件千差万别,所以目前很难有一个统一公式可以准确地算出每个具体条件下叶轮的最佳叶片数。有的资料建议按照平面叶栅最佳叶栅稠度的概念计算叶片数,仅供参考。

$$z = \left(\frac{l}{t}\right)_{opt} \frac{2\pi\sin\left(\frac{\beta_{1A}+\beta_{2A}}{2}\right)}{\ln(D_2/D_1)} \tag{4-43}$$

式中,$\left(\dfrac{l}{t}\right)_{opt}$ 为最佳叶栅稠度,参考文献 [24] 建议 $\left(\dfrac{l}{t}\right)_{opt} =$ 2.2~2.85,参考文献 [11] 建议 $\left(\dfrac{l}{t}\right)_{opt} = 2.5~4.0$。

目前,对于一般的后向和径向叶轮,叶片数大致为 14~32 片,比较常见的为 16~26 片;强后弯型叶轮,叶片数大致为 6~12 片。图 4-24 所示为不同叶片数对级性能的影响。

当叶片数较多导致叶片进口阻塞过大时,可考虑采用长短叶片结构。

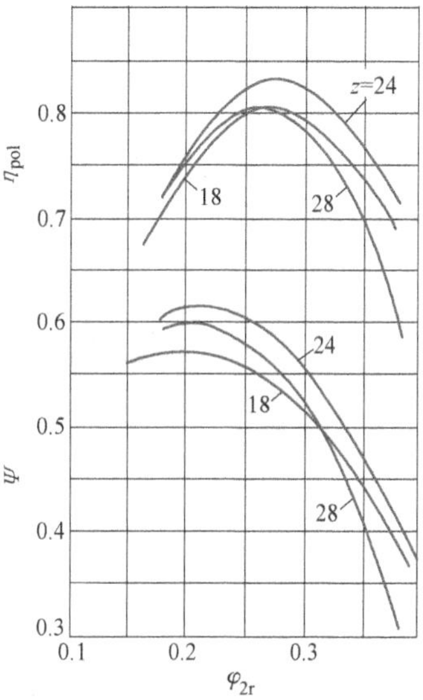

4.3.9 Ma_{c_2} 小

Ma_{c_2} 小即叶轮出口速度 c_2 小,有利于减少叶轮后固定元件的损失,也有利于提高叶轮出口静压。第 3 章中讲过,对于叶片扩压器,一般 $Ma_{c_2} \leqslant 0.7$,对于无叶扩压器,理论上 Ma_{c_2} 可以允许再稍大一些,但通常也希望参考这一数值。

图 4-24 叶片数对级性能的影响

为了限制 Ma_{c_2} 不要太高,通常在设计中可选取较小的 φ_{2r} 和 β_{2A}。

4.3.10 叶片型线的影响

叶片进出口设计参数的选择主要决定叶轮的总体做功能力和总体扩压度等,叶片型线设计质量的优劣则会对叶片进口到出口的气体流动过程和叶片对气体的做功过程产生重要影响,从而影响叶轮效率和叶轮内静压的提高。

本章前面介绍了最简单的单圆弧叶片型线设计方法，为了提高叶轮的性能，国内外已经发展出很多叶片型线的二维、三维正命题或逆命题设计方法。这些方法不属于本教材的教学内容，如感兴趣可参阅相关文献。

4.3.11 叶轮外径切割的影响

为了保证压缩机的出口压力 p_{out} 不低于设计要求，通常在设计时会选取计算压比 ε_{cal} 大于设计压比 ε，留出一定的压力设计裕量。产品生产制造后，若压缩机出口压力超出预期压力较多，往往采用车削叶轮外径的做法，通过减小叶轮外径 D_2，使 u_2 下降，减少叶轮对气体所做的功 $W_{th} = \varphi_{2u} u_2^2$，从而使压缩机出口压力 p_{out} 下降达到期望值。

图 4-25 给出三个叶轮在外径切割后模型级性能的实验曲线。模型级由叶轮、叶片扩压器、等外径偏心蜗壳组成，三个叶轮的叶片出口安装角分别为 $\beta_{2A0} = 22.5°$、$45°$、$90°$，叶轮外径的切割比例用 D_2/D_{20} 表示，带有下角标 0 的符号表示切割前原模型级的参数。

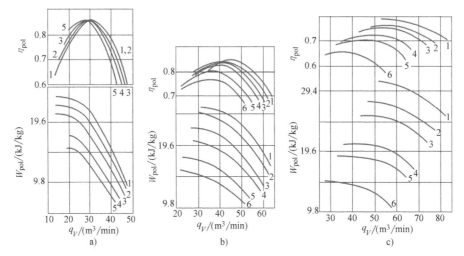

图 4-25　三个叶轮外径切割后级性能曲线的变化（每根曲线的切割比 D_2/D_{20} 见下面）

a) $\beta_{2A0} = 22.5°$, 1—1.000, 2—0.973, 3—0.941, 4—0.869, 5—0.820

b) $\beta_{2A0} = 45°$, 1—1.000, 2—0.980, 3—0.942, 4—0.908, 5—0.860, 6—0.807

c) $\beta_{2A0} = 90°$, 1—1.000, 2—0.966, 3—0.942, 4—0.893, 5—0.870, 6—0.820

从图 4-25 中可以看出，$\beta_{2A0} = 22.5°$ 的叶轮切割后，级效率变化很小，性能曲线向小流量方向的移动也很小，叶轮做功的下降幅度也最小，而 $\beta_{2A0} = 90°$ 的叶轮切割后，级效率和叶轮做功下降幅度最大，性能曲线向小流量方向的偏移也最大。

上面分析表明，对于多级离心压缩机，如需进行叶轮外径切割，首先应考虑从末级开始切割后面级的叶轮，因为通常压缩机后面级的 β_{2A} 小。从上面实验结果可知，切割后对压缩机原设计性能的偏离最小。同时，压缩机后面级的 b_2/D_2 小，切割后叶轮的 b_2/D_2 略有增加，对保持较好的级性能有利。最后，如果预先知道有可能对末级叶轮外径进行切割，则该级叶轮后的扩压器最好设计成无叶扩压器，因为与叶片扩压器相比，无叶扩压器对叶轮外径切割后叶轮出口气流参数的改变有更好的适应性。

总结本节内容可知，欲使叶轮高效，一维设计中应注意哪些问题呢？大致可归结为：

"首选后向叶轮,注意三大五小。""三大",即 u_2 大,b_2 或 b_2/D_2 大,叶轮子午面轮盖进口转弯半径大;"五小"指 w_1 或 Ma_{w_1} 小,叶片进口冲击小,叶道扩压度小,叶道内速度或压力梯度小,Ma_{c_2} 小。应说明,这里的大或小都是相对的,也是针对目前设计中普遍存在的主要问题而言的,不能片面地理解为越大越好或越小越好,其含义更多是指在一个合理范围内或可能条件下,取较大值或较小值对提高叶轮效率更为有利。

4.4　半开式、混流式叶轮

4.4.1　半开式叶轮

1. 半开式叶轮的主要特点

与常规的闭式叶轮相比,半开式叶轮的第一个特点是没有轮盖。从强度的角度考虑,在闭式叶轮轮盖进口位置往往产生很高的内部应力。因而在目前所使用材料的条件下,通常限制闭式叶轮不能在很高的圆周速度下运行。半开式叶轮由于没有轮盖的强度限制,特别是半开式径向直叶片叶轮具有更高的强度,所以可以在比闭式叶轮高得多的圆周速度下运行,因而获得更高的单级压比。半开式叶轮的圆周速度 u_2 可达 600m/s 左右,单级压比可高达 6.5~10,但与闭式叶轮相比,其效率一般相对偏低一些。

半开式叶轮的第二个特点是,叶片进口通常从闭式叶轮的叶片进口 1-1 截面向前延伸到叶轮进口 0-0 截面。根据欧拉方程及其第二表达式,由于叶片进口平均直径的降低和叶片通道的加长,有利于提高叶轮的做功能力,因而获得更高的单级压比,同时有利于提高叶轮的反作用度。叶片向前延伸的部分称为导风轮(也有人称其为诱导轮)。根据制造企业的工艺特点和条件,导风轮可以与后面的叶片整体加工成一体结构(图 4-26、图 4-27),也可以单独加工制造成一个元件,然后再与后面部分装配到一起,由两个元件组成一个完整的半开式叶轮。

图 4-26　半开式叶轮

与常规闭式叶轮相比,半开式叶轮在设计方面的主要不同在于对导风轮的设计。为叙述方便而又不失一般性,这里以图 4-27 所示的径向直叶片半开式叶轮为研究对象,简要介绍导风轮的设计。

2. 导风轮设计

(1) 导风轮进出口参数的确定　如图 4-28 所示,为与常规闭式叶轮一致,导风轮叶片进口截面仍定义为 0-0 截面,导风轮出口截面为 1-1 截面。研究对象是径向直叶片半开式叶轮,导风轮叶片出口直接与叶轮的径向直叶片连接,故导风轮叶片出口角度为 90°。

在导风轮进口截取一个以旋转轴中心为轴并以某一个 r 为半径的圆柱面,该圆柱面与导风轮切割,然后再把圆柱切割面展开,形成图 4-28 中的 A—A 平面视图及该平面内的叶片进口速度三角形。

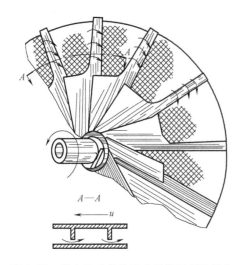

图 4-27　径向直叶片半开式叶轮及潜流损失

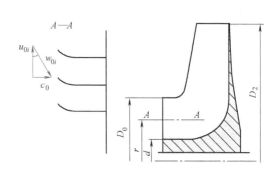

图 4-28　导风轮进口参数分析图

为简化问题，假定导风轮进口来流为轴向均匀进气且无预旋，即 $c_{0u}=0$，$c_{0r}=0$，$c_0=c_{0z}$。因此，在导风轮进口截面（0-0 截面），沿叶高（从 d 到 D_0）有 $c_0=\mathrm{const}$，但 u_0 随半径增加而增加，导致 w_0 也随半径增加而增加，β_0 随半径增加而减小，不同半径处有不同的进口速度三角形。为了表示清楚，沿叶高（从 d 到 D_0）不同半径 r 处的圆周速度 u_0 用 u_{0i} 表示，w_0 和 β_0 分别用 w_{0i} 和 β_{0i} 表示，而导风轮外径 D_0 处的参数用 u_0、w_0、β_0 表示，导风轮内径 d 处的参数用 u_{0d}、w_{0d} 和 β_{0d} 表示。由于前面已假定 $c_0=c_{0i}=c_{0d}=\mathrm{const}$，所以沿叶高（从 d 到 D_0）不同半径 r 处的来流绝对速度均用 c_0 表示。

与常规闭式叶轮叶片进口参数设计一样，在导风轮进口参数的设计中，使叶片进口截面上 w_0 最小仍是一个非常重要的原则。在导风轮进口截面上，顶部 D_0 位置处的 w_0 相对最大，因此，控制 w_0 最小的工作主要针对该处进行。在以 D_0 为直径的圆柱展开面上，根据导风轮叶片进口速度三角形（图 4-28），有

$$w_0^2=c_0^2+u_0^2 \tag{4-44}$$

在 0-0 截面与 2-2 截面之间建立连续方程，有

$$c_0\frac{\pi}{4}(D_0^2-d^2)\tau_0\rho_0=c_{2r}\pi D_2 b_2\tau_2\rho_2$$

则

$$c_0=4c_{2r}\frac{b_2}{D_2}\frac{\tau_2 k_{v2}}{\tau_0 k_{v0}\left[\left(\dfrac{D_0}{D_2}\right)^2-\left(\dfrac{d}{D_2}\right)^2\right]} \tag{4-45}$$

其中

$$\tau_0=\frac{\dfrac{\pi}{4}(D_0^2-d^2)-z\delta(D_0-d)/2}{\dfrac{\pi}{4}(D_0^2-d^2)}=1-\frac{2z\delta}{\pi(D_0+d)} \tag{4-46}$$

式中，z 为导风轮进口叶片数；δ 为导风轮进口叶片厚度。

将式（4-45）代入式（4-44），然后等式两边同时除以 u_2^2，可得

$$\left(\frac{w_0}{u_2}\right)^2 = \left(\frac{D_0}{D_2}\right)^2 + \left(4\varphi_{2r}\frac{b_2}{D_2}\frac{\tau_2 k_{v2}}{\tau_0 k_{v0}}\right)^2 \left[\left(\frac{D_0}{D_2}\right)^2 - \left(\frac{d}{D_2}\right)^2\right]^{-2}$$

在上式右端，仅将 D_0/D_2 视为变量，其余参数均视为常量，将上式对 D_0/D_2 求导数，然后令 $\mathrm{d}\left(\dfrac{w_0^2}{u_2^2}\right)\Big/\mathrm{d}\left(\dfrac{D_0}{D_2}\right)=0$，可得

$$\left(\frac{D_0}{D_2}\right)^2_{w_0,\min} = \left(\frac{d}{D_2}\right)^2 + \left(4\sqrt{2}\,\varphi_{2r}\frac{b_2}{D_2}\frac{\tau_2 k_{v2}}{\tau_0 k_{v0}}\right)^{\frac{2}{3}} \qquad (4\text{-}47)$$

根据 w_0 最小的原则确定 $(D_0/D_2)_{w_0,\min}$ 时，叶轮出口 2-2 截面的参数已预先确定，计算公式中涉及 τ_0、k_{v0}、d/D_2 等参数需预先选定，τ_0、k_{v0} 需事后校核，直至计算值与预先选定值相符为止。在满足 w_0 最小的原则下确定 D_0 且通过选择 d/D_2 确定 d 后，可通过式（4-45）计算 c_0。由于叶轮转速 n 已预先确定，所以在导风轮进口截面沿叶高（从 d 到 D_0）各半径 r 处的 u_{0i} 可以计算。由于 $c_0=\mathrm{const}$，则导风轮进口 0-0 截面沿叶高各半径 r 处的气流相对速度 w_{0i}、气流角 β_{0i} 均可依据速度三角形关系算出。导风轮进口的叶片安装角仍可根据 $\beta_{0iA}=\beta_{0i}+i$ 计算，i 为冲角。

导风轮的直径比建议为 $D_0/D_2=0.45\sim0.70$，$d/D_2=0.20\sim0.35$。

（2）导风轮叶型中线　根据上面确定的导风轮进出口参数，可进一步确定导风轮的叶型中线。导风轮的叶型中线采用抛物线的较多。因为采用抛物线中线，叶片起始段转向较慢，气流沿叶道的相对速度变化比较均匀，因而它的效率相对较高，如图 4-29 所示。

抛物线中线方程为

$$y = ax^b$$

$$\frac{\mathrm{d}y}{\mathrm{d}x} = abx^{b-1} = ab\frac{x^b}{x} = b\frac{y}{x}$$

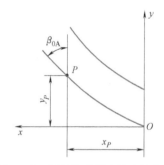

图 4-29　导风轮叶型中线为抛物线

其中 a 和 b 是常数。当 $x=x_P$，$y=y_P$ 时（见图 4-29 中 P 点）

$$\frac{\mathrm{d}y}{\mathrm{d}x} = \cot\beta_{0A}$$

故

$$b = \frac{x_P}{y_P}\cot\beta_{0A}$$

$$a = \frac{y_P}{x_P^{\frac{x_P}{y_P}\cot\beta_{0A}}}$$

最后得

$$y = \frac{y_P}{x_P^{\frac{x_P}{y_P}\cot\beta_{0A}}}x^{\frac{x_P}{y_P}\cot\beta_{0A}} \qquad (4\text{-}48)$$

若采用二次抛物线中线方程，用同样推导方法可得

$$y = \frac{\cot\beta_{0A}}{2x_P}x^2 \qquad (4\text{-}49)$$

在确定了导风轮叶片进口角 β_{0A}、x_P、y_P（二次抛物线中线不需要确定 y_P）之后，即可用式（4-48）或式（4-49）确定导风轮叶片的叶型中线。x_P 较长，可以减少导风轮叶道的当量扩张角。当量扩张角最好不超出 $8° \sim 10°$ 的范围。但是 x_P 太长，会增加气流的摩擦损失，因此要有一个合适的导风轮轴向长度。

有些叶轮中用椭圆做导风轮叶型中线，叶轮也具有较高的效率，甚至高于抛物线中线的叶轮，如图 4-30 所示。

椭圆中线方程为

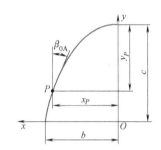

图 4-30　导风轮叶型中线为椭圆

$$\frac{y^2}{c^2} + \frac{x^2}{b^2} = 1 \qquad (4\text{-}50)$$

$$\frac{\mathrm{d}x}{\mathrm{d}y} = -\frac{b^2 y}{c^2 x} = -\tan\varphi$$

其中 b、c 为常数。在叶片前缘 P 点处

$$\frac{(c - y_P)^2}{c^2} + \frac{x_P^2}{b^2} = 1$$

$$\varphi = \beta_{0A}$$

所以

$$b^2 = \frac{c^2 x_P \tan\beta_{0A}}{c - y_P}$$

$$b = \sqrt{\frac{c^2 x_P \tan\beta_{0A}}{c - y_P}} \qquad (4\text{-}51)$$

$$c = \frac{x_P y_P - y_P^2 \tan\beta_{0A}}{x_P - 2y_P \tan\beta_{0A}} \qquad (4\text{-}52)$$

3. 半开式叶轮中的损失

与常规闭式叶轮类似，半开式叶轮内的气体流动也存在流动损失（摩擦、分离、二次流、尾迹）、内漏气损失及轮阻损失。另外，由于没有轮盖，半开式叶轮中叶片压力面的气体经过叶片顶部与气缸壁面之间的间隙向叶片吸力面流动，造成如图 4-27 所示的潜流损失；同时，由于允许使用很高的圆周速度，半开式叶轮中气流速度高，叶道中也容易出现跨声速或超声速流动中存在的损失，如激波损失等。

为了减少潜流损失，可考虑尽量减小叶轮叶片顶部与气缸壁面之间的间隙，采用较小的叶片出口角（如采用后向叶轮）及在合理范围内采用较多的叶片数。为了在流动中避免或减少出现局部流动达到声速或超声速的现象，要按照叶片进口 w_0 最小的原则设计导风轮进口参数，注意在叶片进口合理控制 $Ma_{w_0 \mathrm{cr}}$、在叶片出口控制 $Ma_{c_2 \mathrm{cr}}$。同时，可考虑采用三维方法设计三元扭曲叶片，尽可能对叶轮内部每个位置的气流速度实现有效的控制。

4.4.2　混流式叶轮简介

混流式叶轮也称斜流式叶轮，如图 4-3 所示。气流首先轴向进入叶轮，然后在叶轮中沿与轴线成某一角度的叶道中流出。由于叶轮进出口的半径不同，由欧拉方程可知，气体将受到离心力做功。所以，混流式叶轮兼有离心式叶轮能量头系数大和轴流式叶轮流量系数大的混合特点，性能介于离心式压缩机和轴流式压缩机之间。

混流式叶轮可单独使用，也可用于多级轴流压缩机的末级，以缩小转子轴向尺寸。

与带导风轮的离心式叶轮相比，混流式叶轮的流量较大，气流在子午面叶道内流动没有明显的转弯，流动性能好。此外，叶道内气流速度梯度较小，故能量损失也就比较小。

与离心式叶轮的径向叶片相比，混流式叶轮叶型的每个基元切面更接近轴流叶片，是近于径向或径向成形的，因而在高圆周速度下具有较高的强度。这不但能使一个级得到较高的压力，而且可以使叶轮进口高度设计得较大，即具有较大的迎风通流面积。

在混流式叶轮的出口，气流速度在转子圆柱坐标系中三个坐标方向的速度分量都比较大，因此，对其叶轮出口流动进行分析时，既不能像离心叶轮那样忽略 c_z（或 w_z）的影响，也不能像轴流压缩机叶轮那样按平面叶栅方法分析，忽略 c_r（或 w_r）的影响。图 4-31 示出了混流式叶轮的出口速度三角形。

混流式叶轮子午面流道的转弯半径远比普通离心叶轮大，叶轮效率一般高于离心式叶轮，但其轴向长度相对较长，不方便用于同轴多级转子上。叶轮设计原则同样是使 w_1/w_2 尽量小一些。参考文献 [1] 推荐了混流式叶轮的主要尺寸比（图 4-32），供参考：$D_{1t}/D_{1b} = 2.2 \sim 3.0$，$D_{2b}/D_{1b} = 3.0 \sim 4.0$，$D_{2b}/K = 2.0 \sim 3.0$，$D_{1t}/D_{2b} = 0.73 \sim 0.75$，$\theta = 30° \sim 60°$。

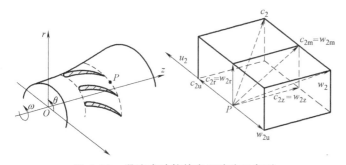

图 4-31 混流式叶轮的出口速度三角形

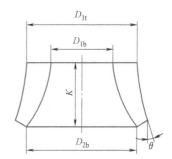

图 4-32 混流式叶轮结构尺寸示意图

学习指导和建议

4-1 熟悉叶轮的主要结构参数、叶轮的不同形式及其主要特点，了解离心压缩机中只使用后向、径向叶轮而不使用前向叶轮的原因，这是分析叶轮流动和性能、进行叶轮设计的基础。

4-2 理解叶轮反作用度、叶轮效率的定义和物理意义，掌握叶轮效率的计算公式。

4-3 掌握叶轮做功能力计算的基本方法和基本公式，这是设计中保证压缩机在设计流量下达到预期出口压力的关键环节之一。

4-4 认真体会斯陀道拉解决 φ_{2u} 计算的思路和方法，培养解决工程实际问题的能力。

4-5 掌握合理选择叶轮主要气动参数和结构参数的思路和方法，这是设计高效叶轮的重要基础。

思考题和习题

4-1 从外形结构、叶片形式和按照叶片出口角划分，离心压缩机的叶轮有哪些主要形式？它们各有什么特点？

4-2 离心压缩机中，叶轮的主要作用是：①提高气体静压；②提高气体动能；③对气体做功或向气体传递能量。上述三个答案哪个最准确？

4-3 叶轮的反作用度是如何定义的？该定义式与级的流动效率定义式形式相同，二者的物理意义一样吗？叶轮的反作用度是否也可以定量反映流动损失的大小？为什么？

4-4 叶轮多变效率 $\eta_{pol,imp}$ 与级多变效率 η_{pol} 的定义相同吗？为什么？

4-5 前向叶轮与后向叶轮相比，哪个做功能力大？为什么？为什么离心压缩机中不使用前向叶轮而较多地使用后向叶轮？

4-6 轴向涡流对叶轮做功能力有没有影响？为什么？

4-7 从做基本假定开始，说明斯陀道拉公式解决 φ_{2u} 计算的思路和过程。

4-8 叶轮设计时，希望 u_2、b_2 或 b_2/D_2、叶轮进口处轮盖转弯半径 r 是大一些好还是小一些好？为什么？

4-9 叶轮设计中，为什么要使 w_1 或 Ma_{w_1} 小、叶片进口冲击小、叶道扩压度小、叶道内的速度或压力梯度小、c_2 或 Ma_{c_2} 小？可采取哪些具体措施来实现？

4-10 叶轮外径切割时，切割前面级好还是切割后面级好？被切割的级使用无叶扩压器好还是叶片扩压器好？为什么？

4-11 一台空气离心压缩机进行实验，测得环境参数为 $T_{in}=290K$，第一级叶轮有关参数为：$T_0=285K$，$p_0=94000Pa$，$T_2=379.3K$，$p_2=232000Pa$，叶轮出口滞止温度 $T_{2st}=455K$，空气的有关物性参数为：$R=287J/(kg \cdot K)$，$\kappa=1.4$。

求：1）叶轮多变效率 $\eta_{pol\,0-2}$。

2）叶轮损失 $h_{loss\,0-2}$。

（提示：1）环境参数是压缩机第一级吸气室进口处速度为零时的参数。

2）规定：叶轮进口为 0 截面，出口为 2 截面。

3）要求：计算中过程指数、效率请保留四位小数，功、损失、速度请保留两位小数。）

4-12 一台空气离心式压缩机第一级的主要参数如下：转速 $n=8050r/min$，级进口参数 $T_{in}=293K$，$p_{in}=0.09604MPa$，$c_{in}=30m/s$，质量流量 $q_m=6.8657kg/s$，叶轮进口参数 $T_0=290.37K$，叶轮出口参数 $D_2=0.648m$，$b_2/D_2=0.05555$，$\beta_{2A}=50°$，$T_2=325.21K$，$p_2=0.13MPa$，$\tau_2=0.9461$，叶片数 $z=21$，级多变效率 $\eta_{pol\,in-out}=0.83$，$\beta_L+\beta_{df}=0.0247$，空气的有关物性参数为 $R=286.85J/(kg \cdot K)$，$\kappa=1.4$。假定叶轮叶片进口无预旋（$c_{1u}=0$），规定吸气室进出口为 in-in 到 0-0 截面，叶轮进出口为 0-0 到 2-2 截面，级进出口为 in-in 到 out-out 截面。

求：1）叶轮进口速度 c_0、流量系数 φ_{2r}。

2）叶轮出口周速系数 φ_{2u} 和滑移系数 μ。

3）级出口的压力 p_{out} 和温度 T_{out}。

4）级出口的滞止温度 $T_{out,st}$ 和滞止压力 $p_{out,st}$。

（计算过程中至少保留四位有效数字，并且小数点后至少保留两位有效数字。）

4-13 DA120-61 型空气离心压缩机第一级，已知：级进口体积流量 $q_{Vin}=2.085m^3/s$，进口压力 $p_{in}=0.95 \times 10^5 Pa$，级进口温度 $t_{in}=20℃$，叶轮出口的比体积比为 $k_{r2}=\rho_2/\rho_{in}=1.2$，级多变效率 $\eta_{pol}=0.78$，转速 $n=13800r/min$，给定气体常数 $R=288.4J/(kg \cdot K)$，等熵指数 $\kappa=1.4$。级进口面积 $A_{in}=0.094m^2$，叶轮出口有效通流面积 $A_2=0.0272m^2$，级出口有效通流面积 $A_{out}=0.022m^2$，叶轮外径 $D_2=0.38m$，叶片出口安装角 $\beta_{2A}=42°$，叶片数 $z=16$，假定叶轮叶片进口无预旋（$c_{1u}=0$），且 $\beta_L=0.015$，$\beta_{df}=0.03$。

试求：级的理论能量头 W_{th} 和内功率 P。

第 5 章

固定元件

离心式压缩机的固定元件通常有吸气室、扩压器、弯道、回流器及蜗壳（或排气室）。它们的作用是把气体由前一元件引导到后一元件中去，并使其具有一定的速度与方向。固定元件设计得完善与否，对整个压缩机的工作与效率有相当大的影响，必须予以足够重视。

学习本章内容时，思路上可侧重三点：①每个固定元件的结构形式和流动特点或规律；②主要结构参数和流动参数与级性能的关系；③设计计算的主要思路。

学习时还应注意，本章内容仍基于贯穿全书的一维定常亚声速流动假定，且工质为热力学中符合 $pv=RT$ 状态方程的理想气体。

5.1 吸气室

吸气室的作用是把气体从进气管道或中间冷却器引导至叶轮中，吸气室的出口（0-0 截面）一般就是叶轮的进口。通常，对吸气室的设计有以下三点基本要求：

1）吸气室出口气流要均匀，尽量符合轴向均匀进气条件或叶轮进口需要的进气条件。因为压缩机中气体压力的提高主要依赖于叶轮对气体做功，所以在吸气室出口为叶轮创造一个良好的进气条件，对于保证叶轮做功、提高整级性能有重要作用。

2）吸气室流动效率高。吸气室是压缩机的一个组成部分，其效率高低对整级效率产生影响，因此，减小气体在吸气室中的流动损失也很重要。

3）吸气室结构应便于加工制造。

5.1.1 吸气室的几种常见结构形式

吸气室的形式较多，常见结构有以下几种（图 5-1）。

1. 轴向进气管

轴向进气管如图 5-1a 所示，其结构最简单，一般用于单级悬臂式鼓风机或增压器中。为了使气体比较均匀地进入叶轮，进气管可做成收敛形的，其出口气流可为叶轮提供轴向均匀进气条件。进气管内流动损失较小，故比其他形式的吸气室有更好的性能。

2. 径向进气管

径向进气管如图 5-1b 所示，常用于单级悬臂式叶轮之前。因气流有转弯，可能引起叶

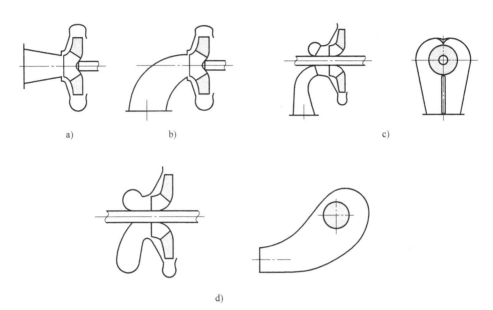

a)   b)   c)

d)

图 5-1　常见的吸气室形式

轮进口处气流不均匀。因而要求设计时，进气管的转弯半径不能太小。在转弯时，可使气流稍稍加速，以改善流动条件。但从结构角度看，又不希望曲率半径太大，一般 $r \leq 2d$（r 是管道中心线曲率半径，d 是管道直径）。当增大曲率半径受到尺寸限制时，可在弯管中装导流叶片，以改善流动情况。

3. 径向进气吸气室

径向进气吸气室如图 5-1c 所示，多用于双支撑结构的多级离心压缩机中。这种吸气室具有轴向尺寸小、结构紧凑的优点，但效率通常比轴向或径向进气管低。

4. 水平进气时所采用的径向进气吸气室

水平进气时所采用的径向进气吸气室如图 5-1d 所示，这种吸气室与径向进气吸气室结构大体类似，只是来流的进气方向沿水平方向而不是径向，其内部气体流动情况比较复杂，叶轮进口处易出现气流旋绕，因而除满足结构上特殊需要外很少采用。

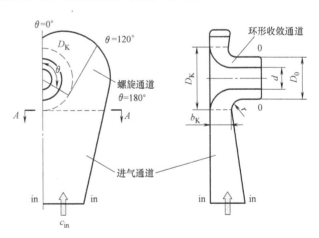

5.1.2　径向进气吸气室

下面主要讨论多级压缩机中最常用的径向进气吸气室。图 5-2 是这种吸气室的简图。为了便于分析，将它分为三个部分：进气通道、螺旋通道和环形收敛通道。

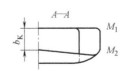

图 5-2　径向进气吸气室简图

1. 进气通道

进气通道是由吸气室进口截面 A_{in} 到截面 $A_{180°}$（即在 $\theta = 180°$ 位置处与用虚线表示的 D_K 圆表面相切的通流截面）的一段，两个截面上的速度分别为 c_{in} 和 $c_{180°}$。其结构和流动的主要特点：是一段截面形状变化的收敛通道；设计的主要思路：选取 c_{in} 和 $c_{180°}$，计算 A_{in} 和 $A_{180°}$。

（1）基本假定

1）因为气流速度低，假定进气通道内气体密度不变，$\rho = \text{const}$。

2）近似认为 c_{in} 垂直于 A_{in}，$c_{180°}$ 垂直于 $A_{180°}$。

（2）c_{in} 和 $c_{180°}$ 的选取 吸气室进口气流速度 c_{in} 对流动损失及结构尺寸影响较大，一般可按下面范围选取：

对高压小流量压缩机　　　$c_{in} = 5 \sim 15\text{m/s}$

一般低、中压压缩机　　　$c_{in} = 15 \sim 45\text{m/s}$

运输式压缩机　　　　　　$c_{in} = 60 \sim 120\text{m/s}$

$c_{180°}$ 的选取，通常是在 c_{in} 和吸气室出口速度 c_0 之间选一个合适数值，$c_{in} < c_{180°} < c_0$ 且 $c_{180°} = c_K$，c_K 为进入 D_K 圆截面且与该截面垂直的速度。有资料建议 $c_{180°} = c_K$ 的选取满足 $c_0/c_K \geqslant 2$，可参见后面螺旋通道和环形收敛通道的相关内容。c_0 通常在吸气室设计之前的叶轮设计中已经确定，若需选取，也可参见后面环形收敛通道部分的相关内容。

（3）A_{in} 和 $A_{180°}$ 的计算

$$A_{in} = q_{Vin}/c_{in}, \quad A_{180°} = q_{Vin}/c_{180°}$$

吸气室进口参数一般由大气条件或由用户给定，所以，吸气室进口体积流量 q_{Vin} 为已知量。

增加进气通道的收敛度 $A_{in}/A_{180°}$，可使螺旋通道进口气流均匀，流动损失减小。常用分隔筋将进气通道分隔成几个流道（图5-4）以改善流动情况。对小流量机器，可只在 $\theta = 0°$ 及 $\theta = 180°$ 处加分隔筋；对大流量、大尺寸的通道，可增加分隔筋数目。

2. 螺旋通道

螺旋通道是由通流截面 $A_{180°}$ 到截面 A_K（$A_K = \pi D_K b_K$）的一段，结构上分成对称的左右两部分。这里仅针对图5-2所示的右半部分进行分析，左半部分则与右半部分完全对称。通道的截面形状可以是矩形、梯形或其他形状。设计螺旋通道右半部分的主要任务是确定从 $\theta = 180°$ 到 $\theta = 0°$ 之间的通流截面面积和壁面型线，由于螺旋通道内的流动非常复杂，所以设计的主要思路是先做一些假定使问题简化，然后再根据实际情况做某些修正。

（1）基本假定

1）在整个螺旋通道内速度均匀分布，$c_{180°} = c_i = c_K = \text{const}$。$c_K$ 为进入 D_K 圆截面 A_K 并与 A_K 垂直的速度，c_i 为通道内任意点速度。同时可得：螺旋通道内气体密度 $\rho = \text{const}$。

2）螺旋通道内的任意通流截面取任意 θ 角处 D_K 圆的切面，假定速度 c_i 与 D_K 圆的切面垂直。

3）根据假定1）和2）可进一步假定：气体流量在 D_K 圆上均匀分布。

（2）设计计算 根据上面假定，螺旋通道内的流动分析被明显简化，D_K 圆上任意 θ 角处的流量为

$$q_{V_\theta} = \frac{q_{Vin}}{2} \frac{\theta}{180°}$$

式中，θ 取角度。

则 D_K 圆上任意 θ 角处的切面面积为

$$A_\theta = q_{V_\theta}/c_{180°}$$

有了切面面积，就可以通过选定通流截面的形状确定 D_K 圆周上任意 θ 角处螺旋通道壁面型线的尺寸。举例：选定通流截面的形状为矩形，由于矩形面积 A_θ 已可计算，若矩形的长为 a_θ，宽为 b_θ，则只要选定宽度 b_θ（如 $b_\theta = b_K$），则 a_θ 即可确定。知道了 D_K 圆上任意 θ 角处的 a_θ，螺旋通道右半部分的壁面型线即可确定。如果选定通流截面的形状为梯形，则方法同上，只要求出 D_K 圆上任意 θ 角处梯形的高度即可确定壁面型线。

（3）根据实际情况做某些修正　实验表明，上述假定与实际情况存在某些明显不同。

1）螺旋通道中的气流速度分布并不均匀，且越靠近外壁面，其速度越小，如图 5-3 所示。

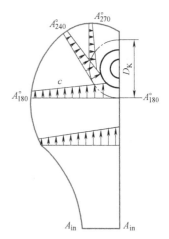

图 5-3　螺旋通道内气流速度分布示意图

2）气体流量在 D_K 圆上的分布也不均匀。螺旋通道上半部分与下半部分流动路径的长短和阻力不同，约有 2/3 的流量是经过螺旋通道下半部分流入后面环形收敛通道中去的。

为了改善这种情况，通常采用如下修正措施：

1）考虑到螺旋通道中气体速度从内径到外径逐渐减小，将螺旋通道的外壁面稍微加宽，使 $M_1M_2 > b_K$（图 5-2），有助于减少外壁面附近的流动阻力，使 D_K 圆上的流量分布更均匀一些。

2）理论上讲，螺旋通道顶部位置（$\theta = 0°$ 处）的流量为零，则通流面积也为零。实践表明，将螺旋通道顶部位置（$\theta = 0°$ 处）的通道面积适当加宽也有助于使 D_K 圆上的流量分布更加均匀。

3）在进气通道及螺旋通道中，装上一些导流分隔筋片（图 5-4），以促使沿 D_K 圆的气体流量分布均匀，并有利于减小气流进入叶轮时产生的周向旋绕。

图 5-4a 所示为压缩机第一段吸气室的一般形式。吸气室内装有导流筋片，进口为圆形截面，可以直接和来流的进气管道连接。图 5-4b

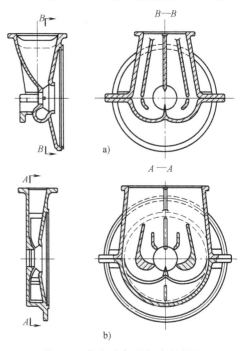

图 5-4　径向进气吸气室剖视图

所示为冷却器后中间段的吸气室形式，为了缩小机器的轴向尺寸，吸气室的轴向宽度较小。吸气室内也装有导流筋片。

3. 环形收敛通道

环形收敛通道是由圆柱面 A_K 到吸气室出口截面 $A_0 = \dfrac{\pi}{4}(D_0^2 - d^2)$ 的一段。这一段通道结构不太复杂，但气体流速与前两段相比相对较大，又有 90°转弯，易产生流动分离并加剧流动分布的不均匀性。

设计计算时，要注意下面几点：

1）吸气室出口参数（0-0 截面）在叶轮设计时已经确定，为了使环形收敛通道具有一定的收敛度以改善流动情况，有资料推荐 $A_K/A_0 \geq 2$。按照这个要求，在前面进气通道设计中选择 $c_{180°}$ 时，可相应考虑使 $c_{180°} = c_K$ 满足条件 $c_0/c_K \geq 2$。

2）增大相对转弯半径 $\bar{r} = r/b_K$，通常 $\bar{r} \geq 0.38$。

3）如果轴向尺寸允许，气流经 90°转弯后最好保持距吸气室出口截面有一段轴向距离，这样有助于使出口气流参数的分布趋于均匀。

4）吸气室出口速度 c_0 一般由压缩机方案设计中叶轮部分的设计预先确定，可参考下述范围选取：

固定式压缩机 $c_0 = 40 \sim 80 \text{m/s}$

离心式增压器 $c_0 = 80 \sim 100 \text{m/s}$

运输式压缩机 $c_0 = 100 \sim 150 \text{m/s}$

4. 损失分析

离心压缩机的固定元件中，吸气室的效率相对较高，因为其内部流动为收敛流动。径向进气吸气室中，螺旋通道和环形收敛通道的流动损失相对较大。气体进入螺旋通道后，通常会在通道两侧的对称位置形成旋涡流动，该旋涡流动在环形收敛通道内与 90°转弯后的流动分离交织在一起，并向吸气室出口方向延伸，产生较大的流动分离损失。径向进气吸气室中也存在摩擦、冲击和尾迹（如果存在导流筋片）、二次流等损失形式。

另外，在螺旋通道内，旋涡流动会引起气流参数分布不均匀，特别是目前这种进气方式会在 D_K 圆左右对称的两侧使气流形成方向相反的圆周分速度，延伸到叶轮进口导致叶轮叶片受到具有正、负冲角气流的轮换冲击，在叶轮叶道内形成快速交替的非定常流动，对叶轮做功能力、叶轮效率和安全可靠性均产生不利影响。在许多情况下，吸气室出口气流不均匀性对整级性能的不利影响比吸气室效率低的影响更为严重，所以，吸气室出口气流的均匀性问题或说与叶轮进口设计的合理匹配问题应该引起设计者的足够关注。

5.1.3 吸气室效率和气流热力参数计算

第 2 章中讲过固定元件中收敛通道的效率，根据式（2-47）和式（2-48），吸气室的效率和过程指数计算公式为

$$\eta_{\text{pol,inlet}} = \frac{\kappa}{\kappa - 1} \frac{\ln\left(\dfrac{T_0}{T_{\text{in}}}\right)}{\ln\left(\dfrac{p_0}{p_{\text{in}}}\right)} \tag{5-1}$$

$$\left(\frac{m}{m-1}\right)_{\text{inlet}} = \frac{\kappa}{(\kappa - 1)\eta_{\text{pol,inlet}}} \tag{5-2}$$

式中，下角标 inlet 表示吸气室。

有了多变效率和多变过程指数，结合第 2 章的相关基本方程，可以对吸气室内部各通流截面的气流热力参数进行计算。详情请见 8.5.2 节中的"通流截面上气流热力参数的计算"部分。下面各固定元件中通流截面上气流热力参数的计算方法同样见 8.5.2 节的相关部分，不再重复说明。

5.2 扩压器

一般叶轮的出口气流速度为 200~300m/s，高能头的叶轮，出口气流速度更高。扩压器的主要作用是使来自叶轮出口的高速气流减速，将气体动能进一步转化为压力能。一般而言，对扩压器设计的基本要求如下：

1）能起到较好的扩压作用。

2）流动损失小，效率高。

3）变工况性能好，工况范围宽。

本节主要介绍最常用的无叶扩压器和叶片扩压器。

5.2.1 无叶扩压器

1. 基本结构

无叶扩压器通常由两个平行壁面所构成的环形通道组成（图 5-5），称为等宽度无叶扩压器；偶尔也可见到由近似平行的壁面所构成的变宽度无叶扩压器。由于环形通道的截面面积随半径增加而增大，所以气体由内向外流经无叶扩压器时，速度逐渐降低，而压力逐渐升高。

图 5-5 为等宽度无叶扩压器示意图。叶轮出口为 2-2 截面，扩压器进口为 3-3 截面，出口为 4-4 截面。无叶扩压器的结构相对比较简单，主要结构参数为：进出口直径 D_3、D_4，进出口宽度 b_3、b_4。

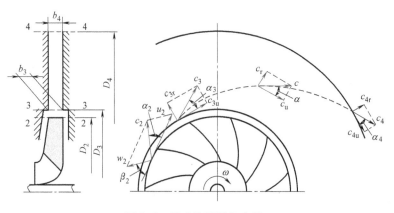

图 5-5　无叶扩压器示意图

2. 流动分析

无叶扩压器中的主要气流参数为：绝对速度 c 及其分量 c_r、c_u，绝对速度气流方向角 α 及热力参数 p、T、ρ 等。为了便于抓住主要矛盾，了解无叶扩压器内部流动的基本特点和规律，分析时首先对问题进行了简化。

（1）基本假定下气体流动轨迹的初步分析　首先做基本假定如下：

1）忽略气体黏性，不考虑摩擦力的影响。

2）忽略气体可压缩性，$\rho = \text{const}$。

3）分析对象为等宽度无叶扩压器，$b_3 = b_4$。

根据上面假定，连续方程 $\pi D_3 b_3 c_{3r} \rho_3 = \pi D_4 b_4 c_{4r} \rho_4$ 可变为

$$\frac{c_{4r}}{c_{3r}} = \frac{D_3}{D_4} \tag{5-3}$$

由于不考虑摩擦力的影响，流动符合 $c_u r = \text{const}$ 的动量矩守恒定律，有

$$\frac{c_{4u}}{c_{3u}} = \frac{D_3}{D_4} \tag{5-4}$$

式（5-3）与式（5-4）联立并推广到扩压器内任意位置，可得

$$\frac{c_{3r}}{c_{3u}} = \frac{c_{4r}}{c_{4u}} = \frac{c_r}{c_u} = \text{const} \tag{5-5}$$

根据图5-5可得

$$\tan\alpha_3 = \tan\alpha_4 = \tan\alpha = \text{const}$$

则有

$$\alpha = \alpha_3 = \alpha_4 = \text{const} \tag{5-6}$$

（2）考虑气体黏性和可压缩性后气体流动轨迹的分析　考虑气体密度变化时，式（5-3）变为

$$\frac{c_{4r}}{c_{3r}} = \frac{D_3 \rho_3}{D_4 \rho_4} \tag{5-7}$$

因为 $\rho_4 > \rho_3$，所以式（5-7）表明，与不考虑密度变化的式（5-3）相比，考虑密度变化后，c_r 的下降更快。

考虑气体黏性（计入摩擦力）影响后，动量矩不再守恒，而是沿径向变小，$c_{4u} r_4 < c_{3u} r_3$，即

$$\frac{c_{4u}}{c_{3u}} < \frac{D_3}{D_4}$$

说明与不考虑气体黏性影响的式（5-4）相比，考虑黏性影响后，c_u 的下降也更快。

由于 c_r 和 c_u 同时随半径增加而下降得更快，所以式（5-5）和式（5-6）仍近似成立，仍有

$$\alpha = \alpha_3 = \alpha_4 = \text{const}$$

上述分析说明，在一维定常亚声速流动假定下，黏性可压缩性气体在等宽度无叶扩压器中的运动轨迹近似为一条 $\alpha = \text{const}$ 的对数螺旋线。

（3）气流速度变化的分析　由式（5-7）可得

$$\frac{c_{4r}}{c_{3r}} = \frac{c_4 \sin\alpha_4}{c_3 \sin\alpha_3} = \frac{D_3 \rho_3}{D_4 \rho_4}$$

因为 $\alpha = \text{const}$，所以

$$\frac{c_4}{c_3}=\frac{D_3\rho_3}{D_4\rho_4} \quad 或 \quad \frac{c}{c_3}=\frac{D_3\rho_3}{D\rho} \tag{5-8}$$

式（5-8）表明，在一维定常亚声速流动假定下，黏性可压缩气体在流经等宽度无叶扩压器时，其速度变化基本符合式（5-8）所示的关系。

式（5-6）和式（5-8）反映了等宽度无叶扩压器的主要流动特点。

还应说明，对于黏性较小的气体且流动马赫数不高、扩压器宽度 b 较大的情况，上述流动分析是比较符合实际情况的。但在某些情况下，其流动特点与上述分析也会有所偏离。例如，当扩压器宽度 b 较大，流动 Ma 较高、工质为重气体时，压缩性的影响可能比黏性的影响更大，气流角 α 沿流线会有所减小；而当流量很小、扩压器宽度 b 很窄、Ma 较低或工质为轻气体时，气体黏性起主导作用，气流角 α 沿流线可能会逐渐有所增加。所以，对于实际问题要具体问题具体分析，找出起主要作用的影响因素，对问题做出合理判断。

3. 主要性能特点

从上面分析可以看出，无叶扩压器具有如下主要特点：

1）速度下降和压力上升主要依靠增加直径来实现，因此尺寸相对较大。

2）没有叶片，因此没有冲击损失，也没有喉部截面，变工况性能好，工况范围宽，能适应较大的来流 Ma_{c_3}。

3）由于内部流动基本符合 $\alpha=\mathrm{const}$ 的规律，流程长，摩擦损失大，因此在设计点的效率相对叶片扩压器而言略低一些。

4）结构简单，造价低。

4. 主要气流参数和结构参数对性能的影响

（1）气流角 α 气流角 α 小，气体流程长，损失大，扩压器性能下降；α 角大，有利于缩短气体流程，减少摩擦损失，但在同样的 D_4/D_2 条件下，会使流动的当量扩张角增加，可能导致分离损失增大。所以，α 角太大或太小都不好。实际设计中，通常遇到的都是 α 角太小的矛盾，因此在设计中，对于固定式压缩机，希望 $\alpha\geqslant18°$；对于运输式压缩机，希望 $\alpha\geqslant12°$。

（2）扩压器直径 D

1）D_4/D_2。式（3-5）为一般流道当量扩张角的通用表达式，针对等宽度无叶扩压器可表示为

$$\tan\frac{\theta_{eq}}{2}=\frac{\sqrt{A_4}-\sqrt{A_3}}{l\sqrt{\pi}}$$

将 $A_4=\pi D_4 b_4\sin\alpha$、$A_3=\pi D_3 b_3\sin\alpha$ 及 $l\approx\dfrac{r_4-r_3}{\sin\alpha}$ 代入，可得

$$\tan\frac{\theta_{eq}}{2}=\frac{2\sqrt{b_3/D_3}}{\sqrt{D_4/D_3}+1}(\sin\alpha)^{3/2} \tag{5-9}$$

由于 $D_4/D_3\approx D_4/D_2$，所以从式（5-9）可知，D_4/D_2 小，流动的当量扩张角就大，分离损失增加。同时，若 D_4/D_2 太小，扩压器的扩压作用也没有被充分利用。而 D_4/D_2 大，则流程长，摩擦损失大，并增大了无叶扩压器的径向尺寸。若 D_4/D_2 过大，扩压器的后半部分损失明显增大，也并不具备理论上预期的扩压能力。图5-6通过某无叶扩压器的实验[1]表明，当

量扩张角约为 $\theta_{eq} = 8°$ 左右时，扩压器的损失最小。

2） D_3/D_2 。扩压器进口直径 D_3 可稍大于叶轮外径 D_2 ，以免二者相碰，并有利于气流由叶轮出口到扩压器进口的过渡。一般可按 $D_3 = (1.03 \sim 1.12)D_2$ 选取。当 D_2 较大时，可选较小值。

（3）扩压器宽度 b

1） b_3 的选取。一般情况下，可取 $b_3 = b_2$ 。

有的研究[1]表明，当 $b_3 > b_2$ 时，级性能下降，所以，一般不采用 $b_3 > b_2$ 的做法。但是已有大量的实例表明，对流量很小的级，当叶轮出口宽度 b_2 很窄成为影响级性能的主要矛盾时，采用 b_3 略大于 b_2 的结构，可以增大扩压器及后续通流元件流道的当量水力直径，使整级效率得以提高。

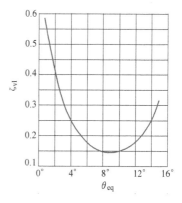

图 5-6 无叶扩压器损失系数 ζ_{vl} 与当量扩张角的关系

在某些情况下，也有采用 $b_3 < b_2$ 结构的。例如，叶轮出口宽度 b_2 较大，叶轮出口气流沿宽度方向分布不均匀（通常是轮盖侧流动状况较差），为了使扩压器进口气流尽快趋于均匀，采用 b_3 略小于 b_2 的结构；还有就是叶轮出口气流角 α_2 太小而叶轮宽度 b_2 不太窄的情况下，为了使无叶扩压器的气流角 α 提高一些以减少摩擦损失，也可采用 b_3 略小于 b_2 的结构。当 $b_3 < b_2$ 时，一般都是在轮盖侧收进，如图 5-7 所示。

2） b_4 的选取。一般情况下，取 $b_4 = b_3$ 。

当 $b_4 > b_3$ 时，与 $b_4 = b_3$ 的结构相比， c_r 沿流动方向下降更快，气流角 α 逐渐减小，流程更长，摩擦损失更大。图 5-8 为气体流程随 α 角变化的示意图。同时，由于扩压器宽度增加和气体流程变长有可能使分离损失也增加，因此，通常不采用 $b_4 > b_3$ 的结构。

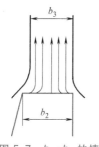

图 5-7 $b_3 < b_2$ 的情况

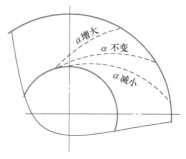

图 5-8 气体流程随 α 角的变化

当 $b_4 < b_3$ 时，与 $b_4 = b_3$ 的结构相比， c_r 沿流动方向的下降速度减慢，气流角 α 逐渐增加，流程变短，摩擦损失减小。同时， $b_4 < b_3$ 也有利于减少分离损失。尽管如此， $b_4 < b_3$ 的结构在实际中仍然较少采用。如果采用，推荐单面收敛角 $\leqslant 2°$ 。

5. 损失分析及效率

无叶扩压器中的损失主要有摩擦损失、分离损失，还有由于叶轮出口气流不均匀或流动情况较差而在扩压器中引起的流动损失。

根据第2章固定元件中扩张通道的效率公式（2-50）和式（2-51），扩压器的多变效率和过程指数计算公式为

$$\eta_{\text{pol,diff}} = \frac{\kappa-1}{\kappa} \frac{\ln\left(\dfrac{p_4}{p_3}\right)}{\ln\left(\dfrac{T_4}{T_3}\right)} \tag{5-10}$$

$$\left(\frac{m}{m-1}\right)_{\text{diff}} = \frac{\kappa}{\kappa-1}\eta_{\text{pol,diff}} \tag{5-11}$$

式中，下角标 diff 表示扩压器。

应说明，在离心压缩机的一维方案设计中，通常用级的平均多变效率和多变过程指数代替各个元件的多变效率和多变过程指数，详情可参见第 8 章。

6. 设计计算

无叶扩压器的设计主要是确定气流角 α 和进出口结构参数 D_3、b_3、D_4、b_4。

1）$D_3/D_2 = 1.03 \sim 1.12$，目的是避免与叶轮碰撞。

2）对于中间级，$D_4/D_2 = 1.55 \sim 1.70$，α 大可考虑取较大值，α 小则取较小值。对于末级或叶轮出口 Ma_{c_2} 较大的情况，D_4/D_2 应取更大些的值，但一般不超过 2.0。

3）一般情况下，取 $b_3 = b_2$。

当流量很小、b_2 过窄时，可考虑 b_3 略大于 b_2。

当 b_2 较大、叶轮出口气流沿宽度分布不均匀或 α_2 太小而 b_2 不太窄时，可取 b_3 略小于 b_2，注意在轮盖侧收进。

4）一般情况下，取 $b_4 = b_3$。

当 α 角很小时，也可考虑 $b_4 < b_3$，推荐单面收敛角 $\leqslant 2°$。

5）当 $b_4 = b_3 = b_2$ 时，通常认为 $\alpha_4 = \alpha_3 = \alpha_2$。

当 $b_3 > b_2$ 时，α_3 可按下式计算：$\alpha_3 = (\alpha_2 + \alpha_3')/2$，$\tan\alpha_3' = (b_2/b_3)\tan\alpha_2$。

当 $b_3 < b_2$ 时，$\tan\alpha_3 = (b_2/b_3)\tan\alpha_2$。

6）为了保证基本设计质量，希望校核两个参数：一个是气流角 α，对于固定式压缩机，希望 $\alpha \geqslant 18°$；对于运输式压缩机，希望 $\alpha \geqslant 12°$。另一个是流道的当量扩张角 θ_{eq}，最佳值约为 $\theta_{\text{eq}} = 8°$，或者 $6° \leqslant \theta_{\text{eq}} \leqslant 11°$。

5.2.2 叶片扩压器

1. 基本结构

在无叶扩压器中加上叶片，即构成叶片扩压器。由于有了叶片，叶片扩压器的结构参数不仅有 D_3、b_3、D_4、b_4，还增加了与叶片有关的 α_{3A}、α_{4A} 和叶片型线的圆弧半径、叶片数及叶片厚度等结构参数，如图 5-9 所示。

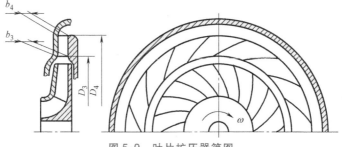

图 5-9　叶片扩压器简图

第5章 固定元件

2. 流动分析

叶片扩压器中的主要气流参数与无叶扩压器相同：绝对速度 c 及其分量 c_r、c_u，绝对速度气流方向角 α 及热力参数 p、T、ρ 等。进行流动分析时，做了如下基本假定：

（1）基本假定

1）假定气体流动轨迹与叶片几何关系一致，$\alpha_3 = \alpha_{3A}$，$\alpha_4 = \alpha_{4A}$。且有 $\alpha_{4A} > \alpha_{3A}$，因为这是通常使用叶片扩压器的主要目的。

2）分析对象为等宽度叶片扩压器，$b_3 = b_4$。

（2）流动分析 由连续方程 $\pi D_3 b_3 \tau_3 c_{3r} \rho_3 = \pi D_4 b_4 \tau_4 c_{4r} \rho_4$，可得

$$\frac{c_{4r}}{c_{3r}} = \frac{D_3 \rho_3 \tau_3}{D_4 \rho_4 \tau_4}$$

因为 $c_{4r} = c_4 \sin\alpha_{4A}$，$c_{3r} = c_3 \sin\alpha_{3A}$，代入上式有

$$\frac{c_4}{c_3} = \frac{D_3 \rho_3 \tau_3 \sin\alpha_{3A}}{D_4 \rho_4 \tau_4 \sin\alpha_{4A}} \tag{5-12}$$

与无叶扩压器速度变化关系式（5-8）相比可知，由于 $\sin\alpha_{4A} > \sin\alpha_{3A}$，$\tau_4 > \tau_3$，那么，假如叶片扩压器与无叶扩压器进出口直径相同且进气条件相同，则叶片扩压器出口速度 c_4 更小；若叶片扩压器与无叶扩压器进出口速度相同，则叶片扩压器出口直径较小。即如果两种扩压器径向尺寸相同，叶片扩压器降速程度更大；若二者降速程度一样，则叶片扩压器径向尺寸更小。因此，与无叶扩压器相比，叶片扩压器的扩压能力更大。

综上所述，叶片扩压器内气体流动的特点可大致归结为：流动轨迹大致与叶片几何关系一致，$\alpha_4 > \alpha > \alpha_3$，速度变化关系满足式（5-12）。

3. 主要流动及性能特点

为了表示得更清楚，采用对比的方式将两种扩压器的主要特点列于表5-1。

表5-1 两种扩压器的比较

	无叶扩压器	叶片扩压器
主要流动规律	$\alpha = \text{const}$，$\dfrac{c_4}{c_3} = \dfrac{D_3 \rho_3}{D_4 \rho_4}$	$\alpha_4 > \alpha > \alpha_3$，$\dfrac{c_4}{c_3} = \dfrac{D_3 \rho_3 \tau_3 \sin\alpha_{3A}}{D_4 \rho_4 \tau_4 \sin\alpha_{4A}}$
主要性能特点	无叶片进口冲击和喉部截面,变工况性能较好,效率曲线平坦,工况范围宽,能适应较大的来流 Ma 由于 $\alpha = \text{const}$,导致气体流程长,摩擦损失大,设计点效率相对低一些,希望设计中 $\alpha_2 \geqslant 18°$ 或 $12°$	存在叶片进口冲击和喉部截面,变工况性能相对较差,效率曲线较陡,工况范围较窄,希望设计中 $Ma_{c3} < 0.7$ $\alpha_4 > \alpha_3$ 使气体流程缩短,摩擦损失减少,且设计工况下冲击损失不大,故设计点效率相对较高
其 他	降速增压主要靠增大直径实现,故尺寸相对较大,但结构简单,造价低 另外,对需要切割 D_2 的级和多级设计中的累计误差有较好的适应性	由于 $\alpha_4 > \alpha_3$,在同样径向尺寸时扩压能力相对较大,故总体尺寸较小,但结构复杂一些,造价略高一些 另外,当工况变化时,α_4 的变化相对较小,有利于后面回流器的流动

4. 主要参数对性能的影响及其设计计算

（1）D_3/D_2 叶片扩压器进口直径 D_3 也应略大于叶轮外径 D_2，以免二者碰撞。另外，叶轮出口气流参数沿圆周方向及宽度方向的分布都不均匀，留有一段间隙可以使气流变得均

107

匀一些，以改善扩压器的进气状况，同时可降低气流脉动所产生的噪声和结构交变应力。这一段间隙实际上就是一段很短的无叶扩压器，可以用无叶扩压器的方法进行计算。对高能量头的叶轮来说，气流出口速度很大，留有这一段间隙就更有必要。

一般希望叶片扩压器进口的 $Ma_{c_3} < 0.7$，$D_3/D_2 = 1.08 \sim 1.15$，速度大时可取较大值。

（2）b_3/b_2　在叶片扩压器中，一般取 b_3 大于 b_2，因为增大 b_3 会使扩压器进口流速有所下降，可以减少叶片进口的冲击损失，也有利于减少扩压器及其后固定元件内的流动损失。通常，对中间级，$b_3/b_2 = 1.15 \sim 1.20$，对末级，若 b_2 小的矛盾更为突出，可考虑将 b_3/b_2 取得再略大一些，参考文献［1］建议 $b_3/b_2 = 1.3 \sim 1.7$。

（3）b_4/b_3　叶片扩压器中，通常取 $b_4 = b_3$。

（4）D_4/D_2　由于叶片扩压器具有比无叶扩压器更大的扩压能力，所以通常叶片扩压器的 D_4/D_2 比无叶扩压器的小一些。参考文献［1］中的实验也表明，扩压器的扩压作用主要发生在扩压器的前半段，越到后面，扩压作用越弱。因此，用增加 D_4 的方法来增大扩压程度的效果并不显著，相反会使流道增长，加大了损失。

通常，对于中间级，$D_4/D_2 = 1.45 \sim 1.55$，对于末级，$D_4/D_2 = 1.35 \sim 1.45$。对于径向直叶片叶轮后的叶片扩压器，$D_4/D_2 = 1.55 \sim 1.65$，因其叶轮出口速度大。

D_4 的增加将使扩压器的出口面积 A_4 增大，即扩压度增大。扩压度过大会导致损失增加。因此，一般限制 $A_4/A_2 < 2.5$。

（5）α_{3A} 和 α_{4A}　在设计工况下，一般取 $\alpha_{3A} = \alpha_3$。

而当 $b_3 = b_2$ 时，认为 $\alpha_3 = \alpha_2$；当 $b_3 > b_2$ 时，可取 $\tan\alpha_3 = \dfrac{b_2}{b_3}\tan\alpha_2$。

推荐 $\alpha_{4A} = \alpha_{3A} + 12° \sim 15°$。因为过多增大 α_{4A}，会使扩压器叶道当量扩张角 θ_{eq} 过大，导致流动恶化。又因气流在扩压器内总是有遵循 $\alpha = \text{const}$ 规律流动的自然倾向，α_{4A} 过大容易促使扩压器叶片凹面上气流发生分离，从而加大损失。

（6）叶片数 z_3　除特殊情况外，叶片扩压器的叶片数 z_3 一般要少于叶轮叶片数 z_2。因为叶轮出口气流不均匀，如果 $z_3 > z_2$，就有可能使扩压器的各个叶道接受不同流速和不同流动状态的气流，叶片进口处喉部截面面积变小，导致扩压器稳定工况范围缩小，容易引起喘振发生。另外，为了避免发生共振现象，扩压器和叶轮的叶片数不应相等或成整数倍。

叶片数的选择也可以参考依据最佳叶栅稠度概念得出的公式来确定，即

$$z_3 = \left(\frac{l}{t}\right)_{\text{opt}} \frac{2\pi\sin\left(\dfrac{\alpha_{3A} + \alpha_{4A}}{2}\right)}{\ln(D_4/D_3)} \tag{5-13}$$

式中，$(l/t)_{\text{opt}}$ 为最佳叶栅稠度，参考文献［1］中给出 $(l/t)_{\text{opt}} = 2.0 \sim 2.4$。

扩压器的叶片型线一般为圆弧形或直板形。圆弧型线的计算方法与叶轮叶片类似。有时也采用机翼型叶片。机翼型叶片流动损失小，变工况性能好，但工艺要求复杂一些。

5. 损失和效率

与无叶扩压器相比，叶片扩压器的流动损失除摩擦损失和分离损失之外，还增加了叶片所引起的冲击损失、尾迹损失和叶道中的二次流损失，并在叶片进口处形成喉部截面，对来流马赫数提出较高要求，也限制了压缩机的最大流量。

在设计工况下，叶片进口的冲击损失不大，分离损失也相对较小，但由于 $\alpha_4 > \alpha_3$，气体流程缩短，摩擦损失减小，因此设计工况下叶片扩压器的效率高于无叶扩压器。

在变工况条件下，随着对设计流量的偏离，冲击损失、分离损失等流动损失迅速增加，工况范围变窄，正冲角过大时，甚至导致流动恶化并引起喘振发生。

为了减少叶片扩压器的流动损失，常用方法之一是控制叶道的扩压度。叶片扩压器的当量扩张角可用下式计算，即

$$\tan\frac{\theta_{eq}}{2} = \frac{\sqrt{D_4 b_4 \tau_4 \sin\alpha_{4A}} - \sqrt{D_3 b_3 \tau_3 \sin\alpha_{3A}}}{l\sqrt{z_3}} \tag{5-14}$$

式中，l 为叶道中心流线长度，大致与叶片长度相等，可用下式近似计算，即

$$l = \frac{D_4 - D_3}{2\sin[(\alpha_{3A} + \alpha_{4A})/2]} \tag{5-15}$$

参考文献［11］中利用某些级的实验得出的叶片扩压器损失系数 ζ_V 与当量扩张角 θ_{eq} 之间的关系如图 5-10 所示。该图显示，$\theta_{eq} = 4.8°$ 左右时叶片扩压器的损失最小，可供设计时参考。

效率和多变过程指数的计算公式与无叶扩压器的相关计算式（5-10）、式（5-11）完全一样。

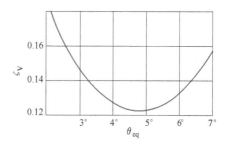

图 5-10 叶片扩压器的损失系数与当量扩张角的关系

5.2.3 直壁形扩压器和半高叶片扩压器简介

1. 直壁形扩压器[1]

直壁形扩压器是叶片扩压器的一种（图 5-11、图 5-12），其叶片间形成的通道有一段接近于直线形。人们往往把这种扩压器作为一个单独通道来研究，故又称"通道形扩压器"。这种扩压器在飞机燃气轮机中应用较多，在普通工业中应用不多，这里只做简单介绍。

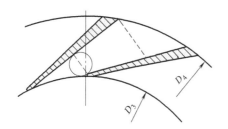

图 5-11 直壁形扩压器简图

图 5-12 某燃气轮机装置中的直壁形扩压器

由于该扩压器通道基本上呈直线形，所以气流的速度、压力分布比较均匀，流动损失较小，比较适宜用于 c_2 大的高能头级中。另外，也可用于 α_2 小的强后弯叶轮级中，以增大扩压器叶片安装角，避免流动情况恶化。有些小型燃气轮机装置中采用这种结构。图 5-12 为某燃气轮机中所用的直壁形扩压器剖视图，其中还装有短叶片，防止通道扩压度过大。

图 5-13 所示为通流截面为圆形的直壁形扩压器。它是先在环形壁面上开一些圆孔，然后再将圆孔扩成圆锥孔从而构成扩压器的。有实验证明，这种扩压器中流动情况较好，损失较小。但目前对这种扩压器研究得较少，掌握得不够深入，因而应用不多。

2. 半高叶片扩压器

为了兼具叶片扩压器设计点效率高和无叶扩压器变工况性能好的优点，日本学者于 1987 年[25]首先提出了半高叶片扩压器（Diffuser with Half Guide Vane）这一新的结构形式，如图 5-14 所示，并发表了相关的研究。

从已发表的研究结果看[25-29]，使用半高叶片扩压器的离心压缩机级具有比使用无叶扩压器时更高的多变能量头系数，具有比使用叶片扩压器时更宽的工况范围。即半高叶片扩压

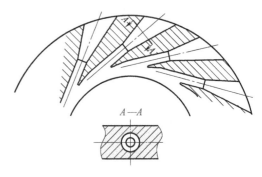

图 5-13 通流截面为圆形的直壁形扩压器简图

器比无叶扩压器有更高的压力恢复系数，比叶片扩压器有更好的变工况性能。更值得注意的是，一些研究结果给出：在某些合适的半高叶片安装位置及合适的叶片相对宽度 h/b 值范围，使用半高叶片扩压器比使用无叶或叶片扩压器具有更高的级效率。另外，还有研究[30]指出，合适的半高叶片扩压器结构可以降低真空吸尘器中离心风机的噪声。

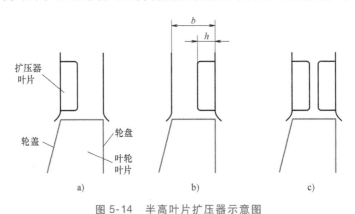

图 5-14 半高叶片扩压器示意图

a）盖侧半高叶片　b）盘侧半高叶片　c）圆周方向盘盖交错排列的半高叶片

目前，由于不同的研究所针对的研究对象和工作条件不完全一样，所以，对于半高叶片安装在什么位置最好，h/b 的最佳值或范围是多少，不同的研究给出的结论还不完全一致，这表明对于半高叶片扩压器的研究正处于不断深入和发展的过程中。

5.3　弯道和回流器

弯道和回流器的主要作用是把扩压器出口气流引导到下一级叶轮的进口。对于单轴多级离心压缩机而言，气体在弯道中经历 180°转弯，然后再通过回流器从半径较大的位置返回到半径较小的位置，最后经 90°转弯进入下一级叶轮。目前，由于设计和加工制造中对弯道和回流器不像对叶轮那样重视，对它们的研究也相对较少，因此，弯道和回流器中的流动条件相对较差，流动损失相对较大。

弯道和回流器的设计要求主要有两个：

1）流动损失小，效率高。

2）回流器出口气流均匀，尽量符合轴向均匀进气条件或下一级叶轮需要的进气条件。

5.3.1 弯道和回流器的传统结构形式

弯道和回流器的传统结构形式及主要结构尺寸如图5-15所示。

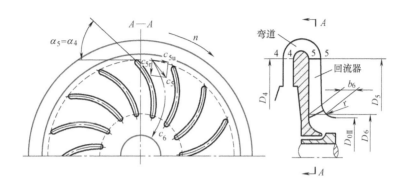

图5-15 弯道和回流器的传统结构形式及主要结构尺寸

在这种传统结构中，通常 $D_4 = D_5$，$b_4 = b_5$，所以，从子午面上看，弯道是由两个同心半圆构成的弯曲通道。4-4截面既是扩压器出口，又是弯道进口，5-5截面既是弯道出口，又是回流器进口，6-6截面是回流器出口。回流器中装有叶片，目的是将回流器出口气流方向转变为径向，为下一级叶轮进口气流创造有利条件。

5.3.2 流动分析

1. 弯道中的流动

气体在弯道中的流动可分解为两部分：一部分是回转面内的圆周运动，如图5-16左视图所示，另一部分是子午面内的径向转弯运动，如图5-16右视图所示，弯道中的运动是两部分运动的合成。

为分析方便，先不考虑黏性和可压缩性的影响，做如下基本假定：

1）忽略气体黏性，不考虑摩擦力的影响。

2）忽略气体可压缩性，$\rho = $ const。

3）$D_4 = D_5$，$b_4 = b_5$，忽略回流器叶片阻塞的影响。

根据上面假定，气体在弯道回

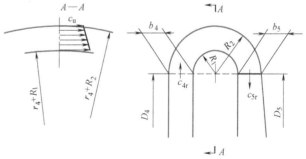

图5-16 弯道流动示意图

转面内的圆周运动应满足动量矩守恒定律，$c_u r = $ const，在子午面内的径向转弯流动则应满足连续方程。

根据动量矩守恒，可得 $c_{5u} D_5 = c_{4u} D_4$，   即 $c_{5u} = c_{4u}$

根据连续方程，有 $c_{5r} = c_{4r}$

则近似可得 $\alpha_5 = \alpha_4$， $c_5 = c_4$

为了使分析更符合实际，进一步考虑黏性的影响，则回转面内有 $c_{5u}<c_{4u}$；而子午面内气体经历 $180°$ 转弯流动会产生分离，同时回流器进口有叶片阻塞的影响，使 5-5 截面有效通流面积减小，导致 $c_{5r}>c_{4r}$；所以，气体流经弯道的实际结果是

$$c_{5u}<c_{4u}, \quad c_{5r}>c_{4r}, \quad \alpha_5>\alpha_4 \tag{5-16}$$

速度之间的关系是

$$\frac{c_5}{c_4}=\frac{D_4 b_4 \tau_4 \rho_4 \sin\alpha_4}{D_5 b_5 \tau_5 \rho_5 \sin\alpha_5} \tag{5-17}$$

若 $D_5=D_4$，$b_5=b_4$，则

$$\frac{c_5}{c_4}=\frac{\tau_4 \rho_4 \sin\alpha_4}{\tau_5 \rho_5 \sin\alpha_5}$$

2. 回流器中的流动

按照传统分析方法，一般认为气体在回流器中的流动满足连续方程和叶片型线的几何关系。

5.3.3 主要参数对性能的影响及其设计计算

1. 弯道进出口直径 D_4、D_5 和宽度 b_4、b_5

通常取 $D_5=D_4$，$b_5=b_4$。

在流量很小且 b_4 也很小的情况下，可取 $b_5=(1.05\sim1.20)b_4$，有利于改善回流器通道的当量水力直径，减少流动损失。

在大流量且 b_4 也较大的情况下，也可取 $b_5=b_4/(1.02\sim1.05)$，使流动稍微有些收敛，有利于改善弯道中的转弯流动。

2. 弯道转弯半径 R_1、R_2

关键在于确定内半径 R_1。R_1 太小，则转弯流动太急，会产生较大分离损失；R_1 太大，则会加大压缩机的轴向尺寸。参考文献 [11] 从转弯损失最小的原则出发，建议按如下公式计算，即

$$\frac{R_1}{b_4}=(7\sim14)\sin^2\alpha_{4-5}-(1+b_5/b_4)/4 \tag{5-18}$$

$$\alpha_{4-5}=(\alpha_4+\alpha_5)/2 \tag{5-19}$$

R_2 则可根据 R_1 和 b_4、b_5 的情况确定。

3. 弯道出口气流参数

弯道出口气流角 α_5 的大小与扩压器形式有关。通常情况下，无叶扩压器后面的弯道流动中，气流角的增大更大一些，而叶片扩压器后面的弯道流动中，气流角的增大相对小一些。参考文献 [1] 建议用下式计算 α_5，即

$$\tan\alpha_5=K\frac{b_4}{b_5}\tan\alpha_4 \tag{5-20}$$

K 为考虑弯道中由于摩擦而使动量矩减小并导致气流角增大的系数。对于叶片扩压器，建议 $K=1.35$；对于无叶扩压器，建议 $K=1.5\sim1.7$。

c_5 的计算见式（5-17）。

4. 回流器结构参数

1）通常选取 $\alpha_{5A} = \alpha_5$。

2）为给下一级叶轮创造良好的进口条件，回流器叶片出口角可取为 $\alpha_{6A} = 90°$，也可考虑存在气流落后角，选取 $\alpha_{6A} = 90°+(5°\sim7°)$。在某些特殊场合，回流器出口角也可进行特殊设计，以满足下一级叶轮需要的气流预旋等其他要求。

3）通常，回流器叶片数 $z_5 = 12\sim18$ 片，也可参考某些基于最佳叶栅稠度概念得出的计算公式进行计算，即

$$z_5 = \left(\frac{l}{t}\right)_{\text{opt}} \frac{2\pi\sin\left(\dfrac{\alpha_{5A}+\alpha_{6A}}{2}\right)}{\ln(D_5/D_6)} \tag{5-21}$$

式中，$(l/t)_{\text{opt}}$ 为最佳叶栅稠度，可考虑 $(l/t)_{\text{opt}} = 2.1\sim2.2$。

为了避免回流器出口叶片过密，阻塞过大，也可考虑采用长短叶片结构。

4）叶片形式有等厚度和变厚度两种，图 5-17 所示为变厚度回流器叶片的一种形式。采用变厚度叶片有助于使回流器宽度基本保持不变，有利于减小压缩机的轴向尺寸。叶片中弧线多为圆弧或圆弧与直线组合而成。某些研究表明，设计合理的回流器叶片型线有利于提高级效率或扩大工况范围。叶片出口边厚度削薄可减少尾迹损失。

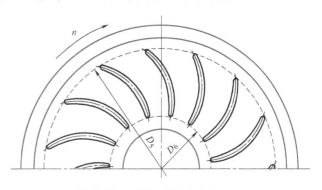

图 5-17　采用变厚度回流器叶片

5）回流器叶片出口直径 D_6 可参考下式计算，即

$$D_6 = D_{0\text{II}} + 2\bar{r}b_6 \tag{5-22}$$

式中，$D_{0\text{II}}$ 是下一级叶轮进口直径；$\bar{r} = r/b_6$，建议取 $\bar{r}\approx0.45$，r 为回流器出口外径处的转弯半径；b_6 为回流器叶片出口宽度，如图 5-15 所示。

5. 回流器出口气流速度 c_6

一般情况下，希望从回流器出口到下一级叶轮进口的流动略微有些加速，所以有

$$c_6 = c_{0\text{II}}/(1.05\sim1.08) \tag{5-23}$$

式中，$c_{0\text{II}}$ 为下一级叶轮进口 0-0 截面的气流速度。

回流器中一般不希望出现加速流动，因为如果先在扩压器中降速升压，再在回流器中收敛加速把压力能重新转换为动能，这样设计不够合理；但回流器中也不希望出现扩压度较大的流动，否则会造成较大的流动损失。因此，在进行扩压器、弯道和回流器设计时，应对 c_4、c_5 和 c_6 的大小进行统筹协调考虑。

5.3.4　弯道和回流器中的损失及效率

弯道和回流器中的流动存在摩擦损失、分离损失、叶片进口的冲击损失和叶片出口的尾迹损失以及叶道中的二次流损失。分离损失是最为严重的损失之一。

弯道和回流器中的流动大多为减速扩压流动，设计成收敛流动的比较少见。在固定元件

的研究中，大多也是把弯道和回流器合起来作为一个通流元件进行研究，因此，有些外文文献把弯道回流器称作"Return Channel"。对弯道和回流器多变效率的计算，可依据其实际流动是扩压流动还是收敛流动，依照第2章扩压通道或收敛通道的多变效率及多变过程指数的计算公式进行计算，这里不再重复。

5.3.5 弯道和回流器结构改进简介

随着科学技术的发展，对离心压缩机节能的要求越来越高，因此提高弯道和回流器的效率也逐渐引起研究人员的重视。这里仅对部分取得较好效果的改进结构形式做简要介绍。

1. 弯道和回流器子午型线的改进形式

对弯道回流器子午型线的主要改进思路是减小弯道前半部分通道的扩压度并同时加大弯道出口内侧的转弯半径，目的是减小该两个区域存在的流动分离损失。主要做法是在不增加整级轴向尺寸的前提下，用任意曲线取代传统弯道的同心圆环结构，设计出新的弯道回流器子午型线。参考文献[31]的数值模拟结果表明，与改进前相比，改进后弯道进出口附近的气流分离现象得到明显改善，回流器出口气流更加均匀，弯道回流器多变效率及整级多变效率均有比较明显的提高。图5-18给出改进后弯道回流器子午型线与改进前的传统结构的比较，图5-19给出改进前后设计工况下弯道回流器子午面内流动数值结果的对比。

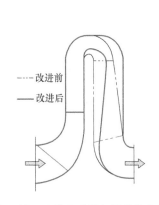

图5-18 改进前后子午型线的比较

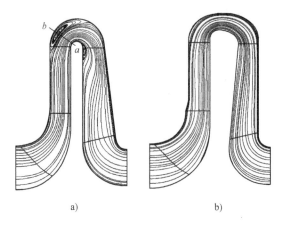

图5-19 改进前后子午面内流动数值结果的对比
a) 改进前 b) 改进后

图5-20是某国外压缩机公司近年高效离心压缩机产品的子午剖视图，我国沈阳鼓风机集团股份有限公司也有类似的产品及结构。从图5-20中可以看出弯道回流器设计与传统结构相比所做出的改进：弯道的转弯半径明显增大，有利于减少转弯流动产生的分离损失；b_5略大于b_4，有利于增大回流器通道的当量水力直径；弯道之后回流器通道向本级叶轮靠近，有利于增大回流出

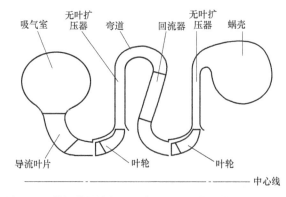

图5-20 某国外压缩机公司离心压缩机产品的子午剖视图

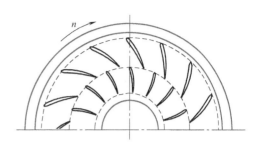

口到下级叶轮进口之间轴向通道的长度，有助于使下一级叶轮进口气流更加均匀。从图 5-20 中也可看出，该压缩机吸气室的设计也与传统结构有所不同。

2. 回流器回转面上叶片的改进形式

图 5-21 为串列叶片回流器的示意图。某些研究表明，与传统的单列叶片相比，串列叶片可以更好地组织和改善回流器流道中的流动，从而提高整级性能。

图 5-21 串列叶片回流器的示意图

5.4 蜗壳（排气室）

蜗壳的主要作用是收集叶轮或扩压器出口的气体，将其送入后面的输气管道或冷却器等装置中，也可直接排入大气。通常，蜗壳也是离心压缩机中效率最低的通流元件之一，因此，对蜗壳设计的基本要求是：

1）流动损失小，效率高。

2）满足对蜗壳出口提出的设计要求。

5.4.1 蜗壳的基本结构形式

图 5-22a 所示为沿圆周方向通流截面相等的蜗壳结构。由于气体从叶轮或扩压器出口圆周流出并具有较大的周向分速度，所以在蜗壳通道内不同周向位置处的通流截面上气体流量将不一样。这种等截面的蜗壳结构不能很好地适应流量分布的实际情况，因此效率较低，实际中应用较少。

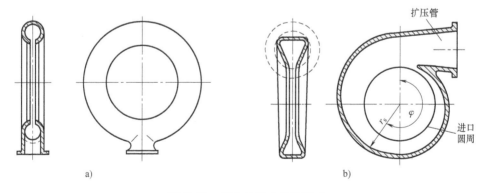

a)   b)

图 5-22 蜗壳的基本结构形式

图 5-22b 所示为一种常见的蜗壳基本结构形式。从回转面方向看，蜗壳主要由圆周方向的螺旋形通道和其后出口处的一段扩压管组成，蜗壳进口是螺旋通道内侧一个等宽度的圆周，螺旋通道的通流截面面积沿着气体流动方向（或圆周方向）逐渐增大，因此比等截面蜗壳更适应流动的实际情况。从叶轮或扩压器出口排出的气体经蜗壳进口圆周进入蜗壳，沿螺旋通道绕流并经扩压管排出。下面主要讨论这种常见蜗壳的结构、气体流动规律和蜗壳型

线设计等问题。

图 5-23 所示为蜗壳通流截面的结构形式。图 5-23a 所示为蜗壳前有扩压器的情况。图 5-23b 所示为蜗壳前直接是叶轮的情况，这种蜗壳中可能气流速度较大，但蜗壳尺寸较小。图 5-23c 所示为不对称蜗壳，这种蜗壳被安置在叶轮的一侧，蜗壳外型线多为半径不变的圆周，内型线距转轴中心的半径则逐渐减小，以实现蜗壳通流截面面积的不断增加。图 5-23a、b 所示的蜗壳属于对称形外蜗壳，图 5-23c 所示的蜗壳则常被称为"不对称内蜗壳"。蜗壳通流截面的常见形状有圆形（图 5-22a）、梯形（图 5-22b、图 5-23a、图 5-23b）、矩形及上述图形的组合图形（图 5-23c）等。

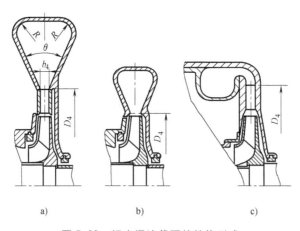

图 5-23 蜗壳通流截面的结构形式

5.4.2 蜗壳内部的流动分析

图 5-24 所示为常见外蜗壳的通流结构。蜗壳进口圆周定义为 4-4 截面，半径为 r_4，φ 为蜗壳圆周角（定义如图），φ_0 为蜗舌位置角，r_s 为任意 φ 角处的蜗壳型线半径，A_φ 为任意 φ 角处的蜗壳通流截面面积。δ 为蜗舌间隙，如果蜗壳前面是叶轮，δ 为叶轮出口与蜗舌之间的径向间隙，如果蜗壳前面是扩压器，则 δ 为扩压器出口与蜗舌之间的径向间隙。进入蜗壳进口圆周的气体在蜗壳通道内沿 φ 角增大方向流动，速度为 c，气流方向角为 α（c 与 c_u 之间的夹角），最后经扩压管排出。

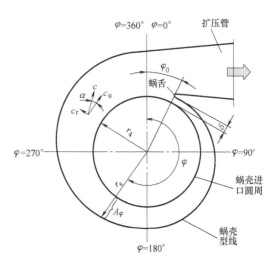

图 5-24 常见外蜗壳的通流结构

为了简化分析以利抓住主要矛盾，做如下基本假定：

1. 基本假定

1）假定蜗壳进口圆周上气流参数均匀分布且不随时间变化，气体为满足热力学 $pv = RT$ 状态方程的理想气体。

2）忽略蜗壳内气体密度的变化。

3）忽略气体黏性，不考虑壁面对气体的摩擦作用。

2. 基本流动规律

由上面假定1）和2），蜗壳内流量随圆周角 φ 的分布应满足下面关系式，即

$$q_{V\varphi} = q_{V_4}\frac{\varphi}{360°} \tag{5-24}$$

式中，$q_{V\varphi}$ 为任意 φ 角位置处蜗壳通流截面上所通过的体积流量；q_{V_4} 为蜗壳进口截面（4-4截面）上的总体积流量。

根据假定3），蜗壳内的流动满足动量矩守恒定律，即

$$c_u r = \text{const} \tag{5-25}$$

式中，r 为蜗壳通道内任意位置处的半径；c_u 为该位置处气体绝对速度的圆周分速度。

式（5-24）、式（5-25）即为在本节假定条件下蜗壳内部流动所满足的基本规律。

5.4.3 蜗壳型线设计

在设计蜗壳型线之前，先要确定蜗壳的基本形式，如是外蜗壳还是内蜗壳？是对称蜗壳还是非对称蜗壳？然后选择蜗壳通流截面的形状，梯形、圆形、矩形或是其他形状。在此基础上再进行蜗壳型线的设计。

理论上讲，设计蜗壳型线主要是确定每一个圆周角 φ 所对应的蜗壳型线半径 r_s，用解析或离散的方式给出关系式 $r_s = f(\varphi)$。进行蜗壳型线设计时，蜗壳进口截面的几何尺寸、气流参数和流量都应是已知的。下面以梯形截面蜗壳为例推导蜗壳型线的基础计算公式，该基础计算公式同样适用于其他截面形状的蜗壳。

1. 蜗壳型线的基础计算公式

设任意圆周角 φ 处蜗壳通流截面如图5-25所示。任意半径 r 处气体圆周分速度为 c_u，截面宽度为 b，取微元半径 dr，则通过该微元面积 bdr 的气体流量为

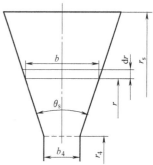

$$dq_{V\varphi} = c_u b dr = c_u r\frac{b}{r}dr = c_{4u}r_4\frac{b}{r}dr$$

任意圆周角 φ 处整个通流截面上的流量为

$$q_{V\varphi} = c_{4u}r_4\int_{r_4}^{r_s}\frac{b}{r}dr$$

图5-25 蜗壳的梯形截面示意图

将式（5-24）代入上式，可得

$$\varphi = \frac{360°c_{4u}r_4}{q_{V_4}}\int_{r_4}^{r_s}\frac{b}{r}dr \tag{5-26}$$

式（5-26）即蜗壳型线计算的基础公式。根据所选蜗壳通流截面的形状，将 $b = f(r)$ 关系式代入，即可得到所需要的蜗壳型线计算公式。

2. 矩形截面蜗壳型线的计算公式

对于矩形截面的蜗壳，截面宽度 $b = \text{const}$（不随半径 r 变化），代入式（5-26），有

$$\varphi = \frac{360°c_{4u}r_4b_4}{q_{V_4}}\int_{r_4}^{r_s}\frac{dr}{r}$$

将角度转换为弧度并积分，有

$$\varphi = \frac{2\pi r_4 b_4 c_{4u}}{q_{V_4}}\int_{r_4}^{r_s}\frac{dr}{r} = \frac{c_{4u}}{c_{4r}}\ln\frac{r_s}{r_4} = \frac{1}{\tan\alpha_4}\ln\frac{r_s}{r_4}$$

整理可得

$$r_s = r_4 e^{\varphi\tan\alpha_4} \tag{5-27}$$

式中，圆周角 φ 的单位为弧度；r_4 为蜗壳进口圆周半径；α_4 为蜗壳进口圆周处气流绝对速度 c_4 的气流方向角；r_s 为蜗壳型线半径（单位与 r_4 一致即可）。

进行蜗壳型线设计时，r_4 和 α_4 是已知的，所以，给定一个圆周角 φ 就可以计算出一个对应的 r_s，从而得到蜗壳型线。

3. 梯形截面蜗壳型线的计算公式

根据图 5-25，梯形截面上蜗壳宽度 b 随半径 r 的变化关系为

$$b = b_4 + 2(r - r_4)\tan\frac{\theta_s}{2}$$

将上式代入式（5-26），经过整理可得

$$r_s = \frac{\dfrac{\varphi}{360°}\dfrac{q_{V_4}}{c_{4u}r_4} - b_4\ln\dfrac{r_s}{r_4}}{2\tan\dfrac{\theta_s}{2}} + r_4\left(\ln\frac{r_s}{r_4} + 1\right) \tag{5-28}$$

式中，r_4、b_4、c_{4u}、q_{V_4} 为已知量，角度 θ_s 应预先选定，则还有两个变量 φ 和 r_s。计算时，选定任意 φ 角度，然后给等式右端的 r_s 赋予初值，计算左端的 r_s 值，通过迭代计算至 r_s 的计算值和初值相等即得到与给定角度 φ 所对应的半径 r_s。

对于梯形截面蜗壳，算出 r_s 还不够，因为梯形截面上保留两个尖角结构对流动不利，应将尖角修改成圆角，如图 5-26 所示。修改成圆角之后，梯形截面的通流截面面积比修改前减少了两个曲边三角形 $\triangle ABC$ 的面积。为了保持尖角修改前后通流截面面积不变，用 S 表示曲边三角形 $\triangle ABC$ 的面积，在修改尖角之前，先给梯形截面增加 $2S$ 面积，然后再将梯形截面的尖角修改成圆角，则修改后又减少了 $2S$ 面积，保证了修改前后通流截面面积相等，如图 5-27 所示。此时，蜗壳型线半径不再是 r_s，而是修改尖角后的半径 r_s'。因此，梯形截面蜗壳型线的设计最终是要得到每一个圆周角 φ 所对应的半径 r_s' 及修正圆角半径 R。

（1）曲边三角形 $\triangle ABC$ 的面积 S　由图 5-26 可知：$\angle ABC = 90° - \dfrac{\theta_s}{2}$，则 $\angle ABO = \angle CBO = 45° - \dfrac{\theta_s}{4}$，可得 $\angle AOB = \angle COB = 90° - \left(45° - \dfrac{\theta_s}{4}\right) = 45° + \dfrac{\theta_s}{4}$。另外，四边形 $ABCO$ 的面积为 $R\tan\left(45° + \dfrac{\theta_s}{4}\right)R$，扇形 AOC 的面积为 $\pi R^2\left(90° + \dfrac{\theta_s}{2}\right)/360°$，二者之差即为曲边三角形 $\triangle ABC$ 的面

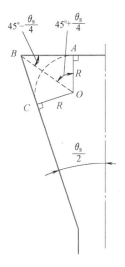

图 5-26 梯形截面的尖角修正

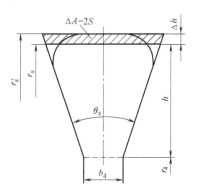

图 5-27 梯形截面增加面积示意图

积，即

$$S = R^2 \left[\tan\left(45° + \frac{\theta_s}{4}\right) - \frac{\pi}{360°}\left(90° + \frac{\theta_s}{2}\right) \right] \tag{5-29}$$

（2）梯形面积 A 由图 5-25 可得

$$A = (r_s - r_4)\left[b_4 + (r_s - r_4)\tan\frac{\theta_s}{2} \right] \tag{5-30}$$

令 $h = r_s - r_4$，则

$$A = h\left(b_4 + h\tan\frac{\theta_s}{2} \right) = hb_4 + h^2\tan\frac{\theta_s}{2}$$

（3）计算修正后的蜗壳型线半径 r_s' 及圆角半径 R 以 h 为自变量对面积 A 进行微分

$$dA = b_4 dh + 2h dh \tan\frac{\theta_s}{2} = \left(b_4 + 2h\tan\frac{\theta_s}{2} \right) dh$$

用 ΔA、Δh 取代 dA、dh，则

$$\Delta h = \frac{\Delta A}{b_4 + 2h\tan\dfrac{\theta_s}{2}}$$

根据修正尖角的需要，令 $\Delta A = 2S$，一般可取 $S = (0.03 \sim 0.07)A$，再由图 5-27，注意到 $r_s' = r_s + \Delta h$，则有

$$r_s' = r_s + \Delta h = r_s + \frac{2 \times (0.03 \sim 0.07)A}{b_4 + 2(r_s - r_4)\tan\dfrac{\theta_s}{2}} \tag{5-31}$$

由式（5-29）可得

$$R = \sqrt{\frac{(0.03 \sim 0.07)A}{\tan\left(45° + \dfrac{\theta_s}{4}\right) - \dfrac{\pi}{360°}\left(90° + \dfrac{\theta_s}{2}\right)}} \tag{5-32}$$

设计梯形截面蜗壳型线时，先用式（5-28）计算初始型线半径 r_s，用式（5-30）计算梯形截面面积 A，再用式（5-31）计算修正后的蜗壳型线半径 r_s'，最后用式（5-32）计算修正圆角半径 R。

4. 圆形截面蜗壳型线的计算公式

由图 5-28、图 5-29 可知，对圆形截面蜗壳，宽度 b 随半径 r 变化的关系为

$$b = 2\sqrt{\rho^2 - (r - R_c)^2} \tag{5-33}$$

式中，ρ 为圆形通流截面的半径；R_c 为圆形截面的圆心半径（截面圆心到转轴中心线的距离）。

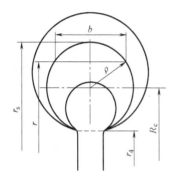

图 5-28　圆形截面蜗壳

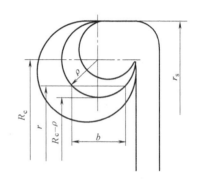

图 5-29　圆形截面不对称内蜗壳

将式（5-33）代入式（5-26），则 $\varphi(°)$ 为

$$\varphi = \frac{360°}{q_{V_4}} c_{4u} r_4 \int_{R_c - \rho}^{R_c + \rho} \frac{b}{r} \mathrm{d}r = \frac{720° \pi c_{4u} r_4}{q_{V_4}} \left(R_c - \sqrt{R_c^2 - \rho^2} \right) = K\left(R_c - \sqrt{R_c^2 - \rho^2} \right) \tag{5-34}$$

其中，$K = \dfrac{720° \pi c_{4u} r_4}{q_{V_4}}$。变换式（5-34），可有

$$\rho = \sqrt{\frac{2\varphi R_c}{K} - \left(\frac{\varphi}{K} \right)^2} \tag{5-35}$$

对图 5-28 所示的圆形截面蜗壳，$R_c = r_4 + \rho$，代入式（5-35），有

$$\rho = \frac{\varphi}{K} + \sqrt{\frac{2 r_4 \varphi}{K}} \tag{5-36}$$

蜗壳型线则为
$$r_s = r_4 + 2\rho$$

对图 5-29 所示的圆形截面不对称内蜗壳，$R_c = r_s - \rho$，代入式（5-35），有

$$\rho = \sqrt{\frac{2 r_s \varphi}{K}} - \frac{\varphi}{K} \tag{5-37}$$

由于这种不对称内蜗壳的外径 r_s 为定值，其蜗壳内型线可通过 $r_s - 2\rho$ 得到。式（5-34）～式（5-37）中，φ 的单位为度。

5. 蜗壳设计参考

1）一般情况下，蜗舌间隙可按 $\delta = (0.05 \sim 0.1) D_2$ 选取（叶轮直径较小时取较大值），

也可根据不同设计要求通过数值模拟或实验选取 δ 最佳值。蜗舌间隙为 δ 处的圆周角即蜗舌位置角 φ_0。

2）梯形截面蜗壳的扩张角 θ_s，在没有扩压器时最好不要超过 $45°$，在有扩压器时可增大到 $50°\sim60°$。

3）参考文献［1］建议，按照 $c_u r = \text{const}$ 规律设计蜗壳时，最好对计算流量做某些修正。在没有扩压器的情况下，蜗壳的计算流量可增加 15%，且不要低于此值；对叶片扩压器后的蜗壳，其计算流量可减少 30%，但不要超过此值；对无叶扩压器后的蜗壳，其计算流量可不增不减。

4）在蜗壳螺旋通道出口（$\varphi = 360°$），气流还具有一定的速度，可在后面扩压管中适当扩压，但需注意控制扩压度不要太大。

5.4.4 蜗壳中的损失及效率

蜗壳中的流动损失主要有摩擦损失、蜗舌位置及其后面部分区域的冲击损失、通过蜗舌间隙产生的内泄漏损失以及蜗壳通流截面中的二次流损失。一般情况下，二次流损失相对更加严重一些。由于蜗壳壁面通常比较粗糙，所以摩擦损失也相对较大。大流量工况下，冲击损失和摩擦损失会有所增大；小流量工况下，二次流损失和内泄漏损失会有所增加。与设计工况和大流量工况相比，小流量工况下的流动损失更严重一些。

对蜗壳多变效率的计算，可依照第2章扩压通道多变效率及多变过程指数的计算公式进行计算。

学习指导和建议

5-1 掌握每个固定元件的结构形式和流动规律及特点。

5-2 掌握主要结构参数和流动参数对级性能的影响。

5-3 熟悉每个固定元件的基本设计要求和主要设计思路。

5-4 学习教材对各个固定元件流动规律和性能特点的分析方法，学习半高叶片扩压器和弯道回流器改进形式对传统结构形式进行改进的思路，提高独立分析问题和解决问题的能力。

思考题和习题

5-1 对各个固定元件的基本设计要求是什么？

5-2 轴向进气管与径向进气吸气室各适用于什么场合？哪个流动效率高？为什么？

5-3 径向进气吸气室由哪三部分组成？各部分的主要结构特点是什么？

5-4 径向进气吸气室的主要流动损失有哪些？主要的流动分离是怎样产生的？

5-5 改进径向进气吸气室的性能时，提高吸气室出口气流参数分布的均匀性有时比降低吸气室的流动损失更重要，为什么？

5-6 径向进气吸气室出口气流参数分布的不均匀性是怎样产生的？

5-7 无叶扩压器中气体流动规律为 $\alpha = \text{const}$，这是在哪些假设下并如何得到的？说明单独考虑黏性或可压缩性及同时考虑黏性和可压缩性对气流角 α 变化的影响。

5-8 在无叶扩压器的实际流动中，什么条件下气流角 α 有可能逐渐增大或逐渐减小？

5-9 等宽度条件下，离心压缩机的无叶扩压器与叶片扩压器相比，哪个扩压能力大？哪个变工况性能好？为什么？

5-10 为什么采用无叶扩压器的固定式离心压缩机设计中通常希望叶轮出口绝对气流角 $\alpha_2 \geqslant 18°$？

5-11 从流动特点、性能特点及结构尺寸等方面比较无叶扩压器与叶片扩压器的主要区别。

5-12 从能量角度分析理想气体的滞止温度（滞止焓）与滞止压力的区别，并说明叶轮和扩压器中滞止温度和滞止压力的变化情况及其原因。

5-13 直壁扩压器和半高扩压器在结构和性能方面各有哪些特点？

5-14 弯道中气体的流动可以看作由哪两部分组成？

5-15 气体流经弯道之后，气流角 α 是增加、不变还是减小？为什么？

5-16 弯道回流器中存在哪些损失？

5-17 根据教材中的介绍，弯道回流器结构的改进形式主要针对传统结构存在的哪些问题？改进思路是什么？

5-18 蜗壳有哪些常见的基本结构和形式？

5-19 目前，通常认为蜗壳内的基本流动规律是什么？是在哪些假定条件下得到的？

5-20 蜗壳中存在哪些主要损失？

5-21 离心压缩机的固定元件中哪一个流动效率最高，为什么？

5-22 单级空气离心压缩机中采用等宽度无叶扩压器，气体在扩压器中按 $\alpha = \text{const}$ 规律流动。已知：扩压器进口压力 $p_3 = 0.14\text{MPa}$，进口温度 $t_3 = 69℃$，进口速度 $c_3 = 157\text{m/s}$，进口直径 $D_3 = 0.3\text{m}$，无叶扩压器的多变效率为 $\eta_{pol} = 0.72$。空气的气体常数 $R = 287\text{J/(kg·K)}$，$\kappa = 1.4$。如果扩压器出口动能为进口动能的 1/2，试求：无叶扩压器的出口压力 p_4 和出口直径 D_4。

5-23 对某空气离心压缩机第一级进行测试，实测主要参数如下：转速 $n = 14748\text{r/min}$，进口温度 $T_{in} = 315\text{K}$，进口压力 $p_{in} = 0.274\text{MPa}$，质量流量 $q_m = 4.368\text{kg/s}$，进口速度 $c_{in} = 20\text{m/s}$，叶轮出口直径 $D_2 = 0.38\text{m}$，$b_2/D_2 = 0.04$，$\beta_{2A} = 45°$，叶轮进口温度 $T_0 = 312\text{K}$，进口压力 $p_0 = 0.264\text{MPa}$，叶轮出口温度 $T_2 = 348\text{K}$，出口压力 $p_2 = 0.368\text{MPa}$，级出口温度 $T_{out} = 364.6\text{K}$，级出口速度 $c_{out} = 69\text{m/s}$，级出口压力 $p_{out} = 0.41\text{MPa}$，且已知 $R = 287.1\text{J/(kg·K)}$，等熵指数 $\kappa = 1.4$。假设 $\beta_L + \beta_{df} = 0$，叶轮出口处叶片阻塞系数 $\tau_2 = 1$，叶片进口气流无预旋 $c_{1u} = 0$，并规定叶轮进口为 0-0 截面，吸气室进出口为 in-in 截面到 0-0 截面。

试求：1）叶轮进口速度 c_0、出口径向分速度 c_{2r}。

2）叶轮出口周向分速度 c_{2u} 以及滑移系数 μ。

3）吸气室多变效率 $\eta_{pol\ in\text{-}0}$。

4）叶轮中压缩过程的多变指数 $m_{0\text{-}2}$ 以及多变效率 $\eta_{pol\ 0\text{-}2}$。

5）叶轮出口到级出口压缩过程的多变指数 $m_{2\text{-}out}$ 以及多变效率 $\eta_{pol\ 2\text{-}out}$。

6）压缩机整级的多变效率 $\eta_{pol\ in\text{-}out}$。

（计算过程的有效数字至少保留四位，并且小数点后保留两位有效数字。）

第6章
相似理论在离心压缩机中的应用

相似理论的应用是离心压缩机设计和实验工作中的一项重要内容，其主要解决两方面问题：

1）性能相似换算（简称为性能换算）。通常指在满足相似条件的前提下，产品与模型之间的性能换算，包括二者之间尺寸不同或是运行条件不同时的相互换算。由于这种换算是基于相似理论进行的，所以换算时首先要判断换算的双方是否满足相似条件，满足相似条件的可按照相似理论进行相似换算，不满足相似条件的则不应进行相似换算，或可在某些条件下进行近似相似换算。本章只介绍符合相似条件时的相似换算。

2）相似模化设计（简称为模化设计）。通常指将已有的性能优良的离心压缩机或级作为模型，在满足相似条件的前提下进行适当换算，然后将模型的通流结构按比例放大或缩小，从而直接设计出新的离心压缩机或级。

由于离心压缩机是流体机械，所以，两台压缩机相似，本质是两机之间流动相似。作为应用，这里仅对流动相似的基本概念和相关知识做简要介绍。

与全书所做的基本假定一致，本章内容也基于一维定常亚声速流动假定，工质为符合 $pv=RT$ 状态方程的理想气体。同时增加一个假定：流动过程中不存在中间冷却，气体压缩过程为无冷却多变压缩过程。

6.1 离心压缩机的流动相似

6.1.1 基本概念

1. 流动相似的基本定义

流动相似的定义可以表述为：气体流经两个几何相似的通流系统时，流场中所有对应点上对应流动参数的比值保持为常数，对应矢量方向相同，则两个通流系统流动相似。

2. 离心压缩机流动相似的基本内容

依据相似理论并结合流体力学和热力学知识，在流动遵循第2章所述的基本方程并符合本章假定的情况下，两台离心压缩机之间流动相似的内容包括几何相似、运动相似、动力相似和热力相似四个方面。

几何相似指通流系统的流道结构符合几何相似条件：所有对应的线性尺寸成比例，对应角度相等。只有在几何相似的流道中才可能实现流动相似。

其次，还需要保持运动相似：流道内所有对应点处流体质点的对应速度方向相同，大小成比例。

流体质点的运动与受力情况有关，若要在几何相似的流道中保持流体质点运动相似，还需要保持所有对应流体质点的受力情况相似，即流道内所有对应点处流体质点的对应受力方向相同，大小成比例，称为动力相似。

最后，还需要在流动过程中保持流体热力状态的变化相似，即两个通流系统的流动经历相同的热力过程，所有对应点处流体质点的对应热力参数大小成比例，称为热力相似。

对于离心压缩机而言，流动相似主要是针对两机之间对应的运行工况而言的。即除流道几何相似之外，还要在两台压缩机的对应运行工况之间保持运动相似、动力相似和热力相似。所以，两台压缩机流动相似实际是在二者之间的对应运行工况保持流动相似。

3. 离心压缩机流动相似的判定

根据流体力学知识[6]，确定两台离心压缩机流动相似应从下列两个方面进行判定：

1）两个流动的性质相同，具有相同的内在变化规律。从数学角度，通常表现为两个流动符合相同的假定条件，并用相同的数学物理方程进行描述。例如：对于本章讨论的压缩机，其内部流动都符合一维定常亚声速流动的基本假定，工质均为理想气体且经历相同的压缩过程，压缩机对气体做功的方式相同，能量的转换、气体的流动和热力参数的变化都遵循完全相同的一组基本方程，因而两机的流动就有着本质相同的内在变化规律。这些基本方程包括连续方程、欧拉方程、能量方程、伯努利方程、过程方程，以及以 $pv = RT$ 为代表的一些理想气体热力学关系式等。流动性质是否相同，是决定两个流动是否相似的内在因素和根基所在，是判定两个流动是否相似的一个必要条件。

2）两个流动之间满足几何相似、运动相似、动力相似和热力相似四个方面的相似条件。这些相似条件在很大程度上是根据两台压缩机的具体尺寸和运行条件，在两个已经具备相似基础的流动之间，为二者的对应参数确定一个具体的量化关系。例如，几何相似条件确定对应尺寸比例的大小和对应角度相等的关系，运动相似条件确定对应速度比值的大小和对应矢量方向相同的关系，动力相似和热力相似条件则给出对应受力比值（准则数）和热力过程指数之间的量化关系，等等。

对于本章讨论的离心压缩机流动相似问题，由于教材中已对压缩机的内部流动统一做了基本假定，并统一确定了流动所遵循的基本方程，所以"两个流动的性质相同，具有完全相同的内在变化规律"这一条自然满足，下面的讨论将不再强调这一点，而将讨论的重点放在：针对已经具备流动相似基础的两台压缩机，如何确定四个方面的流动相似条件上。

6.1.2　离心压缩机的流动相似条件

在确定离心压缩机的流动相似条件时，难以做到严格满足相似理论所要求的全部条件，实际做法是抓住主要矛盾，忽略次要因素，对问题做出满足工程需要的合理简化。

1. 几何相似

几何相似要求：两台离心压缩机的流道结构中，所有对应的线性尺寸成比例，对应角度相等。用字母 D、b、l、β_A 分别代表压缩机中各类直径、宽度、长度及叶片角度，m_L 代表尺寸比或模化比，用右上角带 "′" 的字母表示模型，不带 "′" 的字母表示实物（下面均相同），则几何相似条件可表示为

$$\frac{D'}{D}=\frac{b'}{b}=\frac{l'}{l}=m_L, \quad \beta_A'=\beta_A \tag{6-1}$$

考虑到工程应用的实际情况，作为近似，几何相似条件中通常对流道壁面粗糙度、密封间隙和叶片厚度是否满足相似条件不做要求，忽略这些因素的影响。

2. 叶轮叶片进口速度三角形相似

运动相似要求：两台压缩机流道内所有对应点处流体质点的对应速度方向相同，大小成比例。速度比值可以表示为

$$\frac{c'}{c}=\frac{u'}{u}=\frac{w'}{w}=\frac{c_r'}{c_r}=\frac{c_u'}{c_u}=\frac{w_u'}{w_u}=\cdots \tag{6-2}$$

前已说明，确定运动相似条件的主要任务是给出对应速度之间的量化关系。对于流动相似的两个流道，仅需针对某一个对应截面保证对应速度方向相同并确定出对应速度的比值，其他所有对应截面上也都会满足与该截面相同的运动相似条件。通常将该对应截面选择为叶轮叶片进口截面，因此，离心压缩机的运动相似条件归结为叶轮叶片进口速度三角形相似，数学表示为

$$\varphi_{1r}'=\varphi_{1r}, \quad \alpha_1'=\alpha_1 \tag{6-3}$$

式中，$\varphi_{1r}=\dfrac{c_{1r}}{u_1}$；$\varphi_{1r}'=\dfrac{c_{1r}'}{u_1'}$；$\alpha_1'=\alpha_1$ 为叶片进口气流绝对速度 c_1' 和 c_1 的方向角。

实际应用中，$\alpha_1'=\alpha_1$ 这个条件常常自动满足。当叶轮叶片进口前没有进口导叶等导流装置时，认为气流方向为径向，因此 $\alpha_1'=\alpha_1=90°$；当叶轮叶片前设置了导流叶片时，两台压缩机导流叶片的对应角度必须相等，否则将不满足几何相似条件，因此同样有 $\alpha_1'=\alpha_1$。所以，在实际应用中，离心压缩机的运动相似条件也常常简化为

$$\varphi_{1r}'=\varphi_{1r} \tag{6-4}$$

3. 机器马赫数 Ma_{2u} 相等

动力相似表述为：流道内所有对应点处流体质点的对应受力方向相同，大小成比例。这就要求两个流道内所有对应流体质点上受力的力多边形相似。确定动力相似条件的主要任务是给出对应受力之间的量化关系式。

（1）流体质点的受力分析 与流体力学中的分析一样，离心压缩机内部流体质点的受力主要有：黏性力 F_f、弹性力 F_E、压力（压差）Δp、重力 F_g、表面张力 F_σ、惯性力 F_I。严格证明两个流道内对应流体质点处所有对应受力的方向相同比较困难，但有些受力的方向相同却相对容易理解：首先，重力的方向、叶轮中离心惯性力的方向是对应相同的；其次，流体质点受到的黏性摩擦力的方向与流体质点的运动方向相反，流动满足运动相似条件时，对应流体质点的运动方向相同，则其所受黏性摩擦力的方向也相同。另外，弹性力是流体微元反抗压缩变形的力，垂直于对应流体微元的表面，也可理解为对应流体质点上的弹性力方向相同，等等。因此，在证明部分受力方向相同的前提下，再保证力多边形对应边成比例即可保证力多边形相似。对于离心压缩机的内部流动而言，通常都忽略重力和表面张力的影响，只考虑黏性力 F_f、弹性力 F_E、压力（压差）Δp 和惯性力 F_I，即力的四边形需要满足

对应边成比例的条件：

$$\frac{F_f'}{F_f}=\frac{F_E'}{F_E}=\frac{\Delta p'}{\Delta p}=\frac{F_I'}{F_I} \tag{6-5}$$

从流体力学知，要保证该力的四边形对应边成比例，需保证下面三个准则数对应相等：

欧拉数相等
$$\frac{\Delta p'}{F_I'}=\frac{\Delta p}{F_I}，\quad Eu'=Eu \tag{6-6}$$

雷诺数相等
$$\frac{F_I'}{F_f'}=\frac{F_I}{F_f}，\quad Re'=Re \tag{6-7}$$

马赫数相等
$$\frac{F_I'}{F_E'}=\frac{F_I}{F_E}，\quad Ma'=Ma \tag{6-8}$$

（2）动力相似条件的简化 欧拉数可以写为

$$Eu=\frac{\Delta p}{\rho c^2}$$

将 Δp 写为 p_2-p_1，此处暂用 p_1、p_2 代表流动方向上某流体质点前后两边的压力，即该流体质点前后两个相邻流体质点所具有的压力，再用 ρ、c 代表这三个流体质点的平均密度和平均速度，则该流体质点处的欧拉数可表示为

$$Eu=\frac{\Delta p}{\rho c^2}=\frac{p_2-p_1}{\rho c^2}=\frac{p_2}{\rho c^2}-\frac{p_1}{\rho c^2}$$

上式中，分子分母同乘以气体的等熵指数 κ，注意到声速 $a=\sqrt{\kappa\frac{p}{\rho}}$，马赫数 $Ma=\frac{c}{a}$，可得

$$Eu=\frac{\kappa p_2}{\kappa\rho c^2}-\frac{\kappa p_1}{\kappa\rho c^2}=\frac{a_2^2}{\kappa c^2}-\frac{a_1^2}{\kappa c^2}=\frac{1}{\kappa Ma_2^2}-\frac{1}{\kappa Ma_1^2}$$

因此，对于两个流道内的某对应流体质点，欧拉数相等的条件可写为

$$Eu'=\frac{1}{\kappa'Ma_2'^2}-\frac{1}{\kappa'Ma_1'^2}=\frac{1}{\kappa Ma_2^2}-\frac{1}{\kappa Ma_1^2}=Eu \tag{6-9}$$

上式表明，保证对应欧拉数 $Eu'=Eu$ 与保证气体等熵指数 $\kappa'=\kappa$ 及对应的流动马赫数 $Ma'=Ma$ 等价。因此，只要保证对应工质的 $\kappa'=\kappa$，再保证对应流体质点的 $Ma'=Ma$ 及 $Re'=Re$，就可保证力的四边形对应边成比例，从而保证流动满足动力相似。

上述动力相似条件还可以进一步简化。从流体力学知，Re 表示惯性力与黏性力之比，Re 越大，黏性力的影响相对越小，当 Re 大于或等于临界雷诺数时，摩擦阻力系数 λ 不再随 Re 变化，此时 Re 的变化对黏性力和流动损失的影响不大。现代离心压缩机内部流动的 Re 通常都大于或等于临界雷诺数 Re_{ucr}，所以第 3 章中忽略了 Re 对流动损失的影响，而仅仅考虑 Ma 的影响；同理，对于流动相似问题，按照行业习惯，当 Re 大于或等于临界雷诺数 Re_{ucr} 时，则认为 Re 自动满足相似条件，称为 Re "自动模化" 或 "进入自动模化区域"，因而不再考虑把 $Re'=Re$ 作为动力相似条件。

因此，确定动力相似条件就是要保证气体等熵指数 $\kappa'=\kappa$ 并确定对应的流动马赫数 $Ma'=Ma$ 的量化关系。

（3）动力相似条件的确定　后面将看到，$\kappa'=\kappa$ 将被作为热力相似条件给出，所以，为避免重复，在动力相似条件中仅保留 $Ma'=Ma$ 这一个条件。

与运动相似条件一样，在流动相似的两个流道中，确定 $Ma'=Ma$ 的量化关系时，仅需在某一个对应截面上确定即可。在实际应用中，通常是用几个不同截面上的参数构成一个组合马赫数 $Ma_{2u}=\dfrac{u_2}{\sqrt{\kappa RT_{in}}}$ 作为 Ma 的代表，称为机器马赫数，并用 $Ma'_{2u}=Ma_{2u}$ 作为动力相似条件，表示为

$$\frac{u'_2}{\sqrt{\kappa'R'T'_{in}}}=\frac{u_2}{\sqrt{\kappa RT_{in}}} \tag{6-10}$$

由于 $\kappa'=\kappa$，有

$$\frac{u'_2}{\sqrt{R'T'_{in}}}=\frac{u_2}{\sqrt{RT_{in}}} \tag{6-11}$$

因此，两台压缩机的动力相似条件为 $Ma'_{2u}=Ma_{2u}$ 及 $\kappa'=\kappa$，但这里仅将对应的机器马赫数 $Ma'_{2u}=Ma_{2u}$ 作为动力相似条件列出，表达式为式（6-10）或式（6-11）。

4. 气体等熵指数 $\kappa'=\kappa$

热力相似要求：两个通流系统的流动经历相同的热力过程，所有对应点处流体质点的对应热力参数大小成比例。"流动经历相同的热力过程"，要求对应热力过程的过程指数相同，这是确定热力相似条件的重点，也是保证两台压缩机具有本质相同的内在流动规律的需要。而且，不难证明（读者可自行证明），保证了对应热力过程的过程指数相同之后，其他热力相似的要求（包括对应热力参数比例的数量关系）也都自动得到了保证。所以，确定热力相似条件的主要任务是保证对应热力过程的过程指数相同。

本章假定，离心压缩机的内部流动经历无冷却多变压缩过程，所以需要保持过程指数 $m'=m$，即 $\dfrac{m'}{m'-1}=\dfrac{m}{m-1}$。

从第 2 章的式（2-37）知

$$\frac{m}{m-1}=\frac{\kappa}{\kappa-1}\eta_{pol}$$

所以，需要保证

$$\frac{\kappa'}{\kappa'-1}\eta'_{pol}=\frac{\kappa}{\kappa-1}\eta_{pol}$$

对于流动相似的两台压缩机，自然会有 $\eta'_{pol}=\eta_{pol}$，这是由于两个几何相似的流道中对应流动是由本质相同的内在流动规律所决定的，并不是人为地从外部所规定的。因此，效率相等是流动相似的结果，而不是保证流动相似的条件。所以，要保证 $m'=m$，必须保证 $\kappa'=\kappa$。另外，理想等熵指数 κ 在很多理想气体的热力学关系式中出现，这也是必须保证 $\kappa'=\kappa$ 的原因之一。应该说明，这里不是通过证明 $\eta'_{pol}=\eta_{pol}$ 来证明 $\kappa'=\kappa$，而是说明确定热力相似条件时不应选择保证效率 $\eta'_{pol}=\eta_{pol}$，而必须选择保证 $\kappa'=\kappa$。后面会证明在保证 $\kappa'=\kappa$ 而使两台压缩机满足流动相似后，确有 $\eta'_{pol}=\eta_{pol}$。

因此，两台压缩机热力相似的条件是对应气体的等熵指数相等，$\kappa'=\kappa$。

综上所述，离心压缩机的流动相似条件为：流道结构几何相似：$\dfrac{D'}{D} = \dfrac{b'}{b} = \dfrac{l'}{l} = m_L$，$\beta'_A =$ β_A；叶轮叶片进口速度三角形相似：$\varphi'_{1r} = \varphi_{1r}$，$\alpha'_1 = \alpha_1$；对应的机器马赫数 Ma_{2u} 相等：

$\dfrac{u'_2}{\sqrt{R'T'_{in}}} = \dfrac{u_2}{\sqrt{RT_{in}}}$；气体的等熵指数 κ 相等：$\kappa' = \kappa$。

6.1.3　两台压缩机若流动相似则性能相似

两台压缩机若流动相似则性能相似，指的是：若两台压缩机之间满足流动相似条件，二者就具有完全相同的无因次性能曲线。这个概念非常有用，这里先进行一个简单说明，后面还会详细阐述。

在几何相似的流道中，因运动相似，有

$$\varphi'_{2r} = \varphi_{2r}, \qquad \varphi'_{2u} = \varphi_{2u} \tag{6-12}$$

由动力相似和热力相似，有

$$\frac{c'_2}{\sqrt{R'T'_2}} = \frac{c_2}{\sqrt{RT_2}} \quad \text{和} \quad \frac{c'_1}{\sqrt{R'T'_1}} = \frac{c_1}{\sqrt{RT_1}}$$

则

$$\frac{c'_2}{c_2} = \sqrt{\frac{R'T'_2}{RT_2}} = \frac{c'_1}{c_1} = \sqrt{\frac{R'T'_1}{RT_1}}$$

可得

$$\frac{T'_2}{T'_1} = \frac{T_2}{T_1} \tag{6-13}$$

根据连续方程，有

$$\rho'_2 c'_2 A'_2 = \rho'_1 c'_1 A'_1 \quad \text{和} \quad \rho_2 c_2 A_2 = \rho_1 c_1 A_1$$

式中，c'、c 为垂直于截面 A' 和 A 的速度，则有

$$\frac{\rho'_2}{\rho'_1} = \frac{c'_1}{c'_2} \frac{A'_1}{A'_2} \quad \text{及} \quad \frac{\rho_2}{\rho_1} = \frac{c_1}{c_2} \frac{A_1}{A_2}$$

由几何相似、运动相似知

$$\frac{c'_1}{c'_2} \frac{A'_1}{A'_2} = \frac{c_1}{c_2} \frac{A_1}{A_2}$$

所以

$$\frac{\rho'_2}{\rho'_1} = \frac{\rho_2}{\rho_1} \tag{6-14}$$

利用状态方程，有 $\dfrac{p'_2}{R'T'_2} \dfrac{R'T'_1}{p'_1} = \dfrac{p_2}{RT_2} \dfrac{RT_1}{p_1}$，由于 $\dfrac{T'_2}{T'_1} = \dfrac{T_2}{T_1}$，则

$$\frac{p'_2}{p'_1} = \frac{p_2}{p_1}, \quad \varepsilon' = \varepsilon \tag{6-15}$$

因为

$$\frac{p'_2}{p'_1} = \left(\frac{T'_2}{T'_1}\right)^{\frac{m'}{m'-1}} = \frac{p_2}{p_1} = \left(\frac{T_2}{T_1}\right)^{\frac{m}{m-1}}$$

所以

$$\frac{m'}{m'-1} = \frac{m}{m-1}, \quad \text{即} \quad \frac{\kappa'}{\kappa'-1}\eta'_{pol} = \frac{\kappa}{\kappa-1}\eta_{pol}$$

因为 $\kappa' = \kappa$，所以

$$\eta'_{pol} = \eta_{pol} \tag{6-16}$$

对于两台流动相似的压缩机的所有对应相似工况，上面的推导结果都成立，而不仅仅限于设计工况。若用 φ_{2r} 代表流量作为横坐标，用 ε 和 η_{pol} 作为纵坐标，可得出一种比较简单的无因次性能曲线，如图 6-1 所示。因为 $\varphi'_{2r}=\varphi_{2r}$、$\varepsilon'=\varepsilon$ 和 $\eta'_{pol}=\eta_{pol}$，可知两个流动相似的离心压缩机在对应的单一转速下有相同的无因次性能曲线。性能曲线中，$\varepsilon'=\varepsilon$ 也可以用表示做功能力的 $\varphi'_{2u}=\varphi_{2u}$ 替换。应该注意，流量系数 φ_{2r} 相同并不是流量相同，压比 ε 相同也不是压缩机进出口压力相同，所以，两台流动相似的压缩机只是性能相似，不是性能相同。

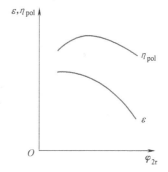

图 6-1　离心压缩机的一种无因次性能曲线

6.2　离心压缩机流动相似的结果

从 6.1 节已知，两台压缩机流动相似后有如下相似结果：尺寸比 $m_L=\text{const}$，$\beta'_A=\beta_A$，$\dfrac{c'}{c}=\dfrac{u'}{u}=\dfrac{w'}{w}=\dfrac{c'_r}{c_r}=\dfrac{c'_u}{c_u}=\dfrac{w'_u}{w_u}=\cdots$，$\alpha'=\alpha$，$\beta'=\beta$，$Ma'_{2u}=Ma_{2u}$ 或 $Ma'=Ma$，$\kappa'=\kappa$，$m'=m$，$\eta'_{pol}=\eta_{pol}$，$\varepsilon'=\varepsilon$，$\dfrac{T'_i}{T'}=\dfrac{T_i}{T}$，$\dfrac{\rho'_i}{\rho'}=\dfrac{\rho_i}{\rho}$，等等。下面再针对实际应用，推导另外一些相似结果。

6.2.1　转速之间的相似结果

由动力相似 $Ma'_{2u}=Ma_{2u}$，有 $\dfrac{u'_2}{\sqrt{R'T'_{in}}}=\dfrac{u_2}{\sqrt{RT_{in}}}$，将 $u_2=\dfrac{\pi D_2 n}{60}$ 和 $\dfrac{D'_2}{D_2}=m_L$ 代入，可得

$$\frac{n'}{\sqrt{R'T'_{in}}}=\frac{1}{m_L}\frac{n}{\sqrt{RT_{in}}} \tag{6-17}$$

两台压缩机如果流动相似，转速之间应有上述关系。从式（6-17）可以看出，在用模型（用带 "'" 的字母表示）代替产品做性能实验时，如果模型的尺寸小，则做实验时转速要提高，若模型实验时环境温度高或气体的 R' 值大，则模型实验的转速也要提高。否则，将不能保持模型与产品之间流动相似。

6.2.2　流量之间的相似结果

由运动相似，$\varphi'_{1r}=\varphi_{1r}$，有

$$\frac{c'_{1r}}{u'_1}=\frac{c_{1r}}{u_1}, \quad \frac{q'_{V1}}{A'_1 u'_1}=\frac{q_{V1}}{A_1 u_1}, \quad \frac{q'_{Vin}\rho'_{in}}{\rho'_1 A'_1 u'_1}=\frac{q_{Vin}\rho_{in}}{\rho_1 A_1 u_1}$$

由于 $\dfrac{\rho'_{in}}{\rho'_1}=\dfrac{\rho_{in}}{\rho_1}$，$\dfrac{A'_1}{A_1}=m_L^2$，$u_1=\dfrac{\pi D_1 n}{60}$，代入可得

$$\frac{q'_{Vin}}{n'}=m_L^3 \frac{q_{Vin}}{n} \tag{6-18}$$

将式（6-17）代入式（6-18），整理可得

$$\frac{q'_{Vin}}{\sqrt{R'T'_{in}}} = m_L^2 \frac{q_{Vin}}{\sqrt{RT_{in}}} \tag{6-19}$$

因 $q_{Vin} = \frac{q_m}{\rho_{in}} = \frac{q_m RT_{in}}{p_{in}}$，代入上式，可得

$$\frac{q'_m \sqrt{R'T'_{in}}}{p'_{in}} = m_L^2 \frac{q_m \sqrt{RT_{in}}}{p_{in}} \tag{6-20}$$

若两台压缩机流动相似，二者体积流量之间的关系为式（6-18）和式（6-19），质量流量之间的关系为式（6-20）。可以看出，在模型实验中，若模型的尺寸小，实验流量可以减小，另外，降低环境温度或使用 R' 值较小的气体，有利于减小实验需要的体积流量，降低进口压力则有利于减小实验所需的质量流量。

6.2.3 压缩功等参数之间的相似结果

根据第 2 章多变压缩功的计算公式（2-34），有

$$W_{pol} = \frac{m}{m-1} RT_{in} \left[\left(\frac{p_{out}}{p_{in}} \right)^{\frac{m-1}{m}} - 1 \right]$$

同理可有

$$W'_{pol} = \frac{m'}{m'-1} R'T'_{in} \left[\left(\frac{p'_{out}}{p'_{in}} \right)^{\frac{m'-1}{m'}} - 1 \right]$$

利用 W'_{pol}/W_{pol}，考虑到 $m' = m$，$\varepsilon' = \varepsilon$，所以

$$\frac{W'_{pol}}{R'T'_{in}} = \frac{W_{pol}}{RT_{in}} \tag{6-21}$$

用同样方法可得

$$\frac{W'_s}{R'T'_{in}} = \frac{W_s}{RT_{in}}, \quad \frac{W'_{tot}}{R'T'_{in}} = \frac{W_{tot}}{RT_{in}} \tag{6-22}$$

另外

$$\frac{W'_{th}}{W_{th}} = \frac{\varphi'_{2u} u'^2_2}{\varphi_{2u} u^2_2} = \frac{\dfrac{u'^2_2}{R'T'_{in}} R'T'_{in}}{\dfrac{u^2_2}{RT_{in}} RT_{in}} = \frac{Ma'^2_{2u} R'T'_{in}}{Ma^2_{2u} RT_{in}} = \frac{R'T'_{in}}{RT_{in}}$$

可得

$$\frac{W'_{th}}{R'T'_{in}} = \frac{W_{th}}{RT_{in}} \tag{6-23}$$

式（6-21）左边的分子分母同时乘以 u'^2_2，右边分子分母同时乘以 u^2_2，有

$$\frac{W'_{pol} u'^2_2}{u'^2_2 R'T'_{in}} = \frac{W_{pol} u^2_2}{u^2_2 RT_{in}}$$

因 $\dfrac{W_{pol}}{u^2_2} = \psi$，$\psi$ 为多变能量头系数，且 $\dfrac{u^2_2}{RT_{in}} = Ma^2_{2u}$，可得 $\psi' Ma'^2_{2u} = \psi Ma^2_{2u}$，则有

$$\psi' = \psi \tag{6-24}$$

同样可得 $\qquad\qquad \psi_{s}'=\psi_{s}, \quad \psi_{tot}'=\psi_{tot}, \quad \psi_{th}'=\psi_{th}$ $\qquad$ (6-25)

由式（6-22）和式（6-23），可有

$$\frac{W_{s}'/(R'T_{in}')}{W_{tot}'/(R'T_{in}')}=\frac{W_{s}/(RT_{in})}{W_{tot}/(RT_{in})} \qquad 即 \qquad \frac{W_{s}'}{W_{tot}'}=\frac{W_{s}}{W_{tot}}$$

则有 $\qquad\qquad\qquad\qquad\qquad \eta_{s}'=\eta_{s}$ $\qquad\qquad$ (6-26)

同样由式（6-21）和式（6-23），可有

$$\eta_{h}'=\eta_{h}$$ $\qquad\qquad$ (6-27)

6.2.4 内功率之间的相似结果

根据第 2 章式（2-7），有

$$\frac{P'}{P}=\frac{q_{m}'\,W_{tot}'}{q_{m}\,W_{tot}}$$

将式（6-20）和式（6-22）代入上式

$$\frac{P'}{P}=\frac{q_{m}'\,W_{tot}'}{q_{m}\,W_{tot}}=\frac{m_{L}^{2}p_{in}'\sqrt{RT_{in}}}{p_{in}\sqrt{R'T_{in}'}}\,\frac{R'T_{in}'}{RT_{in}}=\frac{m_{L}^{2}p_{in}'\sqrt{R'T_{in}'}}{p_{in}\sqrt{RT_{in}}}$$

可得 $\qquad\qquad\qquad\qquad \dfrac{P'}{p_{in}'\sqrt{R'T_{in}'}}=m_{L}^{2}\,\dfrac{P}{p_{in}\sqrt{RT_{in}}}$ $\qquad$ (6-28)

6.2.5 组合参数的概念

上面推导的相似结果中，为了应用方便，把一些参数组合在一起，称为组合参数。例如：组合转速 $\dfrac{n}{\sqrt{RT_{in}}}$，组合体积流量 $\dfrac{q_{Vin}}{\sqrt{RT_{in}}}$，组合质量流量 $\dfrac{q_{m}\sqrt{RT_{in}}}{p_{in}}$ 及组合内功率 $\dfrac{P}{p_{in}\sqrt{RT_{in}}}$，等等。两台离心压缩机流动相似的某些重要结果，就是用这些组合参数通过尺寸比 m_{L} 联系起来所形成的关系式。例如

组合转速关系式 $\qquad\qquad \dfrac{n'}{\sqrt{R'T_{in}'}}=\dfrac{1}{m_{L}}\,\dfrac{n}{\sqrt{RT_{in}}}$

组合流量关系式 $\qquad\qquad \dfrac{q_{Vin}'}{\sqrt{R'T_{in}'}}=m_{L}^{2}\,\dfrac{q_{Vin}}{\sqrt{RT_{in}}}$

$$\dfrac{q_{m}'\sqrt{R'T_{in}'}}{p_{in}'}=m_{L}^{2}\,\dfrac{q_{m}\sqrt{RT_{in}}}{p_{in}}$$

组合内功率关系式 $\qquad \dfrac{P'}{p_{in}'\sqrt{R'T_{in}'}}=m_{L}^{2}\,\dfrac{P}{p_{in}\sqrt{RT_{in}}}$

这些关系式在性能换算和模化设计中应用方便并起到了重要作用。目前，很多企业在工程实际中也都用到组合参数，只不过不同企业根据自己的使用习惯或需求，组合参数有不同的表现形式或名称而已。

6.2.6 比转数

由动力相似结果公式（6-17），有

$$m_{\text{L}} = \frac{n}{n'} \sqrt{\frac{R' T'_{\text{in}}}{R T_{\text{in}}}}$$

由运动相似结果公式（6-18），有

$$m_{\text{L}}^3 = \frac{q'_{V\text{in}}}{q_{V\text{in}}} \frac{n}{n'}$$

由能量头之间的相似关系公式（6-21），有

$$\frac{R' T'_{\text{in}}}{R T_{\text{in}}} = \frac{W'_{\text{pol}}}{W_{\text{pol}}}$$

将上面三式联立，经推导可得

$$n' \frac{\sqrt{q'_{V\text{in}}}}{\left(W'_{\text{pol}} \right)^{\frac{3}{4}}} = n \frac{\sqrt{q_{V\text{in}}}}{\left(W_{\text{pol}} \right)^{\frac{3}{4}}}$$

令

$$n_{\text{s}} = n \frac{\sqrt{q_{V\text{in}}}}{\left(W_{\text{pol}} \right)^{\frac{3}{4}}} \tag{6-29}$$

则 n_{s} 称为比转数（有时也称为比转速）。上式中的多变能量头 W_{pol} 也可用其他形式的能量头替换。两台离心压缩机若满足流动相似条件，比转数必然相等：$n'_{\text{s}} = n_{\text{s}}$。

由式（6-29）知，比转数的大小可以反映同类压缩机所具有的基本性能特点。例如：比转数大，通常说明该压缩机的体积流量相对较大，能量头相对较小，属于流量较大而压比较低的压缩机类型；若比转数很小，说明该压缩机基本属于高压比小流量的类型。同理，在透平式压缩机中，通常轴流式压缩机的比转数相对较大，而离心式压缩机的比转数相对较小。

对于同一台压缩机的不同工况点，比转数不同。为了便于在不同压缩机之间进行比较，通常把压缩机设计工况点或最高效率点的比转数作为该压缩机的比转数。

6.3 离心压缩机的性能换算与模化设计

6.3.1 用组合参数表示的性能曲线

前面已建立了一个基本概念：两台压缩机若流动相似则性能相似，二者具有相同的无因次性能曲线。利用这一特点，若已知一台效率很高的模型机的性能，就可以方便地预测出与该模型机保持流动相似，但尺寸大小不同且运行条件不同的另一台压缩机所具有的性能，且另一台压缩机也将具有与模型机相同的高效率。换言之，一台性能优良的压缩机不是只能够应用在一种场合，利用相似理论，在满足流动相似的前提下，经过适当换算，可以将其放大或缩小后应用在许多运行条件不同的场合，从而大大扩展其使用范围。这是进行性能相似换算和模化设计的基础。

实现上述目标的第一步，就是将模型机的性能曲线改变为无因次性能曲线的形式。实际应用中，通常都是整理成用组合参数表示的性能曲线。

1. 利用组合参数扩大性能曲线的使用范围

图 6-2 给出一台离心压缩机在设计转速下的性能曲线，运行参数为：气体常数 R、等熵指数 κ、压缩机转速 n 及进口压力 p_{in}、进口温度 T_{in}，性能曲线的横坐标为压缩机进口体积流量 q_{Vin}，纵坐标则为多变效率 η_{pol}、出口压力 p_{out} 和内功率 P。这种性能曲线可以清楚地反映在确定的工质、设计转速和进口条件下该压缩机的性能，但却很难直观地给出在运行条件变化时压缩机的性能。例如：在一个新的运行环境，压缩机的进口温度低于原来运行条件下的进口温度，允许调整压缩机的转速，此时压缩机的性能如何呢？这种普通形式的性能曲线很难直接给出相关信息。

利用 6.2 节推导的相似结果，将图 6-2 整理为用无因次参数或组合参数表示的性能曲线，如图 6-3 所示。其中，压缩机转速 n、出口压力 p_{out}、内功率 P 和横坐标 q_{Vin} 分别改用组合转速 $\dfrac{n}{\sqrt{RT_{in}}}$、压比 ε、组合内功率 $\dfrac{P}{p_{in}\sqrt{RT_{in}}}$ 和组合体积流量 $\dfrac{q_{Vin}}{\sqrt{RT_{in}}}$ 表示。这样，包括工质物性和运行条件在内的普通形式的压缩机性能曲线（图 6-2）就改变为用组合参数表示的性能曲线（图 6-3）。

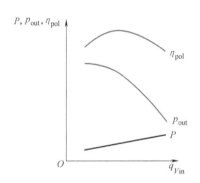

图 6-2　离心压缩机普通性能曲线

$(R、\kappa、n、p_{in}、T_{in})$

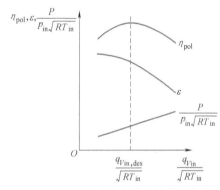

图 6-3　用组合参数表示的性能曲线

$\left(\dfrac{n}{\sqrt{RT_{in}}}、\kappa\right)$

若想知道压缩机在设计工况的性能，可在图 6-3 中查到设计工况的流量坐标 $\dfrac{q_{Vin,des}}{\sqrt{RT_{in}}}$ 及与

其对应的 ε_{des}、$\eta_{pol,des}$ 和 $\dfrac{P_{des}}{p_{in}\sqrt{RT_{in}}}$，从而根据工质物性和压缩机的进口条件计算出压缩机在设计工况的性能：进口体积流量 $q_{Vin,des}$ 以及对应的压比 ε_{des}、效率 $\eta_{pol,des}$ 和内功率 P_{des}。

若压缩机换到一个进口温度 T'_{in} 低于原进口温度 T_{in} 的新环境下工作（带"′"的符号表示新环境下的运行参数），其他条件不变：$\kappa'=\kappa$，$R'=R$，$p'_{in}=p_{in}$，$m_L=1$（同一台压缩机），由于转速可以调整，根据 $\dfrac{n'}{\sqrt{R'T'_{in}}}=\dfrac{1}{m_L}\dfrac{n}{\sqrt{RT_{in}}}$ 可确定新环境下的工作转速 n'，再根据图 6-3 所示的组合参数，通过 $\dfrac{q'_{Vin,des}}{\sqrt{R'T'_{in}}}=m_L^2\dfrac{q_{Vin,des}}{\sqrt{RT_{in}}}$ 计算出新环境下设计工况的进口体积流量 $q'_{Vin,des}$，查

得 $\varepsilon'_{des} = \varepsilon_{des}$，$\eta'_{pol,des} = \eta_{pol,des}$，通过 $\dfrac{P'_{des}}{p'_{in}\sqrt{R'T'_{in}}} = m_L^2 \dfrac{P_{des}}{p_{in}\sqrt{RT_{in}}}$ 计算出内功率 P'_{des}，则可知压缩

机在 $T'_{in}<T_{in}$、$n'<n$ 的新环境下运行而其他条件不变时，压缩机在设计工况的性能将变为

$q'_{Vin,des}<q_{Vin,des}$，$\varepsilon'_{des} = \varepsilon_{des}$，$\eta'_{pol,des} = \eta_{pol,des}$，$P'_{des}<P_{des}$。用同样方法，也可得出新环境下其

他非设计工况的压缩机性能。

上例中，若新的运行条件仍为 $T'_{in}<T_{in}$，但转速不能调整，即 $n'=n$，则仍可利用公式

$\dfrac{n'}{\sqrt{R'T'_{in}}} = \dfrac{1}{m_L}\dfrac{n}{\sqrt{RT_{in}}}$ 计算出尺寸比 $m_L<1$，然后利用与上例相同的方法，得知与原压缩机几何

相似但尺寸较小的压缩机在 $T'_{in}<T_{in}$ 条件下运行而其他条件不变时的压缩机性能。

上例表明，用组合参数表示的性能曲线可以反映同一台压缩机或几何相似但尺寸不同的压缩机在许多不同运行条件下的性能，因而可以扩大性能曲线的使用范围。因其比普通形式的性能曲线有更大的通用性，因此有时也称为通用性能曲线。

2. 用组合参数表示离心压缩机的流动相似条件

得出通用性能曲线的理论基础是离心压缩机满足流动相似条件。上例中，针对的对象是同一台压缩机或是几何相似但 $m_L<1$ 的压缩机，故满足几何相似条件；$\kappa'=\kappa$ 满足热力相似

条件；确定新的转速或尺寸比使用的是公式 $\dfrac{n'}{\sqrt{R'T'_{in}}} = \dfrac{1}{m_L}\dfrac{n}{\sqrt{RT_{in}}}$，该公式源于并等价于 $Ma'_{2u} =$

Ma_{2u}，满足动力相似条件；确定新的流量时依据公式 $\dfrac{q'_{Vin,des}}{\sqrt{R'T'_{in}}} = m_L^2 \dfrac{q_{Vin,des}}{\sqrt{RT_{in}}}$，该公式源于并等价

于 $\varphi'_{1r} = \varphi_{1r}$，满足运动相似条件。因此，离心压缩机的流动相似条件也可以表示为：①几何

相似；②$\dfrac{q'_{Vin}}{\sqrt{R'T'_{in}}} = m_L^2 \dfrac{q_{Vin}}{\sqrt{RT_{in}}}$；③$\dfrac{n'}{\sqrt{R'T'_{in}}} = \dfrac{1}{m_L}\dfrac{n}{\sqrt{RT_{in}}}$；④$\kappa'=\kappa$。

上例还表明，主动注意是否满足离心压缩机的流动相似条件，才能在使用通用性能曲线时避免出错。上例中的组合参数主要由转速、流量、进口参数、物性参数和内功率等组合而成，通过尺寸比联系起来，为控制压缩机的尺寸比及运行条件从而保持两台压缩机流动相似提供了方便。

从上例还可以看出，通用性能曲线上的无因次性能实际上反映了一系列几何相似但尺寸和运行条件不同的离心压缩机在满足相应流动相似条件时所共有的性能，因而也可以利用通用性能曲线换算出这些压缩机在各自具体运行条件下的有因次性能。

3. 变转速条件下的通用性能曲线

变转速是离心压缩机运行中常用的一种调节方法，因此，与单纯设计转速下的性能曲线相比，变转速条件下的性能曲线更全面地反映了离心压缩机的性能。同理，与上述设计转速下的通用性能曲线相比，变转速条件下的通用性能曲线更大地扩展了性能曲线的使用范围。

图 6-4 所示为某离心压缩机在确定工质物性 κ、R 和确定进口条件 p_{in}、T_{in} 下的变转速

性能曲线，仍用组合参数 $\dfrac{n}{\sqrt{RT_{in}}}$、$\dfrac{q_{Vin}}{\sqrt{RT_{in}}}$ 和 $\dfrac{P}{p_{in}\sqrt{RT_{in}}}$ 取代 n、q_{Vin} 和 P，即可得到变转速条件下

的通用性能曲线，如图 6-5 所示。

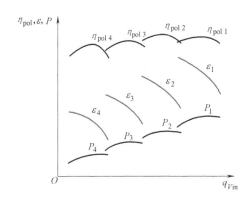

图 6-4 变转速条件下的性能曲线

（R、κ、n、p_{in}、T_{in}，下角标 $1 \sim 4$ 对应 $n_1 \sim n_4$）

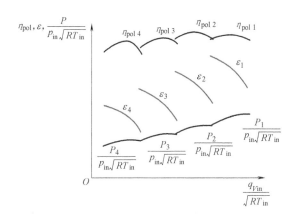

图 6-5 变转速条件下的通用性能曲线

（κ，下角标 $1 \sim 4$ 对应 $\dfrac{n_1}{\sqrt{RT_{in}}} \sim \dfrac{n_4}{\sqrt{RT_{in}}}$）

6.3.2 性能相似换算

性能相似换算可以在很多类型的工程问题中应用，这里仅以在实验室进行模型实验为例进行分析。在实验室进行模型实验通常是为了检验产品的性能。由于产品是按照应用场合的条件进行设计的，而实验室的实验条件不一定与产品应用场合的条件相同，模型的尺寸也不一定与产品尺寸相同，所以在实验室进行模型实验后，需将模型的实验性能换算为产品在应用条件下的性能，以检验产品是否满足设计要求。因此，需要在模型与产品之间进行性能换算。

进行模型实验并在模型与产品之间进行性能换算时，一般有如下已知条件：

1）产品在应用场合的全部设计条件、运行参数及结构参数已知，并用不带"'"的符号表示。

2）实验室的全部实验条件已知，用带"'"的符号表示模型参数。

1. 没有实验条件限制时的模型实验

所谓没有实验条件限制，主要指实验室中实验台的功率和转速变化范围足够大，流量调节范围足够宽，完全可以满足模型实验的要求。进行模型实验的思路和大致步骤如下：

1）选择 $\kappa' = \kappa$ 的理想气体作为实验气体，并查得气体常数 R'。另外，实验进口条件 p'_{in}、T'_{in} 已知。

2）选择尺寸比 m_L，根据 $m_L = D'/D$ 和 $\beta'_A = \beta_A$ 确定模型通流部分的全部结构尺寸。

3）利用公式 $\dfrac{n'}{\sqrt{R'T'_{in}}} = \dfrac{1}{m_L} \dfrac{n}{\sqrt{RT_{in}}}$，根据产品转速 n 确定实验转速 n'。通常产品转速 n 为设计转速，在需要变转速调节的情况下，也可以包括调节范围内的多个转速。

4）利用公式 $\dfrac{q'_{Vin}}{\sqrt{R'T'_{in}}} = m_L^2 \dfrac{q_{Vin}}{\sqrt{RT_{in}}}$，根据产品的进口体积流量 q_{Vin} 确定模型实验的进口体积流量 q'_{Vin}。产品的 q_{Vin} 可以仅是设计条件下的 $q_{Vin,des}$，也可以是包括 $q_{Vin,des}$ 在内的一个流量范围。这里假定 q_{Vin} 是一个流量范围。

5）利用公式 $\dfrac{P'}{p'_{in}\sqrt{R'T'_{in}}} = m_L^2 \dfrac{P}{p_{in}\sqrt{RT_{in}}}$，根据产品的内功率 P 估算所需的实验内功率 P'。

通常产品的内功率 P 是设计条件下的 P_{des}，或是大流量工况下的最大内功率设计值 P_{max}。

上述工作是否可以使模型实验的性能正确反映产品的性能呢？关键在于模型与产品之间是否满足流动相似条件。首先，研究对象是产品及其模型，二者具有相同的流动性质，在模型实验和性能换算的过程中该性质没有受到破坏。其次，从上面的工作步骤中可以看出，步骤 1）满足热力相似条件，步骤 2）满足几何相似条件，步骤 3）满足动力相似条件，步骤 4）满足运动相似条件，所以上述工作可以使模型与产品之间保持流动相似。因此，可以制造尺寸比为 m_L 的模型，使用物性参数为 κ'、R' 的气体，在进口参数为 p'_{in}、T'_{in} 及转速为 n' 的条件下，控制 q_{Vin}' 在与 q_{Vin} 对应的流量范围内进行模型实验，测出与 q_{Vin}' 对应的 ε'、η_{pol}' 和 P'。

然后，可通过上述模型实验的性能换算出产品在应用场合的性能。产品使用物性参数为 κ、R 的气体，进口参数为 p_{in}、T_{in}，转速为 n，利用组合流量关系式计算出与 q_{Vin}' 范围对应的 q_{Vin} 范围，利用 $\varepsilon = \varepsilon'$ 和 $\eta_{pol} = \eta_{pol}'$ 的关系得出与 q_{Vin} 对应的 ε 和 η_{pol}，再利用组合功率关系式根据 P' 计算出与 q_{Vin} 对应的 P，从而可以得出产品在应用条件下的性能并检验其是否满足设计要求。

6）根据模型实验结果可以绘制出设计转速或变转速条件下的模型实验性能曲线，根据换算出的产品性能也可以绘制出设计转速或变转速条件下的产品性能曲线，还可以利用模型实验结果绘制出相应的用组合参数表示的通用性能曲线。

2. 受转速条件限制时的模型实验

当实验台的转速固定或转速调节范围较小而对其他条件没有限制时，实验转速不能随意选择，模型实验可采用下述步骤进行。其他与上面相同的条件或内容不再重复。

1）选择 $\kappa' = \kappa$ 的实验气体，气体常数 R' 及进口条件 p'_{in}、T'_{in} 已知。

2）根据实际条件确定模型的实验转速 n'。

3）利用公式 $m_L = \dfrac{n}{n'}\sqrt{\dfrac{R'T'_{in}}{RT_{in}}}$，根据 n' 确定尺寸比 m_L，根据 $m_L = D'/D$ 和 $\beta_A' = \beta_A$ 确定模型的结构尺寸。

4）利用公式 $\dfrac{q_{Vin}'}{\sqrt{R'T'_{in}}} = m_L^2 \dfrac{q_{Vin}}{\sqrt{RT_{in}}}$，根据产品的进口体积流量 q_{Vin} 确定模型实验的进口体积流量 q_{Vin}'。

5）利用公式 $\dfrac{P'}{p'_{in}\sqrt{R'T'_{in}}} = m_L^2 \dfrac{P}{p_{in}\sqrt{RT_{in}}}$，根据产品的内功率 P 估算所需的实验内功率 P'。

6）按照与前面所述相同的方法设计制造模型，进行模型实验、性能换算并绘制性能曲线等。

3. 受功率条件限制时的模型实验

当实验台的功率较小而对其他条件没有限制时，模型实验可考虑采用下述步骤。其他与上面相同的条件和内容不再重复。

1）选择 $\kappa' = \kappa$ 的实验气体，气体常数 R' 及进口条件 p'_{in}、T'_{in} 已知。

2）根据实际条件确定模型实验的内功率 P'。

3）利用公式 $m_L^2 = \dfrac{P'}{P}\dfrac{p_{in}}{p'_{in}}\sqrt{\dfrac{RT_{in}}{R'T'_{in}}}$，根据 P' 确定尺寸比 m_L，根据 $m_L = D'/D$ 和 $\beta'_A = \beta_A$ 确定模型的结构尺寸。

4）利用公式 $\dfrac{n'}{\sqrt{R'T'_{in}}} = \dfrac{1}{m_L}\dfrac{n}{\sqrt{RT_{in}}}$，根据产品转速 n 确定实验转速 n'。

5）利用公式 $\dfrac{q'_{Vin}}{\sqrt{R'T'_{in}}} = m_L^2\dfrac{q_{Vin}}{\sqrt{RT_{in}}}$，根据产品的进口体积流量 q_{Vin} 确定模型实验的进口体积流量 q'_{Vin}。

6）按照与前面所述相同的方法设计制造模型，进行模型实验、性能换算并绘制性能曲线等。

4. 某些特殊情况下的考虑思路

在某些特殊情况下，按照上面受条件限制时的处理方法仍然不能解决问题时，可以在组合参数中出现的其他一些参数中寻求办法。通常可以考虑的参数大致有气体常数 R' 和进口条件 p'_{in}、T'_{in} 等。下面以实验台转速 n' 固定且功率 P' 太小为例说明一下分析问题的思路。

当考虑实验台转速 n' 固定时，需要按照公式 $m_L = \dfrac{n}{n'}\sqrt{\dfrac{R'T'_{in}}{RT_{in}}}$ 确定尺寸比 m_L，而当考虑功率 P' 太小时，需要按照公式 $m_L^2 = \dfrac{P'}{P}\dfrac{p_{in}}{p'_{in}}\sqrt{\dfrac{RT_{in}}{R'T'_{in}}}$ 确定尺寸比 m_L，二者不能统一。若按照后者确定尺寸比 m_L，则由于前者得不到满足而破坏了动力相似条件；若按照前者确定尺寸比 m_L，则导致出现 $\dfrac{P'}{p'_{in}\sqrt{R'T'_{in}}} < m_L^2\dfrac{P}{p_{in}\sqrt{RT_{in}}}$ 的情况而无法进行模型实验。从公式看，欲使 P' 满足实验需要，应该降低 p'_{in}、T'_{in} 或减小气体的 R' 值。因此，可做如下考虑：

1）采用进口节流的方法降低 p'_{in}，使式（6-27）$\dfrac{P'}{p'_{in}\sqrt{R'T'_{in}}} = m_L^2\dfrac{P}{p_{in}\sqrt{RT_{in}}}$ 成立，但这种方法需要增加进口节流装置。

2）降低 T'_{in} 使式（6-27）成立，但需要采用进口冷却装置或采取其他降低 T'_{in} 的措施。

3）改用 R' 小的重气体，但可能需要增加闭式气流回路（又称闭式实验台），且工质有可能价格昂贵。

在遇到特殊情况而又不愿意轻易采取改建或重建实验台的措施时，上面分析可以提供一些考虑问题的思路，仅供参考。

6.3.3 相似模化设计

相似模化设计以相似理论为依据，按照新的设计条件，选择已有的性能优良的离心压缩机级、段或整机作为模型，通过相似模化的方法，设计出与模型级、段或整机通流结构几何相似并且在所选对应工况压比、效率均相同的新压缩机级、段或整机，是一种简便、可靠的设计方法。

目前，国内外的许多离心压缩机生产企业都建立自己的模型级数据库，保存了许多性能优良的压缩机模型级、段或整机的数据资料。当有新的压缩机设计任务时，通常都采用相似模化的设计方法，直接依据已有的模型级、段或整机设计新压缩机，不仅设计速度快，而且新压缩机的性能好。

相似模化设计的具体方法并不唯一，根据使用者的不同习惯和需要存在不同的形式，但以相似理论为依据的本质是相同的。下面通过一个例子说明相似模化设计的思路。为方便，将压缩机级、段和整机统称为压缩机。根据本章假定，相似模化设计在没有中间冷却的条件下进行。

1. 无冷却条件下的相似模化设计

用带"′"的参数表示需要设计的新压缩机的参数，不带"′"的参数代表模型机参数。新压缩机的全部设计参数已知：p'_{in}、T'_{in}、κ'、R'、q'_{Vin}、ε' 或 p'_{out}。

（1）寻找合适的模型机　模型机应满足下列要求：

1）模型机与新压缩机属于流动性质相同的机型，工质的等熵指数 $\kappa = \kappa'$。

2）模型机压比 ε 的范围能够满足新压缩机压比 ε' 的设计要求，且与压比 ε 对应的模型机效率 η_{pol} 要高。

3）与模型机相关的全部数据和资料要完整齐全，例如：全部运行参数和工质物性参数、通用性能曲线、全套图纸数据等资料都应齐全完整。

（2）按照新压缩机的设计压比 ε' 确定模型机的对应相似工况点　如图 6-6 所示，在模型机的变转速通用性能曲线图中，在 $\varepsilon = \varepsilon' = const$ 的直线上选择一个合适的工况点，该工况点实际上是新压缩机与模型机之间的一个对应相似工况点。由于该工况点的性能就是新压缩机在设计工况的无因次性能，所以该工况点应该选择在效率 η_{pol} 高且平坦、距离喘振点有足够距离的位置，例如选在图 6-6 中所示的 a 点。有时，该工况点的组合转速 $\dfrac{n}{\sqrt{RT_{in}}}$ 需要插值得到。

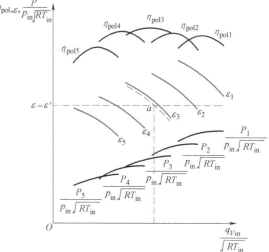

图 6-6　模型机通用性能曲线

（κ，下标 1~5 对应 $\dfrac{n_1}{\sqrt{RT_{in}}} \sim \dfrac{n_5}{\sqrt{RT_{in}}}$）

（3）按照新压缩机的 q'_{Vin} 及模型机对应相似工况点的参数确定模化尺寸比 m_L　计算公式为

$$m_L^2 = \frac{q'_{Vin}}{q_{Vin}} \sqrt{\frac{RT_{in}}{R'T'_{in}}}$$

带"′"的参数来自新压缩机的设计参数，不带"′"的参数来自模型机通用性能曲线上对应相似工况点的参数。

（4）确定新压缩机的工作转速 n' 和内功率 P'　计算公式为

$$n' = \frac{n}{m_L} \sqrt{\frac{R'T'_{in}}{RT_{in}}}$$

$$P' = m_{\mathrm{L}}^2 P \frac{p'_{\mathrm{in}}}{p_{\mathrm{in}}} \sqrt{\frac{R'T'_{\mathrm{in}}}{RT_{\mathrm{in}}}}$$

（5）设计新压缩机通流部分的结构　根据上面得到的模化尺寸比 m_{L}，按照 $D' = m_{\mathrm{L}}D$、$\beta'_{\mathrm{A}} = \beta_{\mathrm{A}}$ 设计新压缩机通流部分的结构尺寸，不带 "'" 的参数来自模型机的结构尺寸。

上面模化设计的每一个步骤都是以离心压缩机流动相似的理论为依据进行的。按照新压缩机的设计要求，合理选择了模型机，利用模型机的变转速通用性能曲线，在步骤（1）、步骤（3）、步骤（4）和步骤（5）分别满足了热力相似、运动相似、动力相似和几何相似条件，因此上述模化设计的思路是正确可行的。

（6）根据模型机的通用性能曲线预测新压缩机的性能　如果需要，还可以按照前面所述的性能相似换算方法，根据模型机的变转速通用性能曲线预测新压缩机的性能，如 $q'_{V\mathrm{in}}$ 及与之对应的 ε'、η'_{pol}、P' 等。

2. 有中间冷却时的相似模化设计

上述相似模化设计方法是在无冷却条件下进行的，对于存在中间冷却的离心压缩机，可以采取分段模化的方法仍在无冷却条件下进行模化设计。分段模化后，应该注意哪些问题呢？下面以一台两段一缸的离心压缩机为例进行说明。

图 6-7 为一台两段一缸离心压缩机分段模化的示意图。图 6-7a 为模型机示意图，图 6-7b 为模化设计后的新压缩机示意图。图中符号及下角标 Ⅰ、Ⅱ 分别表示第 Ⅰ 段和第 Ⅱ 段，带 "'" 的参数表示模化设计后新压缩机的参数。

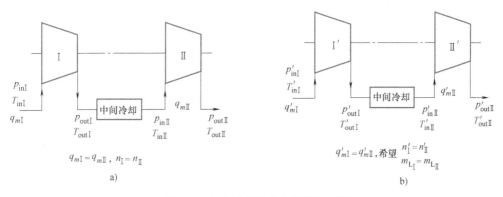

图 6-7　离心压缩机分段模化示意图

模型机的两段之间存在如下关系：质量流量相等 $q_{m\mathrm{I}} = q_{m\mathrm{II}}$，转速相等 $n_{\mathrm{I}} = n_{\mathrm{II}}$。而在新压缩机的两段之间，除必须满足质量流量相等 $q'_{m\mathrm{I}} = q'_{m\mathrm{II}}$ 的条件之外，还希望保持尺寸比相等 $m_{\mathrm{L_I}} = m_{\mathrm{L_{II}}}$ 及模化设计后两段的转速相等 $n'_{\mathrm{I}} = n'_{\mathrm{II}}$。因为两段的模化尺寸比不同，会导致两段的结构尺寸大小不一样，而两段的转速不同，会给单缸结构设计带来更大的麻烦。

为保证模型机与新压缩机之间流动相似，除满足几何相似及 $\kappa' = \kappa$ 的条件之外，在计算模化尺寸比时可采用组合流量关系式，以满足运动相似条件，换算转速时可采用组合转速关系式，以满足动力相似条件。因此，对第 Ⅰ 段进行相似模化时有

$$m_{\mathrm{L_I}}^2 = \frac{q'_{m\mathrm{I}}}{q_{m\mathrm{I}}} \frac{p_{\mathrm{in\,I}}}{p'_{\mathrm{in\,I}}} \sqrt{\frac{R'T'_{\mathrm{in\,I}}}{RT_{\mathrm{in\,I}}}} \qquad (6\text{-}30)$$

$$n'_{\mathrm{I}} = \frac{n_{\mathrm{I}}}{m_{\mathrm{L}_{\mathrm{I}}}} \sqrt{\frac{R' T'_{\mathrm{in}\mathrm{I}}}{R T_{\mathrm{in}\mathrm{I}}}} \tag{6-31}$$

对第 II 段进行相似模化时有

$$m_{\mathrm{L}_{\mathrm{II}}}^2 = \frac{q'_{m\mathrm{II}}}{q_{m\mathrm{II}}} \frac{p_{\mathrm{in}\mathrm{II}}}{p'_{\mathrm{in}\mathrm{II}}} \sqrt{\frac{R' T'_{\mathrm{in}\mathrm{II}}}{R T_{\mathrm{in}\mathrm{II}}}} \tag{6-32}$$

$$n'_{\mathrm{II}} = \frac{n_{\mathrm{II}}}{m_{\mathrm{L}_{\mathrm{II}}}} \sqrt{\frac{R' T'_{\mathrm{in}\mathrm{II}}}{R T_{\mathrm{in}\mathrm{II}}}} \tag{6-33}$$

令 $n'_{\mathrm{I}} = n'_{\mathrm{II}}$，$m_{\mathrm{L}_{\mathrm{I}}} = m_{\mathrm{L}_{\mathrm{II}}}$，则由式（6-31）等于式（6-33）有

$$\frac{n_{\mathrm{I}}}{m_{\mathrm{L}_{\mathrm{I}}}} \sqrt{\frac{R' T'_{\mathrm{in}\mathrm{I}}}{R T_{\mathrm{in}\mathrm{I}}}} = \frac{n_{\mathrm{II}}}{m_{\mathrm{L}_{\mathrm{II}}}} \sqrt{\frac{R' T'_{\mathrm{in}\mathrm{II}}}{R T_{\mathrm{in}\mathrm{II}}}}$$

化简可得

$$\frac{T'_{\mathrm{in}\mathrm{II}}}{T'_{\mathrm{in}\mathrm{I}}} = \frac{T_{\mathrm{in}\mathrm{II}}}{T_{\mathrm{in}\mathrm{I}}}$$

由式（6-30）等于式（6-32）有

$$\frac{q'_{m\mathrm{I}}}{q_{m\mathrm{I}}} \frac{p_{\mathrm{in}\mathrm{I}}}{p'_{\mathrm{in}\mathrm{I}}} \sqrt{\frac{R' T'_{\mathrm{in}\mathrm{I}}}{R T_{\mathrm{in}\mathrm{I}}}} = \frac{q'_{m\mathrm{II}}}{q_{m\mathrm{II}}} \frac{p_{\mathrm{in}\mathrm{II}}}{p'_{\mathrm{in}\mathrm{II}}} \sqrt{\frac{R' T'_{\mathrm{in}\mathrm{II}}}{R T_{\mathrm{in}\mathrm{II}}}}$$

化简可得

$$\frac{p_{\mathrm{in}\mathrm{I}}}{p'_{\mathrm{in}\mathrm{I}}} \sqrt{\frac{T'_{\mathrm{in}\mathrm{I}}}{T_{\mathrm{in}\mathrm{I}}}} = \frac{p_{\mathrm{in}\mathrm{II}}}{p'_{\mathrm{in}\mathrm{II}}} \sqrt{\frac{T'_{\mathrm{in}\mathrm{II}}}{T_{\mathrm{in}\mathrm{II}}}}$$

因上面已得出 $\dfrac{T'_{\mathrm{in}\mathrm{II}}}{T'_{\mathrm{in}\mathrm{I}}} = \dfrac{T_{\mathrm{in}\mathrm{II}}}{T_{\mathrm{in}\mathrm{I}}}$，所以：$\dfrac{p'_{\mathrm{in}\mathrm{II}}}{p'_{\mathrm{in}\mathrm{I}}} = \dfrac{p_{\mathrm{in}\mathrm{II}}}{p_{\mathrm{in}\mathrm{I}}}$。

因此，为了使相似模化后的新压缩机在满足 $q'_{m\mathrm{I}} = q'_{m\mathrm{II}}$ 的条件之外，还保持模化尺寸比 $m_{\mathrm{L}_{\mathrm{I}}} = m_{\mathrm{L}_{\mathrm{II}}}$ 及模化设计后的转速 $n'_{\mathrm{I}} = n'_{\mathrm{II}}$，需增加如下条件，即

$$\frac{T'_{\mathrm{in}\mathrm{II}}}{T'_{\mathrm{in}\mathrm{I}}} = \frac{T_{\mathrm{in}\mathrm{II}}}{T_{\mathrm{in}\mathrm{I}}}, \quad \frac{p'_{\mathrm{in}\mathrm{II}}}{p'_{\mathrm{in}\mathrm{I}}} = \frac{p_{\mathrm{in}\mathrm{II}}}{p_{\mathrm{in}\mathrm{I}}} \tag{6-34}$$

在实际应用中，因中间冷却器损失不同等原因常常不能满足 $\dfrac{p'_{\mathrm{in}\mathrm{II}}}{p'_{\mathrm{in}\mathrm{I}}} = \dfrac{p_{\mathrm{in}\mathrm{II}}}{p_{\mathrm{in}\mathrm{I}}}$ 的条件，作为近似，对这一条件可不强求，但需满足 $\dfrac{T'_{\mathrm{in}\mathrm{II}}}{T'_{\mathrm{in}\mathrm{I}}} = \dfrac{T_{\mathrm{in}\mathrm{II}}}{T_{\mathrm{in}\mathrm{I}}}$ 的条件。

还应说明，相似理论在离心压缩机中的应用存在一定近似性，当不希望在实际应用中误差太大时，在相似换算和模化设计中，可将模化尺寸比控制在 $0.5 \leqslant m_{\mathrm{L}} \leqslant 2$ 的范围内。

学习指导和建议

6-1 理解离心压缩机流动相似的基本定义、主要内容和确定离心压缩机流动相似的两个方面，掌握离心压缩机的流动相似条件，包括用组合参数表示的相似条件。

6-2 理解离心压缩机流动相似则性能相似的含义，了解组合参数关系式和通用性能曲线的含义和作用。

6-3 理解和掌握利用离心压缩机的流动相似理论进行性能相似换算和相似模化设计的主要思路和大致步骤。

思考题和习题

6-1 相似理论在离心压缩机设计和应用中主要用于解决什么问题？

6-2 本章在讨论离心压缩机流动相似的问题时做了哪些基本假定？

6-3 流动相似的基本定义和主要内容是什么？

6-4 确定两台离心压缩机流动相似，主要应从哪两个方面进行判定？

6-5 离心压缩机的流动相似条件是什么？

6-6 为什么说"两台离心压缩机流动相似则性能相似"？

6-7 什么是组合参数？为什么要使用组合参数？

6-8 什么是通用性能曲线？它与普通形式的性能曲线有什么主要区别？它的主要作用是什么？

6-9 为了正确进行性能相似换算和相似模化设计，应该注意什么问题？

6-10 为什么相似模化尺寸比 m_L 最好处于 $0.5 \leqslant m_L \leqslant 2$ 的范围？

6-11 哪些主要相似结果可以作为保证离心压缩机流动相似的条件？为什么？

6-12 请总结一下进行性能相似换算的主要思路和步骤，包括某些客观条件受到限制时的解决思路。

6-13 请总结一下进行相似模化设计的主要思路和步骤，并说明，要想使用相似模化的方法设计出一台性能优良的离心压缩机，关键要处理好设计中的哪些环节。

6-14 在有中间冷却的情况下，如何进行离心压缩机的模化设计？需要补充什么约束条件？为什么？

6-15 对某离心压缩机进行模型实验时，$m_L = \dfrac{D'}{D} = \dfrac{1}{2}$，模型与产品保持几何相似，且模型实验时，进口条件和使用的工质与产品的条件完全一样。若要使模型在实验时与产品的设计工况点保持流动相似，二者在转速 n、进口体积流量 q_{Vin} 之间应保持什么关系？实验后，压比 ε、效率 η_{pol} 和内功率 P 之间应该存在什么关系？（模型参数在右上角加 "′" 表示，所有参数不必加注下角标 "des"）

6-16 新设计一台空气离心压缩机，产品设计参数为：$p_{in} = 0.2\text{MPa}$，$T_{in} = 310\text{K}$，$n = 4800\text{r/min}$，$q_{Vin} = 100\text{m}^3/\text{min}$。为确保产品性能，需进行出厂前的产品性能实验。若实验台位功率足够，转速和流量的调节范围足够宽，实验工质仍为空气，$p'_{in} = 0.1\text{MPa}$，$T'_{in} = 293\text{K}$。请确定工厂产品实验的实验转速 n' 和实验流量 q'_{Vin}，给出产品在实验条件下的内功率 P' 和应用现场的内功率 P 之间的关系，并说明为何此时的实验性能可以反映产品的设计性能。（所有参数不必加注下角标 "des"）

6-17 已知某空气离心压缩机产品，设计点参数为：$T_{in} = 293\text{K}$，$p_{in} = 0.086\text{MPa}$，$q_{Vin} = 120\text{m}^3/\text{min}$，$n = 23560\text{r/min}$，$\varepsilon = 2$，$\eta_{pol} = 0.76$，内功率 $P = 196\text{kW}$。出厂进行产品实验时的条件为：$T'_{in} = 303\text{K}$，$p'_{in} = 0.098\text{MPa}$，实验介质仍为空气。试问：在满足流动相似的条件下，产品实验的对应参数 q'_{Vin}、n'、P'、ε' 和 η'_{pol} 应为多少？[给定空气物性参数为 $R = 287\text{J/(kg·K)}$，$\kappa = 1.4$]

第 7 章

离心压缩机的运行与调节

通过前面的学习已知，离心压缩机可以在包括设计流量在内的一定流量范围内运行。在某一转速下运行的离心压缩机，理论上的流量范围是喘振流量~滞止流量，实际运行时的流量范围是喘振控制流量~最大运行流量。本章对离心压缩机运行和调节的相关问题进行更深入的讨论。

离心压缩机运行时，通常总是与某一管网共同组成一个运行系统，对其运行和调节的基本要求大致有两点：一是为了满足系统对气体流量和压力等方面的需求；二是保证压缩机在运行时安全可靠，并力求高效节能。本章主要介绍上述问题的相关基础知识。

本章学习的重点：①学习离心压缩机在系统中单独运行或串联、并联运行时的分析思路和方法，掌握压缩机与管网联合工作时的运行规律及特点；②了解离心压缩机喘振发生的机理、现象和基本防治方法；③掌握离心压缩机的基本调节方法及其各自的调节原理和优缺点。

7.1 离心压缩机与管网联合工作

7.1.1 管网及其阻力曲线

1. 管网和系统

本章重点内容之一是讨论离心压缩机在系统中与管网联合工作时的运行规律和特点，为讨论方便，做如下定义。

管网是指除压缩机之外，压缩气体所需经过的全部装置和管路的总称。管网中的装置或管路可以位于压缩机之前，也可以位于压缩机之后。

压缩机和管网共同组成一个运行系统。

2. 管网阻力曲线

实际中的任何管网对通过管网流动的气体都产生阻力作用，例如：管道系统的摩擦阻力和局部阻力，各种设备及装置产生的阻力等。要保证气体能够通过管网，就要由压缩机向气体提供足够的压力以克服管网阻力。气流通过管网时，管网阻力随气体流量和管网特性变化的关系曲线即管网阻力曲线。

$$p = f(管网特性，气体流量)$$

这里 p 表示管网阻力。在讨论压缩机与管网联合工作的问题时，经常需要把压缩机的出口压力曲线与管网阻力曲线画在同一张图上进行分析，压缩机的出口静压与管网阻力在图中同为纵坐标，为了表示方便，在纵坐标上用与静压相同的符号 p 表示管网阻力。

3. 管网阻力曲线的类型

常见的管网阻力曲线大致有下列三种最基本的类型。

（1）恒定型管网阻力　恒定型管网阻力的典型例子是压缩机出口直接把气体排向大气或直接排入一个容量足够大的大容器。这种情况下，即使压缩机的流量发生变化，压缩机的出口背压也不变化，如图 7-1a 所示。即

$$p = p_r \tag{7-1}$$

这里，p_r 是一个压力常数，例如，大气压或大容器中基本不变的恒定压力等。

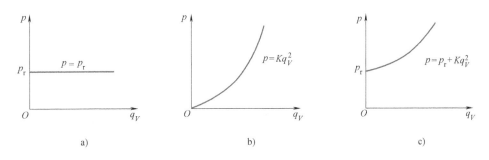

图 7-1　三种最基本的管网阻力类型

（2）平方型管网阻力　由流体力学知，管道阻力通常与气流速度的平方成正比，也即与气体流量的平方成正比。实际中，很多管网（如天然气长输管线等）具有这种特点。其数学表达式为

$$p = Kq_V^2 \tag{7-2}$$

式中，K 为与管网特性有关的系数；q_V 为体积流量。

其曲线形式如图 7-1b 所示。应该说明，公式右端的流量既可以使用体积流量 q_V，也可以使用质量流量 q_m，可根据需要决定。使用质量流量时，$p = K'q_m^2$，$K' = K/\rho^2$。

（3）综合型管网阻力　综合型管网阻力即上面恒定型管网阻力与平方型管网阻力的结合，如图 7-1c 所示，表达式为

$$p = p_r + Kq_V^2 \tag{7-3}$$

这种管网阻力类型在实际中比较常见。例如，压缩机出口管道很短，管道上装有一个阀门，然后将气流直接排入大气，就构成一个最简单的综合型管网阻力，如图 7-2 所示。

图 7-2 中左图为物理模型简图，右图为管网阻力曲线。其中，恒定阻力 p_r 等于大气压力 p_a，K 则与阀门特性有关，随阀门开度变化而变化。阀门开大，由于 K 变化，阻力曲线的位置向靠近横坐标轴方向移动；阀门关小，阻力曲线的位置则向靠近纵坐标轴方向移动。因此，调整阀门开度即可改变管网阻力的大小。

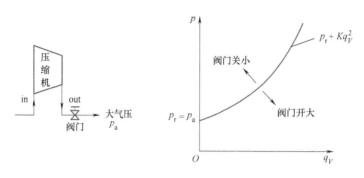

图 7-2　综合型管网阻力的简例

7.1.2　离心压缩机的工作点

离心压缩机是在系统中与管网联合工作，因此在分析压缩机运行和调节问题时应善于把压缩机与管网和系统联系起来全面考虑，这是学习本章内容并用于分析解决实际问题的重要思路和方法。

把压缩机出口压力曲线和管网阻力曲线画在同一张 p-q_m 图上，如图 7-3 所示。图中纵坐标 p 为压缩机出口静压（绝对压力）或管网阻力，横坐标为质量流量 q_m，曲线 I 为压缩机的出口压力曲线，曲线 II 为管网阻力曲线，二者相交于 M 点。此时，压缩机在 M 点工作，流量为 q_{mM}，出口压力为 p_M；而管网内通过的流量也是 q_{mM}，管网所产生的阻力也为 p_M。系统是由压缩机和管网共同组成的，因此，此时整个系统的工作点也是 M 点。

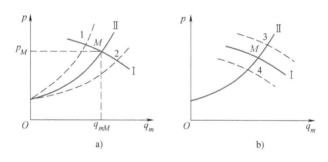

图 7-3　压缩机和系统的工作点

如果保持压缩机运行转速不变，采取措施加大管网阻力（例如，将阀门开度关小），则通过压缩机和管网的流量将减小，管网阻力曲线和压缩机工作点将向小流量方向移动。压缩机流量减小使其出口压力增加，直至压缩机出口压力与增大后的管网阻力重新达到平衡，通过系统的流量不再变化，压缩机和系统将在新的工作点（图 7-3a 中 1 点）工作。如果与上述情况相反，不增加管网阻力而是减小管网阻力（例如，将阀门开度开大），则压缩机和系统将移动到大流量方向的 2 点工作，如图 7-3a 所示。

如果管网阻力曲线不变而改变压缩机的转速，系统的工作点也会变化。压缩机转速增加，其出口压力曲线将向右上方移动，工作点将向流量增加方向移动到 3 点位置；反之，压缩机转速下降，压缩机性能曲线将向左下方移动，工作点将移动到流量较小的 4 点位置，如

图 7-3b 所示。

综上所述，在 p-q_m 图上，压缩机出口压力曲线和管网阻力曲线的交点即压缩机的工作点，同时也是系统的工作点。系统的工作点是由压缩机和管网共同决定的。

7.1.3 离心压缩机的稳定工作范围

为了保证离心压缩机安全可靠运行，要求压缩机的工作点必须具有稳定性。什么是压缩机工作点的稳定性呢？

压缩机在运行时，外界的小扰动因素很多。这些小扰动具有随机、短暂的特点，例如：进气条件或气流参数发生某些变化，转速或管网阻力出现微小波动，等等。这些扰动引起系统工作点偏离原有位置。所谓"工作点具有稳定性"，即当扰动因素消失后，系统能在不采取任何调节措施的情况下，自动地回复到原工作点运行，这类工作点称为稳定工作点，或称为具有稳定性。

如图 7-4a 所示，系统在压缩机出口压力曲线和管网阻力曲线的交点 M 工作。某短暂扰动因素使系统内的流量由 q_{mM} 增大为 q_{mA}，则此时压缩机和管网内的流量也都增大到 q_{mA}。由图 7-4 可知，压缩机的工作点移动到图中 A 点，出口压力为 p_A，而管网的运行点则移到 A_1 点，管网阻力增大为 p_{A1}。当扰动消失后，由于管网阻力 p_{A1} 大于压缩机出口压力 p_A，压差 p_{A1}-p_A 的作用是使系统内的流量减小，所以系统工作点向流量减小方向移动，直到压缩机出口压力与管网阻力达到平衡，系统自动重新回到 M 点工作。反之，当扰动因素使系统内的流量由 q_{mM} 减少为 q_{mB}，则压缩机和管网分别移动到 B 点和 B_1 点工作。扰动消失后，由于压缩机出口压力 p_B 大于管网阻力 p_{B1}，压差 p_B-p_{B1} 的作用是使系统内的流量增大，于是系统也能自动返回到 M 点工作。因此，M 点是稳定工作点。

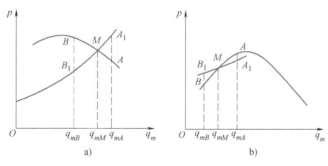

图 7-4 工作点稳定性分析示意图

非稳定工作点的例子如图 7-4b 所示。系统的初始工作点是 M 点，当扰动使系统流量由 q_{mM} 增大为 q_{mA} 时，压缩机和管网分别移动到 A 点和 A_1 点工作。但此时压缩机出口压力 p_A 大于管网阻力 p_{A1}，压差 p_A-p_{A1} 使系统内的流量继续增大，因此扰动消失以后，系统无法自动返回到 M 点工作。同样，当扰动使系统流量减少时，压缩机的出口压力 p_B 小于管网阻力 p_{B1}，其作用是使系统内的流量继续减少，系统也不能在扰动消失后自动返回到 M 点工作。因此，这里的 M 点是非稳定工作点。压缩机在非稳定工作点运行极易导致发生事故（例如喘振），因此压缩机不允许在非稳定工作点运行。

根据上述分析可知，压缩机出口压力曲线最高点右侧的工况点都是稳定工况点，压缩机在这些工况点都可以稳定工作；而压缩机出口压力曲线最高点左侧的工况点都是非稳定工况点，压缩机在这些工况点不能稳定工作。通常情况下，系统能否稳定工作取决于压缩机能否稳定工作，因此，系统的稳定工作范围与压缩机的稳定工作范围一样，均为压缩机出口压力曲线最高点的右侧部分。

7.2 离心压缩机的旋转失速与喘振

喘振是离心压缩机在出口背压很高或管网阻力过大导致流量减至很小时出现的一种破坏性极强的现象，压缩机不允许在喘振工况运行，所以喘振工况不在压缩机的稳定工作范围之内。本节针对单个压缩机级，简要介绍喘振发生的机理、现象及防治的主要思路。

7.2.1 旋转脱离及失速

1. 气流脱离

当离心压缩机流量增大或减小而偏离设计工况时，叶轮叶片进口通常会产生冲击，并在叶片工作面或非工作面产生气流分离。流量偏离设计工况较远时，叶轮叶片的进口冲角明显增大，叶道内的分离区迅速扩张而产生大尺度的气流分离，这种状况称为"气流脱离"。

当流量减小时，叶轮叶片进口产生正冲角，气流分离发生在叶片非工作面。由于叶轮旋转使气流产生离开叶片非工作面的惯性趋势以及叶道内二次流的影响，叶片非工作面容易产生气流分离，并且分离区容易扩大。相反，当流量增加时，叶轮叶片进口产生负冲角，但由于叶轮旋转使气流产生向叶片工作面贴近的惯性趋势以及二次流的影响，与叶片非工作面相比，工作面不容易产生气流分离，产生分离后分离区也不容易扩大。因此，气流脱离现象容易在压缩机的小流量工况下发生。

2. 旋转脱离

由于各方面的原因，叶轮内各个叶道内的流动通常不会完全一样，所以气流脱离总是先在一个或几个叶道内产生，形成所谓的"脱离团"。

如图7-5所示，叶轮沿逆时针方向旋转，由于流量减小，叶道内叶片非工作面上产生了气流分离。假定随流量继续减小，叶道2内首先产生脱离团，如图7-5a所示，则该叶道气体流动受阻，使局部来流产生进气方向偏斜。该偏斜使叶道3进口气流正冲角增大，分离区迅速扩大产生脱离团，但使叶道1进口接受负冲角气流，分离区减小而流动得以改善。图7-5b表明，由于叶道3内产生脱离团，气流受阻，导致其前方来流进气方向产生偏斜，使叶道4进口产生正冲角，流动恶化产生脱离团，但使叶道2的进口产生负冲角，流动得以改

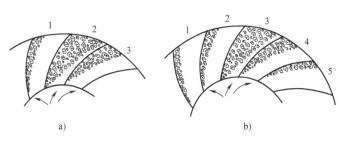

a)   b)

图7-5　旋转脱离示意图

善，原有脱离团消失。这样，脱离团依次从叶道2移动到叶道3，再从叶道3移动到叶道4，以此类推。相对于叶轮而言，脱离团按照与叶轮转向相反的方向沿各个叶道移动，故称为"旋转脱离"。一般而言，脱离团移动速度低于叶轮转速，所以，站在绝对坐标系上看，脱离团与叶轮同方向旋转，但转速低于叶轮转速。上面举例针对一个叶道内产生脱离团的情况，对于几个叶道共同形成的脱离团或是一个叶轮内同时存在多个脱离团的情况，可有类似分析。

上面分析都是针对叶轮而言，实际中，叶片扩压器内也同样会产生上述的气流脱离和旋转脱离现象，且一般情况下，在带有叶片扩压器的级中，旋转脱离也常常首先在叶片扩压器中出现[1]。

旋转脱离使叶轮或叶片扩压器中某些叶道的流动情况变差，流动损失增加，压缩机级出口压力下降，这导致压缩机流量进一步减小，叶轮或叶片扩压器内的流动进一步恶化，脱离团增多，损失进一步增大，级出口压力进一步降低，形成恶性循环。小流量工况下，叶轮或叶片扩压器中产生旋转脱离，使压缩机性能明显恶化的情况，称为"失速"或"旋转失速"。

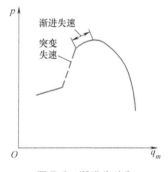

图7-6 渐进失速和突变失速示意图

3. 失速

（1）渐进失速 随着流量减小，叶轮或叶片扩压器中产生气流脱离，形成脱离团，脱离团逐渐扩大或数量逐渐增多，级性能则逐渐下降，这个过程称为渐进失速。渐进失速的过程在性能曲线上表现为连续曲线，如图7-6所示。

（2）突变失速 当流量进一步减小到某一值时，叶轮或叶片扩压器内突然形成大面积旋转脱离团，级性能突然明显下降，这个现象称为突变失速。突变失速表现为性能曲线出现间断，如图7-6所示。

（3）渐进失速+突变失速 实际中的失速多为渐进失速+突变失速，有一个从量变逐渐发展为质变的过程，如图7-6所示。

7.2.2 喘振

1. 喘振发生的原因

喘振发生的外因是：压缩机运行时，管网阻力过大导致压缩机的流量大大减小，达到了引起喘振发生的流量界限。

喘振发生的内因是：随着压缩机流量的大幅度减小，叶轮或叶片扩压器内流动恶化出现失速，损失大大增加，级出口压力大大下降，以致低于管网中的压力，导致管网中的气体向压缩机倒流，从而发生喘振。

从上面的分析可知，引发压缩机喘振的根源是管网阻力过大。

2. 喘振时的现象

当管网阻力过大导致压缩机流量非常小时，叶轮或叶片扩压器内产生旋转脱离，流动恶化引起失速，压缩机出口压力突然大幅度下降，以致低于管网中的压力，于是管网中的气体瞬间向压缩机倒流。倒流使叶轮或叶片扩压器内流量过小的问题暂时缓解，流动改善，压缩机出口压力回升，而管网中由于气体倒流压力瞬时下降，低于压缩机出口压力，所以倒流停止，压缩机重新向管网供气。正常供气使管网阻力增加，提高了管网内的压力，使系统内的流量再次减小。流量非常小时又会引起叶轮或叶片扩压器内流动恶化，压缩机出口压力再次突然大幅度下降，管网中的气体再次向压缩机倒流。这种系统内周期性、低频率、大振幅的气流振荡现象称为喘振。

喘振发生时，正常流动规律受到完全破坏，剧烈的振动导致压缩机在短时间内就会受到严重破坏。

3. 喘振防治的主要思路

（1）压缩机设计时的防喘振思路

1）尽可能使压缩机运行的工况范围宽一些，例如：采用无叶扩压器、机翼型叶片、合适的调节方法和装置等。

2）保证设计工况点与喘振点之间隔开足够的距离。在很多应用场合，都要求压缩机设计点流量至少大于或等于相同转速下喘振点流量的 1.25 倍。

3）设置喘振控制线。如图 7-7 所示，在压缩机的变转速性能曲线族中，每个转速下的性能曲线左端都有一个喘振工况点，各个喘振点的连线形成一条喘振线。在每个转速的性能曲线上选取一个流量为喘振流量 1.1 倍左右的工况点，这些点的连线形成一条喘振控制线。为防止突发喘振，压缩机设计时，所有运行工况点均应落在喘振控制线的右侧区域，保证压缩机在任意工况点运行时都有足够的喘振裕量。

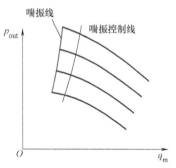

图 7-7 喘振控制界限示意图

（2）压缩机运行时的防喘振思路

1）思想上足够重视和警惕，认真观测和判断，及时发现是否出现了喘振的先兆。首先是听声音。压缩机正常稳定运行时，噪声是连续性的，接近喘振工况时，噪声增大，并出现周期性波动和变化。其次是观察压力和流量的变化。稳定运行时，压力和流量变化不大且比较有规律，数据在平均值附近有小幅度波动，接近喘振工况时，压力和流量都会出现大幅度的周期性脉动。第三是监测机组振动情况。接近喘振工况时，机壳和轴承都会发生剧烈振动，其振幅要比平时正常运行时大得多。

2）设置报警装置，当流量小于某一预先设定值时，发出警报，引起运行人员的注意。

3）降低管网阻力，即降低压缩机出口背压，使压缩机流量增加，防止喘振发生。

对于允许放空的工质（如空气），可在压缩机出口设置放空阀，如图 7-8a 所示。当压缩机流量小于某一预先设定值时，开启放空阀，使压缩机出口直接与大气连通，管网阻力下降，压缩机流量增加，防止喘振发生。

对于不允许放空的工质（如易燃易爆气体、稀有贵重气体等），可在压缩机出口设置回流阀（图 7-8b），通过管道将压缩机出口与压缩机进口或压缩机的某一段进口连接，形成封闭循环防止气体外泄。当压缩机流量小于某一预先设定值时，开启回流阀，将压缩机出口（高压）与进口（低压）或某一段进口（低压）连通，从而降低管网阻力，使压缩机流量增加，防止喘振发生。

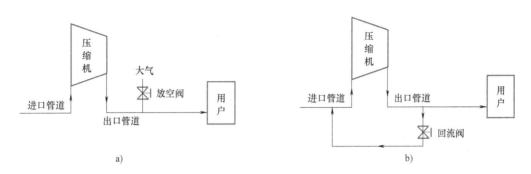

图 7-8 放空及回流示意图

7.3 离心压缩机的串联与并联

在实际应用中，也常见到离心压缩机在系统中串联或并联运行的情况。压缩机串联或并联各有什么特点？是不是任意两台压缩机都可以串联或并联？压缩机串联或并联后性能如何变化？本节以两台压缩机为例，介绍两机在系统中串联或并联运行的分析思路和方法，以及串联或并联后的运行规律及特点。图 7-9 为两台离心压缩机在系统中串联和并联运行的示意图。

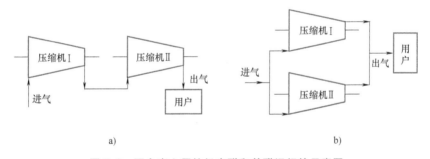

图 7-9 两台离心压缩机串联和并联运行的示意图

7.3.1 串联

1. 串联运行的主要目的和特点
一般而言，压缩机串联运行的目的，主要是解决压力不能完全满足需要的问题。

从图 7-9a 可以看出，两台压缩机串联的特点是两机质量流量相同，也均与管网和系统的质量流量相同。

2. 平方型管网阻力系统中两机串联的分析
试分析这样一个例子：在某具有平方型管网阻力的系统中（例如矿井），压缩机 I 单独运行时具有压比 ε_I、质量流量 q_{mI}，压缩机 II 单独运行时具有压比 ε_{II}、流量 q_{mII}，且有 $\varepsilon_I > \varepsilon_{II}$，$q_{mI} > q_{mII}$。那么，两机串联后的压比 ε_A 和流量 q_{mA} 会如何变化？是否 $\varepsilon_A = \varepsilon_I \varepsilon_{II}$？是否 $q_{mA} = q_{mI}$ 或 $q_{mA} = q_{mII}$ 或 $q_{mA} = (q_{mI} + q_{mII})/2$？

（1）基本假定 为分析方便，做如下基本假定：

1）管网具有平方型阻力特性，且管网阻力曲线已知。

2）假定两机单独在系统中运行时具有相同的流量范围，且各自的性能曲线已知。

3）两台压缩机串联时，后面一台压缩机与单独在系统中运行时相比，由于体积流量减少，压比会增大一些。为了简化问题并突出主要矛盾，此处分析时忽略了后面一台压缩机串联前后的压比变化。

（2）分析方法

1）已知压缩机 I 和压缩机 II 单独在系统中运行时的压比曲线 1 和 2，将其与管网阻力曲线 4 共同画在同一张 ε-q_m 曲线图（图 7-10）上。找出两机的压比曲线与管网阻力曲线的交点 I 和 II，这两点即为两台压缩机单独在系统中运行时的工作点，压比和质量流量分别为 ε_I、ε_{II} 和 q_{m1}、$q_{m II}$。

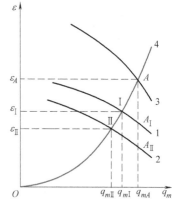

图 7-10　平方型管网阻力系统中两机串联运行示意图

2）将两机的压比曲线按照相同质量流量 q_m 下对应压比相乘的规律叠加，得出两机串联后的压比曲线 3。新的压比曲线 3 与管网阻力曲线 4 相交于点 A，则点 A 即两机串联后系统的新的工作点，压比为 ε_A，流量为 q_{mA}。

3）根据两机串联时质量流量相同且与系统质量流量相同的特点，可知串联后两机新的工作点分别是 A_I 点和 A_{II} 点，压比分别为 ε_{A_I} 和 $\varepsilon_{A_{II}}$，流量则均为 q_{mA}。

分析两机串联的主要思路：把串联的两台压缩机看成一台压缩机，用两机合成的压比曲线与系统的管网阻力曲线相交，得出两机串联后系统的工作点，再根据串联后两机与系统质量流量相同的特点，确定两机串联后各自的新的工作点。

（3）平方型管网阻力系统中两机串联后的性能特点　针对上述例子，在具有平方型管网阻力的系统中，两机串联运行后有如下特点：

1）$\varepsilon_A > \varepsilon_I > \varepsilon_{II}$，$\varepsilon_A = \varepsilon_{A_I} \varepsilon_{A_{II}} < \varepsilon_I \varepsilon_{II}$。即两机串联后形成的压比高于原来两机单独在系统中运行时各自的压比，但小于两机单独在系统中运行时压比的乘积。

2）$q_{mA} > q_{m1} > q_{m II}$。即两机串联后的流量大于原来两机单独在系统中运行时各自的流量。

3）图 7-11 的三个图分别给出压缩机 I 和压缩机 II 单独运行时的压比曲线，分析两机串联后的性能。可以看出，串联的两机流量范围应该非常接近，否则串联后的工况范围会明显缩小，如图 7-11a 所示。而且，一般而言，喘振流量小的压缩机放在后面有利于扩大两机串联后的工况范围，其理由可参见 3.5 节中"级数对性能曲线的影响"。图 7-11a 表明，两机串联时，压缩机 I 放在后面较好，此时流量范围为 $q_{m1} \sim q_{m3}$，若把压缩机 II 放在后面，则由于相同质量流量下，压缩机 II 的进口体积流量变小，流量范围将减小为 $q_{m2} \sim q_{m3}$。同理，图 7-11b 中，压缩机 II 放在后面较好。对于图 7-11c 所示情况，无论两台压缩机如何排列，理论上压缩机 II 都将发生喘振，因此两机不能串联。

4）串联后，两机各自的运行工况点发生变化。与原来单独在系统中运行时相比，串联后新的运行工况点压比 ε 变小，流量 q_m 增大。若两机单独运行时接近喘振工况，串联后运行会更加安全；若两机单独运行时接近阻塞工况，串联后则容易发生阻塞。简而言之：串联

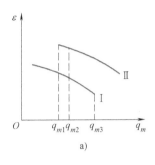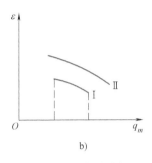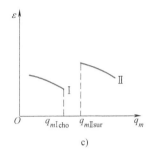

图 7-11　两机串联分析图

应注意防止阻塞。

3. 恒定型管网阻力系统中两机串联的分析

两机在恒定型管网阻力系统中的串联问题比较简单，如图 7-12 所示，其性能特点大致如下：

1）假定单机运行不能满足管网对压力的要求，不存在两机单独在系统中运行时的工作点和性能，单机压比曲线 1 和 2 与管网阻力曲线 4 没有交点。

2）将两机的压比曲线按照相同质量流量 q_m 下对应压比相乘的规律叠加，得出两机串联后的压比曲线 3，并与管网阻力曲线 4 相交于点 A，点 A 即两机串联后系统的新的工作点，压比为 ε_A，流量为 q_{mA}。

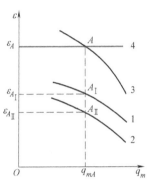

图 7-12　恒定型管网阻力系统中两机串联运行示意图

3）根据两机串联时质量流量相同且与系统质量流量相同的特点，可知串联后两机新的工作点分别是 A_I 点和 A_{II} 点，压比分别为 ε_{A_I} 和 $\varepsilon_{A_{II}}$，流量则均为 q_{mA}。

4）$q_{mA}=q_{mA_I}=q_{mA_{II}}$，$\varepsilon_A=\varepsilon_{A_I}\varepsilon_{A_{II}}$。即在恒定型管网阻力系统中，两机串联后质量流量相同，压比等于两机各自压比的乘积。

5）与在平方型管网阻力系统中一样，同样有：串联的两机流量范围应该非常接近，否则串联后的工况范围会明显缩小；一般而言，喘振流量小的压缩机放在后面有利于扩大两机串联后的工况范围。

7.3.2　并联

1. 并联运行的主要目的和特点

通常，压缩机并联运行的目的，主要是解决流量不能完全满足需要的问题。

从图 7-9b 可以看出，两台压缩机并联的特点是两机进出口压力（压比）相同。

2. 平方型管网阻力系统中两机并联的分析

同前面分析串联问题的例子类似，在某具有平方型管网阻力的系统中，压缩机 I 单独运行时具有压比 ε_I、质量流量 q_{mI}，压缩机 II 单独运行时具有压比 ε_{II}、质量流量 q_{mII}，两机并联后的压比 ε_A 和流量 q_{mA} 会如何变化？流量是否会增加一倍，即 $q_{mA}=q_{mI}+q_{mII}$？

（1）基本假定　为分析方便，假定：

1）管网具有平方型阻力特性，且管网阻力曲线已知。

2）假定两机单独在系统中运行时具有相同的压力范围，且各自的性能曲线已知。

（2）分析方法

1）已知压缩机Ⅰ和压缩机Ⅱ单独在系统中运行时的压比曲线1和2，将其与管网阻力曲线4画在同一张 ε-q_m 曲线图（图7-13）上。找出两机的压比曲线与管网阻力曲线的交点Ⅰ和Ⅱ，这两点即为两台压缩机单独在系统中运行时的工作点，压比和质量流量分别为 ε_I、ε_II 和 $q_{m\mathrm{I}}$、$q_{m\mathrm{II}}$。

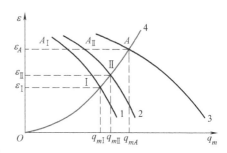

图7-13　平方型管网阻力
系统中两机并联运行示意图

2）将两机的压比曲线按照压比 ε 相同条件下对应质量流量 q_m 相加的规律叠加，得出两机并联后的压比曲线3，如图7-13所示。新的压比曲线3与管网阻力曲线4相交于点 A，则点 A 即两机并联后系统的新的工作点，压比为 ε_A，流量为 q_{mA}。

3）根据两机并联时进出口压力相同（压比相同）的特点，可知并联后两机新的工作点分别是 A_I 点和 A_II 点，压比均为 ε_A，流量则分别为 q_{mA_I} 和 q_{mA_II}。

与分析两机串联的思路类似，分析两机并联问题时，仍是把并联的两台压缩机看成一台压缩机，用两机合成的压比曲线与系统的管网阻力曲线相交，得出两机并联后系统的工作点，再根据并联后两机压比相同的特点，确定两机并联后各自的新的工作点。

（3）平方型管网阻力系统中两机并联后的性能特点　根据上述分析，在具有平方型管网阻力的系统中，两机并联运行后有如下特点：

1）$\varepsilon_A = \varepsilon_{A_\mathrm{I}} = \varepsilon_{A_\mathrm{II}}$，但 $\varepsilon_A > \varepsilon_\mathrm{I}$，$\varepsilon_A > \varepsilon_\mathrm{II}$。即并联后两机压比相同，均大于原来两机单独在系统中运行时的压比。

2）$q_{mA} > q_{m\mathrm{I}}$，$q_{mA} > q_{m\mathrm{II}}$，但 $q_{mA} = q_{mA_\mathrm{I}} + q_{mA_\mathrm{II}} < q_{m\mathrm{I}} + q_{m\mathrm{II}}$。即两机并联后流量增加，大于原来两机单独在系统中运行时各自的流量，但小于原来两机单独运行时的流量之和。

3）并联的两机，压力范围应该非常接近，否则并联后的工况范围会明显缩小。

4）并联后，两机运行的工况点发生变化。与原来单独在系统中运行时相比，并联后两机各自新的运行工况点压比 ε 变大，流量 q_m 减小。若两机单独运行时接近阻塞工况，并联后的运行工况离阻塞工况更远；若两机单独运行时接近喘振工况，则并联后容易发生喘振。因此，并联应注意防止喘振。

3. 恒定型管网阻力系统中两机并联的分析

两机在恒定型管网阻力系统中的并联问题相对也比较简单，如图7-14所示，其性能特点大致如下：

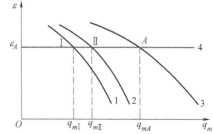

图7-14　恒定型管网阻力
系统中两机并联运行示意图

1）两机单独在系统中运行时的压比曲线1和2与管网阻力曲线4分别相交于点Ⅰ和Ⅱ，这两点即为两机单独在系统中运行时的工作点，压比和流量分别为 $\varepsilon_\mathrm{I} = \varepsilon_\mathrm{II}$ 和 $q_{m\mathrm{I}}$、$q_{m\mathrm{II}}$。

2）将两机的压比曲线按照压比 ε 相同时对应质量流量 q_m 相加的规律叠加，得出两机并联后的压比曲线3并与管网阻力曲线4相交于点 A，则点 A 即两机并联后系统的新的工作点，压比为 ε_A，流量为 q_{mA}。

3）根据两机并联时进出口压力相同（压比相同）的特点，可知并联后两机的工作点仍为Ⅰ点和Ⅱ点，压比仍为 $\varepsilon_1 = \varepsilon_{\mathrm{II}}$，流量仍分别为 q_{m1}、$q_{m\mathrm{II}}$。

4）$q_{mA} = q_{m1} + q_{m\mathrm{II}}$，$\varepsilon_A = \varepsilon_1 = \varepsilon_{\mathrm{II}}$。即两机并联后的流量等于原来两机在系统中单独运行时的流量之和，两机的压比相同且与原来在系统中单独运行时的压比相同。

5）与在平方型管网阻力系统中一样，同样有：并联的两机，压力范围应该非常接近，否则并联后的工况范围会明显缩小。

7.4 离心压缩机的调节

实际应用中，许多情况下需要对压缩机的运行工况进行调节，举例如下：

1）运行过程中需要增加或减少流量，有时用户要求在压力不变的情况下改变流量。

2）需要提高或降低出口压力，有时用户要求在流量恒定的条件下改变压力。

3）需要压缩机能够在多个不同的工况点运行，即同时改变压力和流量到指定值。

从理论上讲，调节就是改变压缩机出口压力曲线或管网阻力曲线的位置，使工作点移动，满足系统或用户的需要。下面介绍离心压缩机常用的几种调节方法，重点关注调节时压缩机出口压力（压比）曲线的变化，其他如效率、功率等曲线的变化可自行分析。

7.4.1 出口节流

出口节流调节方法是在离心压缩机出口管道上距离压缩机很近的位置安装一个阀门，通过改变阀门的开度实现调节，如图7-15所示。下面通过简单的例子进行说明。

1. 用户处工作压力不变，但要求流量变化

（1）基本假定 为了简化问题以便突出对调节机理的分析，针对图7-15所示系统做如下假定：

1）假定压缩机出口阀门与用户之间的管道不长，忽略这一段的管道阻力。

2）用户需要的工作压力 p_r 恒定，不随流量变化而变化。

3）假定用户需要的流量调节范围 $q_{mN} \sim q_{mM}$ 不大，所选择的压缩机在设计转速时的出口压力曲线1能够覆盖所需的调节范围，如图7-16所示。

4）阀门全开时系统及压缩机在图7-16中的 M 工况点运行，该点的流量是流量调节范围内的最大流量 q_{mM}。

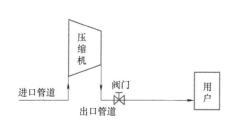

图7-15 简单的出口节流调节系统示意图

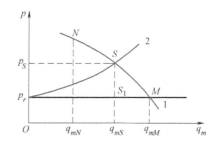

图7-16 出口节流流量调节示意图

（2）基本分析 在上述系统中，当用户需要改变流量时，只需改变阀门开度，通过改变管网阻力曲线2的位置来改变压缩机及系统的运行工况点，即可实现流量调节。

假定系统最初在 M 点运行，此时阀门全开，管网阻力表现为恒定阻力 p_r，与压缩机出口压力曲线 1 交于 M 点，用户处的工作压力为 p_r，流量为 q_{mM}。当用户需要减小流量时，将阀门适当关闭到某一位置，此时管网阻力曲线成为综合型管网阻力曲线 2，形状如图 7-16 所示，与压缩机出口压力曲线 1 相交于 S 点，系统和压缩机在 S 点运行，流量由 q_{mM} 减小为 q_{mS}，用户则在 S_1 点工作，流量减小但工作压力仍为 p_r。压缩机的出口压力为 p_S，压差 $p_S - p_r$ 是阀门的节流损失。如果需要进一步减小流量，可继续减小阀门开度；反之，若需要增大流量，加大阀门开度即可。从图 7-16 可知，向小流量方向调节时，阀门的节流损失增大；而向大流量方向调节时，阀门的节流损失减小。流量调节过程中，压缩机的出口压力和流量随管网阻力变化而变化，但用户处的工作压力不变。

2. 用户处工作压力变化，但要求保持流量不变

（1）基本假定　仍是为了突出主要矛盾，针对图 7-15 所示系统做如下假定：

1）假定压缩机出口阀门与用户之间的管道不长，忽略其管道阻力。

2）假定用户处的压力调节范围不大，p_r 的变化范围为 $p_M \sim p_N$，压缩机在设计转速下的出口压力曲线正好可以覆盖这一压力变化范围，如图 7-17 所示。

3）假定用户处需要的流量为 q_{mN}，且流量恒定不变。

4）假定用户处的工作压力最高时阀门处于全开状态，此时用户处的工作压力为 $p_r = p_N$，流量为 q_{mN}，如图 7-17a 所示。

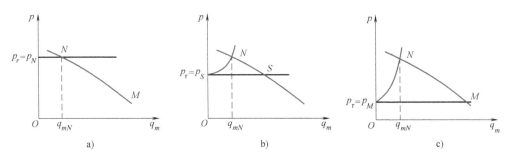

图 7-17　出口节流压力变化流量恒定的调节示意图

（2）基本分析　如图 7-17a 所示，系统在工况点 N 工作，管网阻力曲线表现为恒定阻力的形式，用户处的工作压力和压缩机的出口压力均为 p_N，流量为 q_{mN}。当用户处的工作压力下降为 p_S 时，如果不采取调节措施，用户处的流量将增大为 q_{mS}。但由于需要保持用户处流量不变，所以应该关小阀门开度，改变管网阻力曲线的形状，使压缩机仍在工况点 N 工作，如图 7-17b 所示。此时，压缩机出口压力仍为 p_N，但用户处的工作压力下降为 p_S，而流量仍为 q_{mN}。压降 $p_N - p_S$ 为阀门的节流损失。如果用户处的工作压力继续下降到最低压力 p_M，则可继续关小阀门开度，保持系统和压缩机仍在工况点 N 工作，如图 7-17c 所示。假如用户处的工作压力增加，例如由 p_M 重新增大为 p_S，则需要再将阀门开度开大，仍保持系统和压缩机在工况点 N 工作即可。

上述为采用出口节流调节的例子，对于其他的调节需要，可用同类思路进行分析。

3. 调节原理

通过改变阀门开度（改变阀门的通流截面面积和节流损失的大小），调整管网阻力曲线的位置，移动工作点，实现调节。

4. 调节范围

对用户而言，调节范围为压缩机性能曲线图中出口压力曲线及其下方的有限区域。

5. 主要特点

1) 结构简单，调节方便，造价低。

2) 对于长期运行而言，调节的经济性较差，主要是阀门的节流损失较大。

3) 调节范围相对较小。

7.4.2 进口节流

与出口节流类似，进口节流仍是使用阀门进行调节，只是阀门设置在离心压缩机进口，如图 7-18 所示。

进口节流与出口节流调节方法的主要区别是：进口节流使压缩机进口压力 p_{in} 和密度 ρ_{in} 降低，因此，针对相同的压缩机体积流量，采用进口节流时压缩机的质量流量小一些，可以节省压缩机功耗；而针对相同的压缩机质量流量，采用进口节流时压缩机的体积流量大一些，有利于在小流量工况下推迟喘振的发生。

采用进口节流调节时，因为压缩机进口压力 p_{in} 降低，出口压力 p_{out} 也相应降低，所以随着阀门逐渐关闭，在压缩机性能曲线图上，压缩机出口压力曲线逐渐向下方移动（针对体积流量）或向左下方移动（针对质量流量）。

对于前面讨论的两个采用出口节流调节的例子，如果采用进口节流调节，可简单分析如下。

1. 用户处工作压力不变，但要求流量变化

如图 7-19 所示，为分析方便，所做基本假定与分析出口节流调节方法时所做的假定相同，不再重复。当用户需要改变流量时，只需改变阀门开度，通过改变压缩机出口压力曲线的位置来改变压缩机及系统的运行工况点，即可实现流量调节。

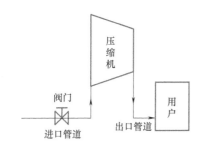

图 7-18 进口节流调节系统示意图

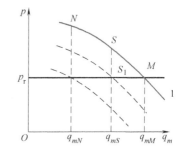

图 7-19 进口节流流量调节示意图

假定系统最初在 M 点运行，此时阀门全开，恒定阻力 p_r 与压缩机出口压力曲线 1 交于 M 点，压缩机及用户处的工作压力为 p_r，流量为 q_{mM}。当用户需要减小流量时，将阀门关闭到某一位置，此时压缩机出口压力曲线下降，与恒定阻力 p_r 相交于 S_1 点，用户处的工作压力仍为 p_r，但流量由 q_{mM} 减小为 q_{mS}。压差 $p_S - p_r$ 代表阀门的节流损失。如果需要进一步减小流量，可继续减小阀门开度，阀门的节流损失增大，压缩机出口压力曲线进一步下降；反之，若需增大流量，则加大阀门开度，使压缩机的出口压力曲线上升即可。

2. 用户处工作压力变化，但要求保持流量不变

如图 7-20 所示，基本假定与分析出口节流压力调节方法时所做的假定相同。假定系统

在工况点 N 工作，用户处的工作压力和压缩机的出口压力均为 p_N，流量为 q_{mN}。当用户处的工作压力下降为 p_S 时，如果不采取调节措施，用户处的流量将增大为 q_{mS}。由于需要保持用户处流量不变，所以应该关小阀门开度，使压缩机出口压力曲线下降，与恒定阻力 $p_r = p_S$ 相交于 A 点，则用户处流量仍为 q_{mN}，但压力下降为 p_S。压降 $p_N - p_S$ 为阀门的节流损失。如果用户处的工作压力继续下降到最低压力 p_M，则可继续关小阀门开度，使压缩机出口压力曲线继续下降，与恒定阻力 $p_r = p_M$ 相交于 B 点即可。假如用户处的工作压力回升，例如由 p_M 重新增大

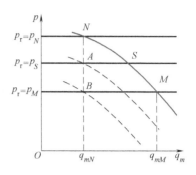

图 7-20　进口节流压力调节示意图

为 p_S，则只要再将阀门开度适当开大，使压缩机返回 A 点工作即可。

3. 调节原理

通过改变阀门开度调整压缩机出口压力曲线的位置，移动工作点，实现调节。

4. 调节范围

对用户而言，调节范围为性能曲线图中阀门全开时离心压缩机出口压力曲线及其下方（针对体积流量）或左下方（针对质量流量）的有限区域。

5. 主要特点

1）结构简单，调节方便，造价低。

2）对于长期运行而言，调节的经济性虽略优于出口节流调节，但仍然较差，主要是阀门节流损失较大。

3）调节范围相对较小。

4）针对质量流量而言，进口节流调节比出口节流具有更小一些的喘振流量。

7.4.3　可调进口导叶

可调进口导叶是在叶轮进口前设置可转动的导流叶片，图 7-21 所示为带有进口导叶的

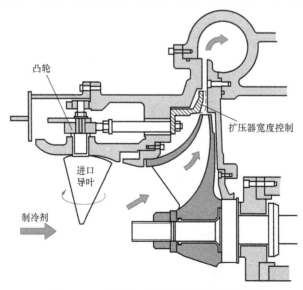

图 7-21　带有进口导叶的鼓风机内部结构

鼓风机内部结构，图7-22所示为离心通风机中常用的进口导叶机构，图中的导流叶片处于完全关闭状态，图7-23所示为鼓风机的两种进口导叶机构，图中的导叶分别处于全开和半开状态。

可调进口导叶在调节过程中具备两种作用：一种是阀门的作用，通过改变导叶开度来改变通流截面面积和节流损失的大小；另一种是在叶轮进口前产生气流预旋，从而改变叶轮的做功能力。经验表明，当导叶叶片从全开状态开始逐步关闭（即导叶关闭的角度不太大）时，导叶产生的气流预旋对于调节起主要作用，而随着导叶关闭的角度逐步加大，

图7-22 离心通风机的进口导叶机构

导叶的阀门作用越来越大，逐步取代气流预旋而对调节起到主要作用。

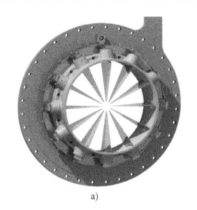
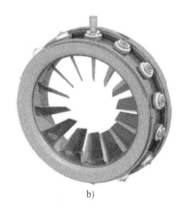

a)   b)

图7-23 鼓风机的进口导叶机构

a）全开状态 b）半开状态

阀门调节在前面进出口节流的内容中已经讨论过，所以这里重点讨论气流预旋的调节作用。

1. 气流预旋的定义

如图7-24所示，后向叶轮以角速度ω沿图示方向转动，定义叶轮叶片进口气流绝对速度c_1与径向分速度c_{1r}的夹角θ为预旋角，c_{1r}为θ角的起始边，c_1为终止边，θ角与叶轮旋转方向相同为正，反之为负。

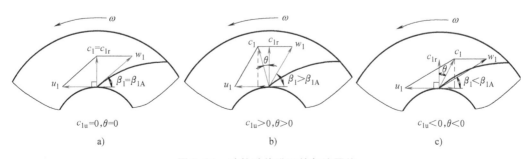

图7-24 叶轮叶片进口的气流预旋

如图 7-24a 所示，当气流速度 c_1 的方向为径向，$\theta=0$ 且 $c_{1u}=0$ 时，称为叶轮进口气流无预旋。当速度 c_1 的方向偏离径向而向叶轮旋转方向偏转时，$\theta>0$ 且 $c_{1u}>0$，称为正预旋，如图 7-24b 所示。当 c_1 向叶轮旋转方向的相反方向偏转，$\theta<0$ 且 $c_{1u}<0$ 时，称为负预旋，如图 7-24c 所示。一般在设计中，当叶片进口气流无预旋时，通常将叶片进口的气流冲角设计为 $i\approx0$，图 7-24a 中为方便，将冲角表示为 $i=0$。如图 7-24b、c 所示，一般情况下，正预旋产生负冲角，负预旋产生正冲角。

2. 调节原理

（1）预旋对压比和流量的影响　离心压缩机的压比 ε 或出口压力 p_{out} 与叶轮所做的理论功 W_{th} 成正比。由欧拉方程知

$$W_{th}=c_{2u}u_2-c_{1u}u_1$$

所以，当叶轮叶片进口气流无预旋时，$c_{1u}=0$，$W_{th}=c_{2u}u_2$；而正预旋（$c_{1u}>0$）将使叶轮做功能力及理论功 W_{th} 降低，导致压缩机出口压力或压比下降；负预旋（$c_{1u}<0$）则使 W_{th} 及压缩机出口压力或压比增加。

从 2.7 节知道，影响压缩机流量的主要因素之一是压缩机出口压力及管网阻力的大小。如果压缩机在运行过程中出口压力增加而管网阻力不变，则压缩机的流量会随之增加。管网系统中流量增加导致管网阻力增大，直至与压缩机出口压力达到新的平衡，则流量不再增加，系统在新的流量下稳定工作。相反，若压缩机出口压力下降而管网阻力不变，流量则会随之减小。

（2）预旋对工况范围的影响　离心压缩机的运行工况变化时，叶轮叶片进口的相对气流角随之变化。对于一个按照正常方法设计的离心压缩机级而言，在最高效率点运行时往往是叶轮叶片进口相对气流角约等于叶片进口安装角，冲角基本为零；而到达喘振工况或阻塞工况时，则在叶轮进口分别对应着一个引起喘振或阻塞的临界相对气流角。

假定一个在叶轮进口气流无预旋条件下（$\theta=0$）的离心压缩机级，在最高效率点运行时的叶轮进口速度三角形如图 7-25a 中的黑色线条和字母所示，$c_1=c_{1r}$，$\beta_1=\beta_{1A}$，冲角 $i=0$。采用进口导叶调节，叶轮转速不变，使叶轮进口气流出现正预旋（$\theta>0$），若还保持压缩机级在最高效率点运行，即保持叶片进口处冲角 $i=0$，则气流速度三角形如图 7-25a 中的橘色线条和字母所示，橘色气流角 β_1 也等于 β_{1A}。从图 7-25a 中可以看出，此时橘色 c_{1r} 小于黑色 c_{1r}，说明同样是在最高效率点运行，正预旋时叶轮的流量比无预旋时要小。换句话说，与无预旋条件相比，正预旋使压缩机性能曲线上最高效率点的流量向小流量方向移动。正预旋越大，移动的幅度越大。

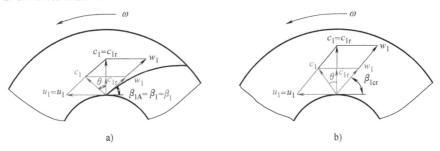

图 7-25　无预旋与正预旋条件下的叶轮进口速度三角形

同样使用上面的例子，图 7-25b 给出无预旋和正预旋条件下，压缩机级到达喘振工况或阻塞工况时的叶轮进口速度三角形，图中用 β_{1cr} 表示到达喘振工况或阻塞工况时的临界相对气流角。应说明，两个工况所对应的临界相对气流角并不相等，但速度三角形之间的关系相同，故为简化图示，这里用 β_{1cr} 统一表示。从图 7-25b 中可以看出，与无预旋条件相比，正预旋使压缩机性能曲线上喘振工况及阻塞工况的流量也向小流量方向移动。正预旋越大，向小流量方向移动的距离越大。

采用与上面相同的分析方法和例子，图 7-26 给出在无预旋和负预旋条件下，压缩机级在最高效率点、喘振工况点或阻塞工况点时的叶轮进口速度三角形，图中用 β_1 统一表示压缩机在三个代表性工况点运行时的叶片进口相对气流角，无预旋条件下的速度三角形为黑色，负预旋条件下的速度三角形为橘色。图 7-26 表明，无论 β_1 代表哪种情况，橘色 c_{1r} 总是大于黑色 c_{1r}，即与无预旋条件相比，负预旋使压缩机的性能曲线整体向大流量方向移动。

实践表明，负预旋的调节范围不大，调节的上限为 $\theta \approx -25°$ 左右。因为当负预旋增大时，叶轮叶片进口的气流正冲角增大，超过一定值时，导致叶轮内的流动变差，叶轮做功能力不增反降，同时使 Ma_{w_1} 增大，导致级效率、压比和流量均下降。

将上面预旋对压力和流量的影响结合起来可知，与无预旋条件相比，正预旋使压缩机的压比曲线向左下方移动，负预旋使压比曲线向右上方的有限区域移动。

图 7-27 给出通过实验测出的某离心通风机使用进口导叶调节时的性能曲线变化。图中的 β_A 即本教材中的预旋角 θ，横坐标为进口体积流量，纵坐标为风机全压。美中不足的是没有对负预旋情况下的风机性能进行测量。

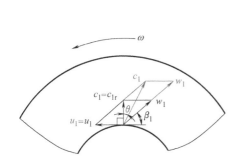

图 7-26　无预旋与负预旋
条件下的叶轮进口速度三角形

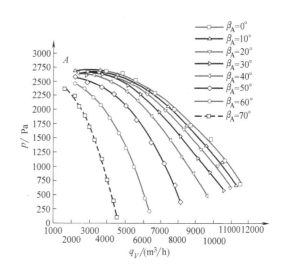

图 7-27　离心通风机使用进口
导叶调节时的实验性能曲线变化

（3）调节原理概括　进口导叶同时具有阀门和在叶轮进口产生预旋两种调节作用。产生预旋的调节作用通过在叶片进口产生正或负的 c_{1u} 改变叶轮的做功能力，从而改变压缩机出口压力曲线的位置，实现调节。

3. 调节范围

在性能曲线图上，调节范围为无预旋时压缩机出口压力曲线左下方的区域和右上方的有限区域。

4. 主要特点

1）与阀门调节相比，经济性较好，不是单纯靠损失压力，而是部分靠改变叶轮做功能力实现调节。

2）与阀门调节相比，调节范围更大一些，特别是压缩机出口压力曲线可以向右上方移动，尽管移动范围非常有限。

3）对 D_1/D_2 大的叶轮，调节作用相对较大。

4）结构比较复杂，故多用于单级或多级压缩机的第一级。

5）对叶轮叶片进口区域产生交变脉动力。

7.4.4　可调叶片扩压器

通过前面学习已知，与无叶扩压器相比，叶片扩压器在设计点效率较高，但变工况性能较差，主要是因为工况变化时叶轮出口气流角 α_2 发生变化，与扩压器叶片进口安装角 α_{3A} 不匹配而产生冲角，导致扩压器叶道内流动变差。可调叶片扩压器（图 7-28）就是将扩压器的叶片设计成可以转动的，以适应来流方向的变化，从而扩大压缩机运行的工况范围。

1. 调节原理

改变扩压器叶片的进口安装角 α_{3A}，以适应工况变化时叶轮出口气流方向的变化。

2. 调节范围

可使压缩机的压比曲线在较大范围内近似平行移动，特别是向小流量方向移动范围较大。

3. 主要特点

1）不改变叶轮的做功能力，适合于压缩机出口压力变化不大、流量调节范围较大的应用场合。

2）经济性优于阀门调节，因为调节扩压器叶片是适应流动、减少损失，而阀门调节是增加节流损失。

3）结构比较复杂。

图 7-29 给出某增压器使用可调叶片扩压器调节时性能曲线的变化[11]。

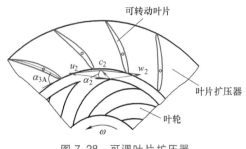

图 7-28　可调叶片扩压器

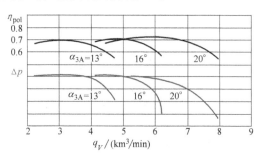

图 7-29　某增压器使用可调叶片扩压器调节时性能曲线的变化

7.4.5 变转速调节

前面3.5节已对变转速条件下压缩机性能曲线的变化进行了详细分析，得出结论：在压缩机的性能曲线图中，若转速增加，压比曲线将向右上方移动；若转速降低，压比曲线将向左下方移动。性能曲线的变化如图3-30所示，图中下角标$1\sim4$对应由高到低的四个转速$n_1\sim n_4$。

用与7.4.3节"可调进口导叶"内容中类似的方法，可证明压缩机喘振工况点和阻塞工况点的流量随转速增加向大流量方向移动，反之则向小流量方向移动，可根据图7-30自行分析。

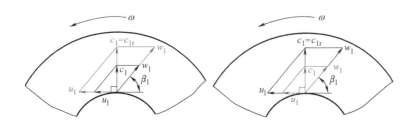

图7-30 转速变化时工况范围移动分析示意图

1. 调节原理

通过提高或降低叶轮的圆周速度改变叶轮的做功能力，从而改变压缩机压比曲线的位置，实现调节。

2. 调节范围

调节范围为性能曲线图上额定转速压比曲线左下方的较大区域和右上方的有限区域。向右上方移动主要受Ma_{w_1}和叶轮材料强度的限制。

3. 主要特点

1）调节范围广。

2）节能性好，因为是通过改变叶轮的做功能力而不是靠产生损失进行调节。

3）对调节装置的要求较高。

上述五种常用调节方法中，变转速调节因为调节范围广、节能性最好而在大型压缩机中获得广泛的应用。另外，不同调节方法有时也被联合使用，以期获得更好的调节效果。

学习指导和建议

7-1 掌握离心压缩机在系统中与管网联合工作的相关基本概念、工作特点及分析该类问题的主要思路。

7-2 了解离心压缩机喘振的机理、现象及喘振防治的主要思路及措施。

7-3 掌握离心压缩机串联或并联运行时的分析思路和方法，以及串联或并联运行时性能变化的规律及特点。

7-4 了解常用的调节方法，掌握各种调节方法的调节机理及优缺点。

思考题和习题

7-1　什么是管网？什么是系统？

7-2　什么是管网阻力曲线？常见的管网阻力曲线有哪几种类型？

7-3　在分析压缩机运行和调节问题时应注意掌握的一个重要思路和方法是什么？

7-4　在 p-q_m 图上，如何确定压缩机和系统的工作点？

7-5　什么样的压缩机工作点是稳定工作点？压缩机和系统的稳定工作范围是什么？

7-6　什么是压缩机的非稳定工作点？压缩机能否在非稳定工作点运行？为什么？

7-7　什么是气流脱离？气流脱离容易产生在大流量工况还是小流量工况？为什么？

7-8　什么是旋转脱离和失速？什么是渐进失速和突变失速？

7-9　引起离心压缩机喘振的原因是什么？

7-10　喘振时的主要现象和危害是什么？

7-11　防治喘振的主要思路和措施是什么？

7-12　压缩机串联和并联的主要目的是什么？串联和并联各有什么主要特点？

7-13　分析压缩机串联和并联问题的主要思路和方法是什么？

7-14　在具有平方型管网阻力的系统中，两台压缩机原先单独在系统中运行，串联后性能会如何变化？是否压比等于原来单独运行时两机压比的乘积？流量是否等于原来单独运行时两机流量的平均值？为什么？

7-15　在具有恒定型管网阻力的系统中，两台压缩机串联后性能会如何变化？为什么？

7-16　在具有平方型管网阻力的系统中，两台压缩机原先单独在系统中运行，并联后性能会如何变化？是否压比等于原来单独运行时两机各自的压比？流量是否等于原来单独运行时两机的流量之和？为什么？

7-17　在具有恒定型管网阻力的系统中，两台压缩机原先单独在系统中运行，并联后性能会如何变化？为什么？

7-18　两机串联或并联时，应注意使它们的什么范围非常接近？为什么？

7-19　两机串联时应注意防止阻塞还是喘振？为什么？并联时呢？

7-20　常用的调节方法有哪几种？

7-21　各种调节方法的基本调节原理、调节范围和主要特点是什么？

7-22　几种常用调节方法中，哪种调节方法调节范围最宽？哪种调节方法最节能？为什么？

第8章

离心压缩机热力设计

8.1 热力设计概述

前面各章中，大部分内容是在压缩机通流结构已知的条件下，分析其中的气体流动、热力参数变化及其所遵循的基本规律。本章则相反，重点介绍如何根据给定的设计条件，设计出符合需要的压缩机通流结构。

离心压缩机设计包括热力设计、结构设计、强度振动及稳定性计算、工艺设计，还包括自动控制与调节、驱动形式及其他辅助装置的选择或设计等多方面的内容。一些研发机构采用图8-1所示的路线针对离心压缩机的性能进行研发，图中"一维方案设计与计算"指的就是本章的离心压缩机热力设计。

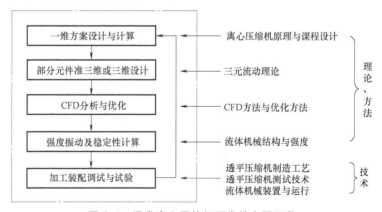

图 8-1 通常离心压缩机研发的主要环节

本章主要讲如何根据设计条件，针对设计工况进行离心压缩机的热力设计。

与全书一致，本章以单轴多级离心压缩机为具体研究对象讲述热力设计的基本方法，基本假定仍然是一维定常亚声速流动，被压缩工质为热力学中符合 $pv = RT$ 状态方程的理想气体。

为了更好地突出热力设计的基本思路和方法，本章内容仅针对最基本和最常见的设计条件和要求，即给定被压缩气体的物性参数等熵指数 κ 和气体常数 R、压缩机进口压力 p_{in} 和进口温度 T_{in}、压缩机的质量流量 q_m 或进口体积流量 q_{Vin}、压缩机出口压力 p_{out} 或压比 ε、冷却水温度 T_{H_2O} 等。

针对上述基本设计条件和要求，从某种意义上说，离心压缩机的热力设计可以简单表述为：通过设计离心压缩机通流部分的几何结构，使一定质量和物性的工质通过压缩机后从某一进口状态达到所需要的出口状态。

8.1.1　热力设计需要解决的基本问题

离心压缩机热力设计的基本要求是：所设计的压缩机能确保被压缩工质在指定的设计流量下达到所需要的设计压力，同时使压缩机具有较高的效率和较宽的工况范围。为此，热力设计需要解决以下基本问题：

1）使被压缩气体在压缩机出口达到设计所要求的出口压力。为此，核心工作是正确解决对单位质量气体做功的问题，确定需要几段和几级对气体进行压缩，使被压缩气体的压力从进口压力 p_{in} 提高到出口压力 p_{out}。

2）使压缩机通过所要求的设计流量。为此，主要工作是正确设计压缩机流道的通流面积，保证压缩机具有合适的通流能力。

3）使压缩机具有良好的性能。主要工作是合理确定段数、级数、叶轮形式及转速，合理设计各通流元件的结构形式，使其能够很好地组织和适应气体流动，从而使所设计的压缩机效率高且工况范围宽。

所以，热力设计需要解决的基本问题可大致归结为：正确对气体做功，合适的通流能力，高效的通流结构形式。

8.1.2　热力设计的主要方法

关于离心压缩机的热力设计方法，以往的教材主要介绍了三种：效率法、模化法、流道法[1]。

效率法：根据经验或参考已有机器，预先选定级的多变效率，从而确定多变过程指数，使热力设计能够进行。设计中，级的主要几何和气流参数以及各元件的结构形式等，均可根据流体力学和热力学的基本理论以及离心压缩机基本工作原理并结合已有的经验选取或计算，从而设计出压缩机通流部分的几何尺寸。效率法的主要不足是用级的平均多变效率代替各个通流元件的多变效率，且预先选定的多变效率与实际效率之间很难完全相符，因此难免会带来设计误差。

模化法：以相似理论为基础，根据经过实践检验的高效压缩机或高效模型级，采用相似模化的方法设计出新的压缩机。从工程应用角度讲，在一定的模化尺寸比范围内，采用模化法进行热力设计，其结果相当可靠。

流道法：以各通流元件的实验结果为基础，应用已有机器的几何和气动参数的经验值或推荐值，设计计算出压缩机通流部分的几何尺寸。流道法的不足在于没有充分考虑各元件之间的相互影响和匹配。

随着科学技术的发展，现代国内外著名的压缩机公司在进行离心压缩机热力设计时已普遍采用一种基于模型级（有时也称为基本级）数据库的设计方法。针对压缩机使用的不同工质、不同流量或不同压力范围，规划系列型谱，按照型谱不断进行压缩机模型级的研究开发，保存经过实验证明性能优良的模型级数据，结合相似理论建立起拥有独立知识产权的模型级数据库。当进行离心压缩机设计时，参考模型级数据库中同类模型级的平均效率水平选取效率，采用效率法确定段数级数及其相关设计参数，然后直接在数据库中选择合适的模型级，通过相似模化设计出所需要的级（或段），经过适当组合即可形成一个完整的多级压缩机设计方案。由于每一个模型级都经过实验验证，而且不再需要对每个通流元件和通流截面进行重新设计，所以这种设计方法通常都比较可靠，不仅设计出的压缩机性能优良，而且节省设计时间。

本章重点介绍最基本的热力设计方法——效率法，以便为进行离心压缩机设计打好基础。不同设计者使用效率法时在具体设计方法和步骤上可能有所不同，本章介绍的方法仅是其中之一。

8.2　效率法设计的主要内容

效率法热力设计一般包括下列内容：

1）压缩机的设计任务。

2）设计参数的整理与计算。

3）压缩机方案设计。

4）压缩机逐级详细计算。

5）整理设计计算书并绘制压缩机通流部分的流道图。

1. 压缩机的设计任务

如前所述，离心压缩机的设计条件可以有很多，最基本的设计条件和要求可包含下列参数：被压缩气体的物性参数等熵指数 κ 和气体常数 R（或相对分子质量 μ）、压缩机进口压力 p_{in} 和进口温度 T_{in}、压缩机的质量流量 q_m 或进口体积流量 q_{Vin}、压缩机出口压力 p_{out} 或压比 ε、冷却水温度 T_{H_2O} 等。设计前，对设计条件和要求一定要非常清楚，设计者与用户之间不应存在不同的理解。

2. 设计参数的整理与计算

进行设计之前，要对设计参数进行适当的整理与计算，如统一参数的形式、单位，为压缩机的流量和出口压力选取一定的设计裕量，进行混合气体相关物性参数的计算（可参见热力学教材），等等。流量和压比的设计裕量可参考下式计算，即

$$q_{Vin,cal} = (1.01 \sim 1.03) q_{Vin} \tag{8-1}$$

$$\varepsilon_{cal} = \frac{p_{in} + (1.02 \sim 1.05)(p_{out} - p_{in})}{p_{in}} \tag{8-2}$$

式中，$q_{Vin,cal}$ 和 ε_{cal} 分别为考虑设计裕量后的计算进口体积流量和计算压比。

3. 压缩机方案设计

方案设计是对压缩机结构的总体方案进行设计，本质上重在解决热力设计的第一个基本问题：正确对气体做功或传递能量，保证气体通过压缩机能够达到设计所要求的出口压力。叶轮是对气体做功的唯一元件，所以方案设计主要是针对叶轮，特别是针对叶轮出口参数进行设计，最终确定采用什么叶轮形式，在什么样的转速下，通过几段、几级对气体进行压缩。在进行叶轮参数设计时，也必然涉及保证压缩机流量和效率的问题，但方案设计的主要

工作是正确解决如何对气体做功的问题，兼顾保证压缩机的设计流量及具有良好性能的问题。

方案设计通常是形成多套方案，经过比较，选择好的方案进行后续的逐级详细计算。

4. 压缩机逐级详细计算

方案设计确定了压缩机的段数、级数、转速和各级叶轮出口参数，逐级详细计算则以方案设计为基础，继续完成叶轮设计，再围绕各级叶轮，逐段、逐级设计通流部分的流道结构和几何尺寸，计算主要通流截面上的热力参数，补充完成压缩机整个通流部分的设计计算。

进行逐级详细计算时，重点是保证压缩机流道具有合适的通流能力、合理的流道结构和良好的流动性能，主要目的是保证压缩机在设计工况点通过所需的设计流量，并使压缩机流动效率高且工况范围宽。

5. 整理设计计算书并绘制压缩机通流部分的流道图

上面设计计算工作完成后，整理设计计算书，并按照设计结构和尺寸绘制压缩机通流部分的流道图。

8.3 效率法方案设计的基本思路

8.3.1 基本方程的应用

1. 保证压缩机出口压力的基本方法

第 2 章曾推出多变压缩功公式（2-34），用于压缩机的进出口，可表示为

$$W_{pol} = \frac{m}{m-1} R T_{in} \left[\left(\frac{p_{out}}{p_{in}} \right)^{\frac{m-1}{m}} - 1 \right]$$

W_{pol} 的单位是 N·m/kg 或 J/kg。上式表明：在一定的物性和进口条件下，要想使气体压力由压缩机进口压力 p_{in} 提高到出口压力 p_{out}，或说要达到压比 p_{out}/p_{in}，就需要对单位质量气体做上式所表示的多变压缩功 W_{pol}。

在第 2 章中，利用欧拉方程（2-4）、总耗功关系式（2-6）和源自伯努利方程的多变效率定义式（2-36），结合能量头系数 ψ 和周速系数 φ_{2u} 的定义式（2-55）式（2-57）导出式（2-58），即

$$W_{pol} = \varphi_{2u} (1 + \beta_L + \beta_{df}) \eta_{pol} u_2^2 = \psi u_2^2$$

上式中，$u_2 = \pi D_2 n / 60$。如用斯陀道拉公式表示 φ_{2u}，则有

$$\varphi_{2u} = 1 - \varphi_{2r} \cot \beta_{2A} - \frac{\pi}{z} \sin \beta_{2A}$$

且流量系数 φ_{2r} 为

$$\varphi_{2r} = \frac{q_m}{\pi D_2 b_2 \tau_2 \rho_2 u_2}$$

或考虑内漏气现象的影响

$$\varphi_{2r} = \frac{q_m (1 + \beta_L)}{\pi D_2 b_2 \tau_2 \rho_2 u_2}$$

而从第3章可知，β_L 和 β_{df} 也可表示为叶轮参数的组合，因此，式（2-58）右端项主要是叶轮参数（特别是叶轮出口参数）的组合，反映了叶轮的做功能力。所以，解决热力设计第一个基本问题的基本思路可以简单概括为：首先用式（2-34）计算达到预期出口压力需要对单位质量气体做多少功，再通过设计式（2-58）右端项的叶轮参数保证对单位质量气体做出所需要的功，从而确保压缩机达到设计所要求的出口压力。从这里也可以反映出欧拉方程、伯努利方程等基本方程和一些基本关系式在热力设计中是如何应用的。

需要指出，在使用式（2-34）计算所需的多变压缩功 W_{pol} 时，该式右端项的参数均可由设计条件中得到，只有多变效率 η_{pol} 需要先选取，再利用下面式（2-37）计算出多变过程指数 m，使设计得以进行。因此，这种热力设计方法称为效率法。

$$\frac{m}{m-1}=\frac{\kappa}{\kappa-1}\eta_{pol} \tag{2-37}$$

2. 多级叶轮的引入

由式（2-34）可知，当压缩机的压比很高时，所需的多变压缩功将会很大。而利用式（2-58）设计右端项的叶轮参数时，由于这些参数的选择都有一定范围，例如，u_2 的选择会受到一定限制（材料强度等因素），且通常 $\psi<1$，所以经常会出现右端项 ψu_2^2 不能满足左端多变压缩功 W_{pol} 要求的情况，即 $\psi u_2^2 < W_{pol}$。如何解决呢？

从物理上讲，ψu_2^2 通常代表一个叶轮的做功能力，$\psi u_2^2 < W_{pol}$ 说明仅一个叶轮对气体做功无法满足对气体做功的要求，需要多级叶轮对气体做功。因此，式（2-58）可改写成下面形式，即

$$W_{pol}=\sum \psi u_2^2=[\psi u_2^2]_1+[\psi u_2^2]_2+[\psi u_2^2]_3+\cdots \tag{8-3}$$

即采用多级叶轮完成需要加给气体的多变压缩功。

8.3.2 中间冷却及分段

1. 采用中间冷却的主要目的

压缩机的压比越高，需要加给气体的压缩功就越多，由能量方程（2-9）

$$W_{tot}=\frac{\kappa R}{\kappa-1}(T_2-T_1)+\frac{c_2^2-c_1^2}{2}=\frac{\kappa R}{\kappa-1}(T_{2st}-T_{1st})$$

可知，气体的温度也就会越高。气体温度高会带来两个主要问题：一是不利于节能，因为气体温度越高，实现同样的压比所需的压缩功就越多；二是对于易燃易爆气体，温度不允许太高，否则会不安全。目前常采用中间冷却，即给压缩机分段的方法实现节能或保证安全。

用下角标 $i=\text{I}$，II，III，$\cdots$，N 表示压缩机段数，式（2-34）也可写成下面形式，即

$$W_{pol}=\sum (W_{pol})_i=[W_{pol}]_\text{I}+[W_{pol}]_\text{II}+[W_{pol}]_\text{III}+\cdots$$

$$=\left\{\frac{m}{m-1}RT_{in}\left[\left(\frac{p_{out}}{p_{in}}\right)^{\frac{m-1}{m}}-1\right]\right\}_\text{I}+\left\{\frac{m}{m-1}RT_{in}\left[\left(\frac{p_{out}}{p_{in}}\right)^{\frac{m-1}{m}}-1\right]\right\}_\text{II}+\cdots$$

可以看出，采用中间冷却，可以在不改变段压比分配的情况下，通过降低段的进口温度减少第二段及后面各段的压缩功从而实现节能。对于易燃易爆气体，也可以采用中间冷却与合理分配段压比相结合的方法，根据需要控制各段的温升，从而保证安全。因此，采用中间冷却和分段的目的主要是省功和安全。

2. 确定压缩机段数的方法

确定离心压缩机段数的方法不止一种，对于一般情况，为使压缩机具有良好的性能，可以按照最省功原则或根据经验初步选定几种不同的分段方案，分别进行方案设计之后，通过比较选定最佳的分段方案。

（1）中冷器压力损失比　图 8-2 为一台三段离心压缩机的示意图。

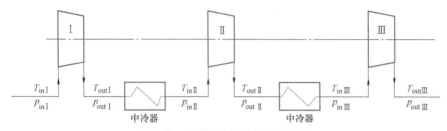

图 8-2　三段离心压缩机的示意图

在两段之间有中间冷却器，若压缩机段数为 N，中间冷却次数为 Z，则

$$N = Z + 1$$

气体通过中间冷却器时，会产生压力损失 Δp，导致下一段进口压力 $p_{\text{in}i+1}$ 低于前一段的出口压力 $p_{\text{out}i}$。所以，引入中冷器压力损失比 λ_i，即

$$\lambda_i = \frac{p_{\text{out}i} - \Delta p}{p_{\text{out}i}} = \frac{p_{\text{in}i+1}}{p_{\text{out}i}} \tag{8-4}$$

且有

$$\varepsilon = \varepsilon_{\text{I}} \lambda_{\text{I}} \varepsilon_{\text{II}} \lambda_{\text{II}} \varepsilon_{\text{III}} \cdots \lambda_{N-1} \varepsilon_N \tag{8-5}$$

（2）计算省功比　为了按照最省功原则初步确定压缩机的分段方案，需要引入省功比的概念及其计算公式。

压缩机的总耗功 W_{tot} 与各段总耗功 $W_{\text{tot}i}$ 之间的关系可表示为

$$W_{\text{tot}} = \sum_{i=1}^{N} W_{\text{tot}i} = \sum_{i=1}^{N} \frac{\kappa}{\kappa - 1} R T_{\text{in}i} (\varepsilon_i^{\frac{1}{\sigma_i}} - 1)$$

式中，N 为段数；κ 为气体等熵指数；R 为气体常数；$T_{\text{in}i}$ 为各段进口温度；ε_i 为各段压比；σ_i 为各段指数系数，公式为

$$\sigma_i = \frac{\kappa}{\kappa - 1} \eta_{\text{pol}i} \tag{8-6}$$

为了便于定性分析，假定各段进口温度 $T_{\text{in}i}$、多变效率 $\eta_{\text{pol}i}$、段压比 ε_i 和中冷器压力损失比 λ_i 都相同，则压缩机的总耗功可表示为

$$W_{\text{tot}} = N \frac{\kappa}{\kappa - 1} R T_{\text{in}\text{I}} (\varepsilon_i^{\frac{1}{\sigma_i}} - 1)$$

若不采用中间冷却，压缩机的总耗功 W'_{tot} 为

$$W'_{\text{tot}} = \frac{\kappa}{\kappa - 1} R T_{\text{in}\text{I}} (\varepsilon^{\frac{1}{\sigma}} - 1)$$

式中，ε 为总压比；σ 为无冷却时多变压缩过程的指数系数。

定义省功比 $\overline{\Delta W}$ 为

$$\overline{\Delta W} = \frac{W'_{\text{tot}} - W_{\text{tot}}}{W'_{\text{tot}}} = \frac{\frac{\kappa}{\kappa-1}RT_{\text{in1}}\left[\left(\varepsilon^{\frac{1}{\sigma}}-1\right) - N\left(\varepsilon_i^{\frac{1}{\sigma_i}}-1\right)\right]}{\frac{\kappa}{\kappa-1}RT_{\text{in1}}\left(\varepsilon^{\frac{1}{\sigma}}-1\right)}$$

$$= \frac{\left(\varepsilon^{\frac{1}{\sigma}}-1\right) - N\left(\varepsilon_i^{\frac{1}{\sigma_i}}-1\right)}{\left(\varepsilon^{\frac{1}{\sigma}}-1\right)} = 1 - \frac{N\left(\varepsilon_i^{\frac{1}{\sigma_i}}-1\right)}{\left(\varepsilon^{\frac{1}{\sigma}}-1\right)} \tag{8-7}$$

由于

$$\varepsilon = \varepsilon_{\text{I}}\,\lambda_{\text{I}}\,\varepsilon_{\text{II}}\,\lambda_{\text{II}}\,\varepsilon_{\text{III}}\cdots\lambda_{N-1}\varepsilon_N$$

当假定各段压比 ε_i 相同，且各段中冷器损失比 λ_i 也相同时，有

$$\varepsilon = \varepsilon_i^N \lambda_i^{N-1}$$

可得

$$\varepsilon_i = \left(\frac{\varepsilon}{\lambda_i^{N-1}}\right)^{\frac{1}{N}} \tag{8-8}$$

利用式（8-7）和式（8-8），假定各段效率 $\eta_{\text{pol}i} = 0.8$，各段中冷器压力损失比 $\lambda_i = 0.98$，各段进气温度相同且 $\kappa = 1.4$，针对不同总压比和段压比进行计算，将计算结果汇总可得图8-3。

由图8-3可以看到，针对同一个进出口压比，随着冷却次数增加，省功比开始时上升，说明冷却作用明显。以后随着冷却次数增加，省功比曲线逐渐变得平坦，说明省功作用已不十分明显。当冷却次数过多时，省功比曲线甚至开始下降，这说明冷却次数并非越多越好，冷却次数过多时，中冷器损失会大大增加，导致总耗功反而增加。从图8-3中还可看出，对于相同的冷却次数，总压比越高，省功比越大，冷却作用越明显。

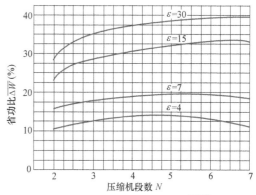

图8-3 压缩机的段数 N 与省功比 $\overline{\Delta W}$ 的关系

按照最省功原则初步选择段数时，可以按照式（8-7）和式（8-8），选择不同段数计算省功比，根据省功比的大小初步选定分段方案。在设计条件与图8-3相近时，也可参考该图直接选择分段方案。

（3）根据经验选取 有经验的设计者也常根据经验直接选取初步的分段方案。对于工质为空气的离心压缩机，以下冷却次数 Z 和压比 ε 的经验关系仅供参考。

$$\varepsilon = 3.5 \sim 5 \qquad Z = 1$$
$$\varepsilon = 5 \sim 9 \qquad Z = 1 \sim 2$$
$$\varepsilon = 9 \sim 20 \qquad Z = 2 \sim 4$$
$$\varepsilon = 20 \sim 35 \qquad Z = 4 \sim 7$$

应该说明，确定压缩机段数，仅从省功角度考虑还不够全面，通常还可能需要考虑以下一些因素：

1）被压缩气体的性质。如对重气体和轻气体，达到同样压比，冷却次数可能不同。

2）压缩过程中对被压缩气体的最高温升或温度是否有限制。例如：对于易燃易爆气

体，可能对压缩过程中被压缩气体的最高温升或温度有所限制。此时应根据温度限制，利用能量方程式（2-9）计算出每一段允许对气体加入的最大耗功，再利用压缩功计算式（2-34）和过程指数关系式（2-37）计算出每段允许达到的最大压比，然后与总压比结合考虑如何合理地确定压缩机段数。

3）用户的使用条件或需要。例如：高炉鼓风机排出的气体温度较高时对高炉中的冶炼过程有利，此时的设计可以减少冷却次数。

4）压缩机的结构形式以及冷却器如何布置等具体方案。例如：若想采用逐级冷却，针对 DH 型压缩机在总体结构上比较容易实现，而对于单轴多级离心压缩机较难实现。

因此，按照最省功原则计算或根据经验选取只是初步选择分段方案，合理地确定离心压缩机的段数，还应该综合考虑上述因素，并针对不同分段方案分别进行方案设计，对各方案设计结果进行比较之后最终确定合理的分段方案。

8.3.3 各段压比的分配

压缩机段数确定之后，需要进一步确定各段的压力比，即将总压比在各段之间进行合理分配。通常的做法是先给出一个各段压比的初步分配方案，然后在压缩机方案设计过程中不断对段压比进行调整，最终以有利于压缩机获得最佳性能为原则确定各段的压比。

初步确定段压比的方法不止一种，这里介绍一种以压缩机省功为出发点的方法。

在多段压缩机中，转子对单位质量气体所做的总耗功为

$$W_{\text{tot}} = \sum_{i=1}^{N} W_{\text{tot}i} = \frac{\kappa}{\kappa - 1} R \left[\frac{T_{\text{in I}}}{\eta_{\text{s I}}} (\varepsilon_{\text{I}}^{\frac{\kappa-1}{\kappa}} - 1) + \frac{T_{\text{in II}}}{\eta_{\text{s II}}} (\varepsilon_{\text{II}}^{\frac{\kappa-1}{\kappa}} - 1) + \cdots + \frac{T_{\text{in}N}}{\eta_{\text{s}N}} (\varepsilon_{N}^{\frac{\kappa-1}{\kappa}} - 1) \right]$$

$$= \frac{\kappa R}{\kappa - 1} \left[\frac{\eta_{\text{pol I}}}{\eta_{\text{s I}}} \frac{T_{\text{in I}}}{\eta_{\text{pol I}}} (\varepsilon_{\text{I}}^{\frac{\kappa-1}{\kappa}} - 1) + \frac{\eta_{\text{pol II}}}{\eta_{\text{s II}}} \frac{T_{\text{in II}}}{\eta_{\text{pol II}}} (\varepsilon_{\text{II}}^{\frac{\kappa-1}{\kappa}} - 1) + \cdots + \frac{\eta_{\text{pol}N}}{\eta_{\text{s}N}} \frac{T_{\text{in}N}}{\eta_{\text{pol}N}} (\varepsilon_{N}^{\frac{\kappa-1}{\kappa}} - 1) \right]$$

假定各段的效率比 K_η 相同，即

$$K_\eta = \frac{\eta_{\text{pol I}}}{\eta_{\text{s I}}} = \frac{\eta_{\text{pol II}}}{\eta_{\text{s II}}} = \cdots = \frac{\eta_{\text{pol}N}}{\eta_{\text{s}N}}$$

则有

$$W_{\text{tot}} = \frac{\kappa R}{\kappa - 1} K_\eta \left[\frac{T_{\text{in I}}}{\eta_{\text{pol I}}} (\varepsilon_{\text{I}}^{\frac{\kappa-1}{\kappa}} - 1) + \frac{T_{\text{in II}}}{\eta_{\text{pol II}}} (\varepsilon_{\text{II}}^{\frac{\kappa-1}{\kappa}} - 1) + \cdots + \frac{T_{\text{in}N}}{\eta_{\text{pol}N}} (\varepsilon_{N}^{\frac{\kappa-1}{\kappa}} - 1) \right]$$

令系数

$$Y_i = \frac{T_{\text{in}i+1} \eta_{\text{pol I}}}{T_{\text{in I}} \eta_{\text{pol}i+1}}$$

即

$$Y_{\text{I}} = \frac{T_{\text{in II}}}{T_{\text{in I}}} \frac{\eta_{\text{pol I}}}{\eta_{\text{pol II}}}, \quad Y_{\text{II}} = \frac{T_{\text{in III}}}{T_{\text{in I}}} \frac{\eta_{\text{pol I}}}{\eta_{\text{pol III}}}, \quad \cdots, \quad Y_{N-1} = \frac{T_{\text{in}N}}{T_{\text{in I}}} \frac{\eta_{\text{pol I}}}{\eta_{\text{pol}N}} \tag{8-9}$$

可得

$$W_{\text{tot}} = \frac{\kappa R}{\kappa - 1} K_\eta \frac{T_{\text{in I}}}{\eta_{\text{pol I}}} \left[(\varepsilon_{\text{I}}^{\frac{\kappa-1}{\kappa}} - 1) + Y_{\text{I}} (\varepsilon_{\text{II}}^{\frac{\kappa-1}{\kappa}} - 1) + \cdots + Y_{N-1} (\varepsilon_{N}^{\frac{\kappa-1}{\kappa}} - 1) \right]$$

以三段压缩机为例，上述关系式可表示为

$$W_{\text{tot}} = \frac{\kappa R}{\kappa - 1} K_{\eta} \frac{T_{\text{inI}}}{\eta_{\text{polI}}} \left[\left(\varepsilon_{\text{I}}^{\frac{\kappa-1}{\kappa}} - 1 \right) + Y_{\text{I}} \left(\varepsilon_{\text{II}}^{\frac{\kappa-1}{\kappa}} - 1 \right) + Y_{\text{II}} \left(\varepsilon_{\text{III}}^{\frac{\kappa-1}{\kappa}} - 1 \right) \right]$$

$$= \frac{\kappa R}{\kappa - 1} K_{\eta} \frac{T_{\text{inI}}}{\eta_{\text{polI}}} \left\{ \left(\varepsilon_{\text{I}}^{\frac{\kappa-1}{\kappa}} - 1 \right) + Y_{\text{I}} \left(\varepsilon_{\text{II}}^{\frac{\kappa-1}{\kappa}} - 1 \right) + Y_{\text{II}} \left[\left(\frac{\varepsilon}{\varepsilon_{\text{I}} \varepsilon_{\text{II}} \lambda_{\text{I}} \lambda_{\text{II}}} \right)^{\frac{\kappa-1}{\kappa}} - 1 \right] \right\} \tag{8-10}$$

进行热力设计时，上式中仅 ε_{I}、ε_{II} 为未知量，可将式（8-10）分别对 ε_{I} 和 ε_{II} 求偏导并求极值，从物理分析可知，此时存在极小值。将式（8-10）对 ε_{I} 求偏导并令 $\dfrac{\partial W_{\text{tot}}}{\partial \varepsilon_{\text{I}}} = 0$，可得

$$\varepsilon_{\text{I}}^{2\left(\frac{\kappa-1}{\kappa}\right)} = Y_{\text{II}} \left(\frac{\varepsilon}{\varepsilon_{\text{II}} \lambda_{\text{I}} \lambda_{\text{II}}} \right)^{\frac{\kappa-1}{\kappa}} \tag{8-11}$$

同样将式（8-10）对 ε_{II} 求偏导并令 $\dfrac{\partial W_{\text{tot}}}{\partial \varepsilon_{\text{II}}} = 0$，可得

$$\varepsilon_{\text{II}}^{2\left(\frac{\kappa-1}{\kappa}\right)} = \frac{Y_{\text{II}}}{Y_{\text{I}}} \left(\frac{\varepsilon}{\varepsilon_{\text{I}} \lambda_{\text{I}} \lambda_{\text{II}}} \right)^{\frac{\kappa-1}{\kappa}} \tag{8-12}$$

联立求解式（8-11）和式（8-12），可得

$$\varepsilon_{\text{I}} = \left[\frac{\varepsilon}{\lambda_{\text{I}} \lambda_{\text{II}}} \left(Y_{\text{I}} Y_{\text{II}} \right)^{\frac{\kappa}{\kappa-1}} \right]^{\frac{1}{3}}$$

$$\varepsilon_{\text{II}} = \frac{\varepsilon_{\text{I}}}{Y_{\text{I}}^{\frac{\kappa}{\kappa-1}}}, \qquad \varepsilon_{\text{III}} = \frac{\varepsilon_{\text{I}}}{Y_{\text{II}}^{\frac{\kappa}{\kappa-1}}}$$

采用类似方法，对于任意段数 N 的离心压缩机，各段压比可表示为下式（8-13），即

$$\varepsilon_{\text{I}} = \left[\frac{\varepsilon}{\lambda_{\text{I}} \lambda_{\text{II}} \cdots \lambda_{N-1}} \left(Y_{\text{I}} Y_{\text{II}} \cdots Y_{N-1} \right)^{\frac{\kappa}{\kappa-1}} \right]^{\frac{1}{N}}$$

$$\varepsilon_{\text{II}} = \frac{\varepsilon_{\text{I}}}{Y_{\text{I}}^{\frac{\kappa}{\kappa-1}}}, \qquad \varepsilon_{\text{III}} = \frac{\varepsilon_{\text{I}}}{Y_{\text{II}}^{\frac{\kappa}{\kappa-1}}}, \cdots, \qquad \varepsilon_{N} = \frac{\varepsilon_{\text{I}}}{Y_{N-1}^{\frac{\kappa}{\kappa-1}}} \tag{8-13}$$

式中，λ_{I}、λ_{II}、$\cdots$、λ_{N-1} 为中间冷却器的压力损失比，其范围通常为 $0.96 \sim 0.995$；η_{polI}、η_{polII}、$\cdots$、η_{polN} 为各段多变效率，T_{inI}、T_{inII}、$\cdots$、T_{inN} 为各段的进气温度，除第一段进口温度 T_{inI} 外，通常可根据冷却器的进水温度 $t_{\text{H}_2\text{O}}$ 决定，即

$$T_{\text{in}_i} = 273\text{K} + t_{\text{H}_2\text{O}} + (10 \sim 15)\text{K} \tag{8-14}$$

对于含有水蒸气的湿气体，经过中间冷却之后，难免会有水分析出，带进下一段会引起叶轮等元件的腐蚀，应在中冷器后设置排除水分的装置。若结构上无排水装置，应提高中冷器的排气温度，使它不低于该压力下的水蒸气冷凝温度，避免水分析出。中间冷却器的析水量可按下式计算，即

$$q_{mw} = q_{m\text{dry}} (d_1 - d_2)$$

式中，d_1 为段进口处的含湿量；d_2 为该段气体经过中冷器后的含湿量；$q_{m\text{dry}}$ 为通过该段的干气体的质量流量；q_{mw} 为析出的凝结水质量流量。

应该指出，中冷器排气温度的高低对于节省压缩机功率和提高压比都有比较明显的影响。因此，设法降低中冷器后的气体温度很有必要。特别是对高压比的压缩机，即使采用流

动阻力较大的中冷器来达到气温的下降也是有利的。

还应指出，事实上，按照式（8-13）计算结果分配压缩机的各段压比，仅是为合理分配段压比提供了一个初步方案。不仅因为式（8-13）的推导过程中做了一些假定，还因为单从省功角度考虑并不十分全面，尚需考虑其他各种因素的影响后，在热力设计过程中对各段压比做适当调整。例如，对于压缩机的后面段来说，由于气体受压缩后体积流量减小，需要选用较小的叶轮外径 D_2 和较小的出口角 β_{2A}，因此造成叶轮做功能力下降。这时，如果各段级数和叶轮转速相同，则常把后面段的压比适当减小，而将前面段的压比适当增加。各段压比的分配，应按叶轮形式、叶轮出口线速度、级数为整数等因素进行调整，最后根据最有利于提高压缩机整体性能的原则确定各段压比的分配。

8.3.4　段中级数的确定

当段数和段压比确定之后，对每一个段，仍然按照下列关系式进行段内各级的设计：

$$W_{\text{pol}i} = \sigma_i R T_{\text{ini}} \left(\varepsilon_i^{\frac{1}{\sigma_i}} - 1 \right)$$

$$W_{\text{pol}i} = \sum_{j=1}^{K} (\psi u_2^2)_j = (\psi u_2^2)_1 + (\psi u_2^2)_2 + \cdots + (\psi u_2^2)_K \tag{8-15}$$

式中，下角标 i 表示段数；下角标 $j = 1, 2, \cdots, K$ 表示叶轮级数。

当各级叶轮的相关参数都相同时，有

$$W_{\text{pol}i} = K \psi u_2^2$$

设计中，在初步选择了叶轮参数后，可用下式计算叶轮级数 K，即

$$K = \frac{W_{\text{pol}i}}{(\psi u_2^2)_{\text{aver}}} \tag{8-16}$$

式中，下角标 aver 表示段中各级参数的平均值。

当级数 K 不是整数时，需要对 $W_{\text{pol}i}$ 或 ψu_2^2 进行调整，使级数 K 成为整数。调整 ψu_2^2 是改变单个叶轮的做功能力，由于通常总是希望尽可能大地发挥叶轮的做功能力，所以 ψu_2^2 的调整范围相对较小。调整段的多变压缩功 $W_{\text{pol}i}$ 实际上是改变了本段的段压比 ε_i，因此在调整 $W_{\text{pol}i}$ 之后需要在整机压比不变的条件下对其他段的段压比做相应调整，并返回到前面各段压比分配的环节重新进行设计计算。

由于段内各级之间不存在中间冷却，所以段压比与级压比之间的关系为

$$\varepsilon_i = \varepsilon_1 \varepsilon_2 \cdots \varepsilon_K \tag{8-17}$$

8.3.5　转速的确定

在上面确定压缩机段数和每段级数的同时，通过 ψu_2^2 项的设计选择了叶轮形式及叶轮出口参数 u_2、φ_{2r}、φ_{2u}、β_{2A}、z 等，但仍无法确定叶轮出口直径 D_2 和出口宽度 b_2，因为还需要确定叶轮的转速。如何确定叶轮转速是压缩机方案设计中的一个重要问题。

从前面关于叶轮的章节知道，叶轮有一个重要参数 b_2/D_2，该参数对叶轮效率有重要影响。对于二元叶轮而言，通常 $b_2/D_2 = 0.02 \sim 0.065$，最佳范围为 $b_2/D_2 = 0.04 \sim 0.05$。当使用三元叶轮时，b_2/D_2 的上限可扩大到 0.12 左右，甚至更高。

在方案设计中，如果设计条件中没有规定转速，通常总是先初步确定段数和段压比，再通过设计 ψu_2^2 等叶轮出口参数初步确定每段的级数，然后再确定转速。u_2 一定时，转速高，

则叶轮的 b_2/D_2 大，转速低，则叶轮的 b_2/D_2 小。对于单轴多级叶轮的转子而言，确定转速的原则是：尽可能使同一根轴上各级叶轮的 b_2/D_2 分布在最佳范围内，这样有利于提高整机的效率。实现这一目标的主要方法是针对各级 b_2/D_2 分布的不足，对初步确定的各段压比 ε_i 和相应的 ψu_2^2 等参数进行调整。通常，段压比 ε_i 的合理分布是前面段高、后面段低，叶轮的 u_2、β_{2A}、η_{pol} 等参数虽然常见相邻几级设计成一样的情况，但同一转子上分布的总体趋势也应是前大后小或前高后低。

确定转速时，需要用到 b_2/D_2 与转速 n 之间的如下关系式，该式可通过在段进口和段内某级叶轮出口之间建立连续方程并经变化得到。

$$n = 33.9 \sqrt{\frac{u_2^3 \dfrac{b_2}{D_2} \tau_2 \varphi_{2r} k_{v2}}{q_{Vin}}} \tag{8-18}$$

$$\frac{b_2}{D_2} = \frac{q_{Vin}}{u_2^3 \tau_2 \varphi_{2r} k_{v2}} \left(\frac{n}{33.9}\right)^2 \tag{8-19}$$

或

$$n = 33.9 \sqrt{\frac{u_2^3 \dfrac{b_2}{D_2} \tau_2 \varphi_{2r} k_{v2}}{q_{Vin}(1+\beta_L)}}$$

$$\frac{b_2}{D_2} = \frac{q_{Vin}(1+\beta_L)}{u_2^3 \tau_2 \varphi_{2r} k_{v2}} \left(\frac{n}{33.9}\right)^2$$

通过调整段压比和叶轮参数合理确定转速，使各级叶轮的 b_2/D_2 处于最佳范围，是一维方案设计中保证压缩机具有良好性能的重要步骤，调整时应给予足够的重视和耐心。各段的段压比 ε_i 调整后，应返回到前面各段压比分配的环节重新进行设计计算。

8.4 效率法方案设计的基本步骤

方案设计就是确定采用什么样的段数、段压比、每段级数、每级叶轮的主要结构和气动参数、主轴转速等来满足对压缩机的设计要求。

设计参数的整理与计算过程详见例题，其主要目的是为进行设计做好准备，如：统一参数的单位量纲、为设计流量和设计压力留出裕量等。该步骤之后，至少要得到下列参数：进口压力 p_{in}、进口温度 T_{in}、计算进口体积流量 $q_{Vin,cal}$、计算压比 ε_{cal}、冷却水温度 T_{H_2O} 及气体物性参数 κ、R。

8.4.1 段数的确定和各段压比及压缩功的分配

1. 确定压缩机段数

可通过式（8-7）计算省功比确定段数，也可在符合使用条件时根据压比按照图 8-3 选取或直接根据经验范围选取段数。

2. 各段压比分配

1）确定各段进口温度 T_{ini}。第一段 T_{in1} 由设计条件给定，第二段以后根据式（8-14）确定：

$$T_{\mathrm{ini}} = 273\mathrm{K} + t_{\mathrm{H_2O}} + (10 \sim 15)\mathrm{K}$$

2）选取各段平均多变效率 $\eta_{\mathrm{pol}i}$。根据已有数据或经验选取，一般前面段效率高，后面段效率低，逐段下降。对于常规的二元叶轮，后向叶轮级的多变效率大致为 $0.76 \sim 0.84$，径向直叶片叶轮级为 $0.74 \sim 0.82$，高压小流量级为 $0.60 \sim 0.75$，可参考同类机器或第 4 章叶轮的相关内容。对于三元叶轮级，多变效率大为 $0.84 \sim 0.90$。

3）选取各段中冷器压力损失比 λ_i。根据经验或产品选取，大致范围为 $0.96 \sim 0.995$。

4）根据最省功原则，按照式（8-13）计算初步的段压比分配，其中系数 Y_i 按照式（8-9）计算。后续计算中，段压比有可能进行调整，应按下式验算压比计算或调整的正确性。

$$\varepsilon_{\mathrm{cal}} = \varepsilon_{\mathrm{I}} \lambda_{\mathrm{I}} \varepsilon_{\mathrm{II}} \lambda_{\mathrm{II}} \varepsilon_{\mathrm{III}} \cdots \lambda_{N-1} \varepsilon_N$$

3. 计算各段进口参数及压缩功

计算可按下面步骤进行：

$$p_{\mathrm{ini}} = p_{\mathrm{inI}} \varepsilon_{\mathrm{I}} \lambda_{\mathrm{I}} \varepsilon_{\mathrm{II}} \lambda_{\mathrm{II}} \cdots \varepsilon_{i-1} \lambda_{i-1} \quad (\text{第一段进口压力为 } p_{\mathrm{inI}}，\text{其余各段按此式计算})$$

$$q_{V\mathrm{ini}} = q_{V\mathrm{in,cal}} \frac{p_{\mathrm{inI}} T_{\mathrm{ini}}}{p_{\mathrm{ini}} T_{\mathrm{inI}}}$$

$$\sigma_i = \frac{\kappa}{\kappa-1} \eta_{\mathrm{pol}i}$$

$$W_{\mathrm{pol}i} = \sigma_i R T_{\mathrm{ini}} (\varepsilon_i^{\frac{1}{\sigma_i}} - 1)$$

通过以上计算，已确定了压缩机的段数，各段压比 ε_i，各段进口参数 p_{ini}、T_{ini}、$q_{V\mathrm{ini}}$，各段多变效率 $\eta_{\mathrm{pol}i}$，过程指数系数 σ_i 及各段的多变压缩功 $W_{\mathrm{pol}i}$。下一步的主要工作就是设计叶轮参数和合适的叶轮级数，把每一段的 $W_{\mathrm{pol}i}$ 加给气体，从而保证压缩机达到设计所要求的出口压力。

还需说明，各段的多变压缩功 $W_{\mathrm{pol}i}$ 是依据段压比 ε_i 计算的，因此，在后续计算中，无论何处对 $W_{\mathrm{pol}i}$ 或 ε_i 进行了调整，都应该返回到本步骤处，根据新的段压比 ε_i 对各段进口参数和压缩功进行重新计算。

8.4.2 各段叶轮主要参数和级数的确定

这部分计算应针对每个段进行，这里仅针对一个段叙述计算步骤。本节所述设计方法中，周速系数 φ_{2u} 的计算使用斯陀道拉公式。

1. 叶轮主要参数的选取

（1）叶轮出口圆周速度 u_2　通常，u_2 的选取要考虑材料、工艺、气流马赫数及工质特殊要求等实际情况。在条件许可的范围内，应取较大值，既要充分利用 u_2 做功，又要注意留有调节余地。通常，前面段或级的 u_2 高一些，同一段内各级叶轮的 u_2 可一样或分档。对于目前常用的一般材料，后向闭式焊接叶轮的 u_2 通常控制在 320m/s 以下，半开式径向直叶片叶轮，u_2 可达 600m/s。

（2）叶片出口安装角 β_{2A}　不同 β_{2A} 叶轮的性能特点可参考第 4 章，通常也是前面段或级的 β_{2A} 大一些。同一段内各级叶轮的 β_{2A} 也可一样或分档。

（3）叶轮出口流量系数 φ_{2r}　选取 φ_{2r} 时，首先要考虑的因素是使叶轮叶道内的气体不产生倒流，所以 φ_{2r} 不能太小；另外还要考虑使叶轮有较高的做功能力、合适的 b_2/D_2 和

α_2、较小的 w_1/w_2 等。表 8-1 推荐一些不同叶片出口安装角 β_{2A} 的叶轮所对应的 φ_{2r} 选取范围，供设计时参考。

表 8-1　不同 β_{2A} 的叶轮所对应的 φ_{2r} 选取范围

β_{2A}	90°	30°~60°	15°~30°
φ_{2r}	0.24~0.4	0.18~0.32	0.1~0.2

（4）叶片数 z　对后向、径向叶轮，叶片数多为 $z = 16~26$；对强后弯型叶轮，$z = 6~12$。一般来说，β_{2A} 小，叶片数也较少，叶片数对叶轮性能的影响，可参考第 4 章叶轮。

（5）内漏气损失和轮阻损失系数 $\beta_L + \beta_{df}$　由第 3 章可知，前面段和级的 $\beta_L + \beta_{df}$ 较小，后面段和级则较大。设计中可先按照这个原则参考同类机器选取，设计完成后再进行校核。如与预先选取的值不符，则应返回到本步骤重新选取 $\beta_L + \beta_{df}$ 的数值并重新进行设计计算。

（6）多变效率 η_{pol}　通常，η_{pol} 的选取是前面的段和级高一些，逐段逐级下降。段内各级效率的选取应与段平均多变效率协调一致，可参见前面"段压比分配"中段多变效率选取的相关内容。

2. 段内叶轮级数的计算

1）选择合适公式计算周速系数 φ_{2u} 或滑移系数 μ，这里以采用斯陀道拉公式计算 φ_{2u} 为例

$$\varphi_{2u} = 1 - \varphi_{2r}\cot\beta_{2A} - \frac{\pi}{z}\sin\beta_{2A}$$

2）计算多变能量头系数 ψ。

$$\psi = \varphi_{2u}(1 + \beta_L + \beta_{df})\eta_{pol}$$

3）计算级数 K。

$$K = \frac{W_{pol}}{(\psi u_2^2)_{aver}}$$

式中，W_{pol} 表示段的多变压缩功，即段内需要加给气体的多变压缩功；$(\psi u_2^2)_{aver}$ 表示段内各级叶轮做功能力的平均值。

常有 $K \ne$ 整数，需要调整分子或分母以圆整级数。圆整级数时可考虑如下调整因素：

① 改变 W_{pol}。这个调整的效果很明显，实际是改变了段压比 ε，因此牵扯到前后段的压比也要综合考虑进行调整。调整后，要返回到 8.4.1 节的步骤 3 处根据新的段压比 ε 重新计算。

② 改变 u_2。调整效果也很明显，但向下调容易，向上调难，所以前面选择 u_2 时要注意留有调节的余地。

③ 改变 β_{2A}。可改变叶轮的做功能力，但作用远较改变 W_{pol} 和 u_2 小，调整量不大时可考虑。

④ 改变 φ_{2r}、z 等。作用很小，仅用于微调。

调整好级数后，可得该段的级数 K、W_{pol}、ε，也可得到该段内各级的 u_2、β_{2A}、φ_{2r}、z、$\beta_L + \beta_{df}$、η_{pol} 等。

上述计算步骤仅针对一个段叙述，实际需对每个段进行。

8.4.3　缸数的确定

同一根轴上，叶轮的级数不能太多。因为一根轴上最多可以容纳多少级叶轮，与转子的

临界转速计算和转子稳定性计算是否符合要求有关，也与不同企业各自的转子结构和技术特点有关。目前，一个缸一根轴上的叶轮级数，通常不超过 12 级。因此，当压缩机设计中需要的段数和级数较多时，应根据所在企业的技术特点或与负责转子动力学的技术人员共同确定采用单缸结构还是多缸结构。

缸数确定后，即可针对每个缸确定主轴转速。

8.4.4　主轴转速的确定

前已述及，对于单轴多级离心压缩机而言，确定主轴转速的原则是尽可能使同一根轴上各级叶轮的 b_2/D_2 分布在最佳（至少是合适）范围内，解决好 b_2/D_2 与 n 的矛盾对于保证压缩机具有良好性能有重要作用。

对于单轴多级离心压缩机而言，前面级的体积流量大，所以在同一根主轴上，通常是前面级的叶轮宽度大，后面级的叶轮宽度小。如果在设计中，段压比和级压比的分配以及叶轮出口圆周速度 u_2、叶轮出口角 β_{2A} 和多变效率 η_{pol} 的选择都是从前到后逐渐下降，则各级叶轮的相对宽度 b_2/D_2 一定是第一级叶轮最大，然后顺序向后逐渐减小，最后一级叶轮的 b_2/D_2 最小。根据这个特点，只要在确定转速时使第一级叶轮的 $(b_2/D_2)_{fsc}$ 和最后一级叶轮的 $(b_2/D_2)_{lsc}$ 处于比较理想的数值，则其他叶轮的 b_2/D_2 一定在 $(b_2/D_2)_{fsc} \sim (b_2/D_2)_{lsc}$ 的范围之内，也都会处于比较理想的范围。下面针对常规二元叶轮介绍一种确定主轴转速的方法。

1. 对缸内第一级

一般一个缸内只有一根主轴，缸内第一级指缸内的第一段第一级。以缸内第一段进口截面作为参考截面，第一段第一级叶轮的出口截面作为计算截面。所谓参考截面，是为了计算方便所选择的一个气流参数全部已知的通流截面，而需要对其热力参数进行计算的通流截面称为计算截面。

（1）初选第一级叶轮的 b_2/D_2　对于常规二元叶轮，可在 $0.02 \sim 0.065$ 范围内选取较大值。同时，参考已有第一段的相关参数，确定第一级叶轮的 φ_{2r}、β_{2A}、u_2、z、η_{pol}、$\beta_L + \beta_{df}$，然后进行下面计算。下式中带有下角标 fsc 的参数为缸内第一段（首段）的参数。

$$\varphi_{2u} = 1 - \varphi_{2r}\cot\beta_{2A} - \frac{\pi}{z}\sin\beta_{2A}$$

$$W_{pol} = \varphi_{2u}(1 + \beta_L + \beta_{df})\eta_{pol}u_2^2$$

$$\sigma = \frac{\kappa}{\kappa - 1}\eta_{pol}, \quad c_{2r} = u_2\varphi_{2r}$$

$$\alpha_2 = \arccot\left(\frac{\varphi_{2r}}{\varphi_{2u}}\right), \quad c_2 = \frac{c_{2r}}{\sin\alpha_2}$$

$$\Delta T_2 = \frac{\kappa - 1}{\kappa R}\left[\frac{W_{pol}}{\eta_{pol}} - \frac{c_2^2 - c_{in,fse}^2}{2}\right]$$

$$k_{v2} = \left(1 + \frac{\Delta T_2}{T_{in,fse}}\right)^{\sigma - 1}$$

（2）选取 τ_2　由于此时叶轮直径不知，τ_2 无法计算，只能暂时选取 τ_2，将来再核算。

如将来核算值与此处选取值不符，应返回到这里重算。

$$n = 33.9 \sqrt{\frac{u_2^3 \dfrac{b_2}{D_2} \tau_2 \varphi_{2\mathrm{r}} k_{v2}}{q_{V\mathrm{in,fse}}}}$$

或

$$n = 33.9 \sqrt{\frac{u_2^3 \dfrac{b_2}{D_2} \tau_2 \varphi_{2\mathrm{r}} k_{v2}}{q_{V\mathrm{in,fse}}(1+\beta_{\mathrm{L}})}}$$

圆整 n，则

$$\left(\frac{b_2}{D_2}\right)_{\mathrm{fsc}} = \frac{q_{V\mathrm{in,fse}}}{k_{v2} \tau_2 \varphi_{2\mathrm{r}} u_2^3} \left(\frac{n}{33.9}\right)^2$$

或

$$\left(\frac{b_2}{D_2}\right)_{\mathrm{fsc}} = \frac{q_{V\mathrm{in,fse}}(1+\beta_{\mathrm{L}})}{k_{v2} \tau_2 \varphi_{2\mathrm{r}} u_2^3} \left(\frac{n}{33.9}\right)^2$$

式中，下角标 fsc 表示缸内第一级（首级）。

这样，根据初选的第一级叶轮的 b_2/D_2，初步确定了主轴的转速 n。然后，针对缸内末级，验证在这个转速 n 下，末级叶轮的 b_2/D_2 是否符合要求。

2. 对缸内末级

缸内末级即缸内的末段末级。以缸内末段进口截面为参考截面，以缸内末级叶轮出口截面为计算截面。参考末段的相关参数确定末段末级的参数 u_2、$\beta_{2\mathrm{A}}$、$\varphi_{2\mathrm{r}}$、z，而 W_{pol} 和 η_{pol} 则应取末段的值，然后进行下面计算。下式中带有下角标 lse 的参数为缸内末段的参数。

$$\varphi_{2\mathrm{u}} = 1 - \varphi_{2\mathrm{r}} \cot\beta_{2\mathrm{A}} - \frac{\pi}{z} \sin\beta_{2\mathrm{A}}$$

$$\sigma = \frac{\kappa}{\kappa-1} \eta_{\mathrm{pol,lse}}, \qquad c_{2\mathrm{r}} = u_2 \varphi_{2\mathrm{r}}$$

$$\alpha_2 = \mathrm{arccot}\left(\frac{\varphi_{2\mathrm{r}}}{\varphi_{2\mathrm{u}}}\right), \qquad c_2 = \frac{c_{2\mathrm{r}}}{\sin\alpha_2}$$

$$\Delta T_2 = \frac{\kappa-1}{\kappa R}\left(\frac{W_{\mathrm{pol,lse}}}{\eta_{\mathrm{pol,lse}}} - \frac{c_2^2 - c_{\mathrm{in,lse}}^2}{2}\right)$$

$$k_{v2} = \left(1 + \frac{\Delta T_2}{T_{\mathrm{in,lse}}}\right)^{\sigma-1}$$

选取末段末级叶轮的 τ_2，与前面对缸内第一级中步骤（2）的处理一样，对选取的 τ_2 也将进行校核，如与选取值不符，应返回到这里重新选取并重新计算。则

$$\left(\frac{b_2}{D_2}\right)_{\mathrm{lsc}} = \frac{q_{V\mathrm{in,lse}}}{k_{v2} \tau_2 \varphi_{2\mathrm{r}} u_2^3} \left(\frac{n}{33.9}\right)^2$$

或

$$\left(\frac{b_2}{D_2}\right)_{\mathrm{lsc}} = \frac{q_{V\mathrm{in,lse}}(1+\beta_{\mathrm{L}})}{k_{v2} \tau_2 \varphi_{2\mathrm{r}} u_2^3} \left(\frac{n}{33.9}\right)^2$$

式中，下角标 lsc 表示缸内末级。

验算$(b_2/D_2)_{lsc}$的目的，是看$(b_2/D_2)_{fsc} \sim (b_2/D_2)_{lsc}$是否处于合适范围。以常规二元叶轮为例，$b_2/D_2$的一般范围为$0.02 \sim 0.065$，最佳范围为$0.04 \sim 0.05$，所以，$(b_2/D_2)_{fsc} \sim (b_2/D_2)_{lsc}$的范围最好以$0.04 \sim 0.05$为中心，且范围越窄越好。

若验算不符合设计者要求，则需对b_2/D_2进行调整，并重新确定转速。

3. 调整b_2/D_2

以后面级的b_2/D_2太小为例进行说明。

1）改变段压比分配，使ε_{fse}（或前面某一段的压比ε_i）上升，ε_{lse}下降。由于前面级的b_2/D_2较大，所以，提高ε_{fse}后，可以加大u_2、D_2而不会使$(b_2/D_2)_{fsc}$太小。而ε_{lse}下降，可使后面级采用较小的u_2、D_2，使后面级的b_2/D_2上升。改变压比分配是最有效的调整方法，但压比一旦调整，需返回到8.4.1节的步骤3处重算。

2）加大$(b_2/D_2)_{fsc}$，重新确定转速，轴上所有叶轮的b_2/D_2会有所上升。

3）改变β_{2A}、φ_{2r}、z等，争取在后面级，特别是末级采用小的β_{2A}及φ_{2r}，使后面级的b_2/D_2略有上升。

4）增加末段级数，降低末级或后面级的压比ε，从而增大后面级的b_2/D_2。本措施只有在迫不得已的情况下才会采用。

上述依据$(b_2/D_2)_{fsc} \sim (b_2/D_2)_{lsc}$范围确定转速的方法只是为了说明计算思路和方法，实际上，由于现代计算手段非常先进，上述方法可以针对轴上的各级叶轮同时进行，这样调整b_2/D_2时更加方便、灵活。

至此，欲满足设计要求，需要几缸、几段、几级进行压缩，转速和各级叶轮的D_2、β_{2A}、u_2、z、φ_{2r}、b_2/D_2等都已确定，压缩机的总体框架已经形成，方案设计结束。

本节叙述了效率法方案设计的主要思路和工作内容。除在确定转速n和每段级数K时需要对段压比ε_i进行调整之外，在热力设计过程中还有些其他参数需要经过先选择、后校核的迭代计算，例如：叶轮出口叶片阻塞系数τ_2、$\beta_L + \beta_{df}$等。

8.5 效率法逐级详细计算

8.5.1 概述

方案设计确定了压缩机的段数、级数、转速和各级叶轮出口参数，逐级详细计算则以方案设计为基础，继续完成叶轮设计，然后围绕各级叶轮，逐段、逐级设计通流部分的流道结构和几何尺寸，计算主要通流截面上的气流参数，补充完成压缩机整个通流部分的设计计算。

逐级详细计算关注的重点是保证压缩机通过所需的设计流量，并使压缩机具有良好的性能。

1. 保证压缩机的设计流量

1）设计开始时选取计算流量，并在逐级详细计算结束时校核外泄漏量。

2）正确计算各通流截面的气流参数并保证各通流截面之间满足连续方程。详见下面的气流参数计算部分。

3）正确选取或确定各通流截面上的速度值。压缩机各主要通流截面上的速度不应随意确定，建议按照前面各有关章节推荐的经验范围选取。例如，叶轮出口速度的控制实际上是根据 β_{2A} 选取 φ_{2r} 来实现的。

2. 实现良好性能

在逐级详细计算中，应参考前面叶轮、固定元件和损失等章节的相关内容，在设计中尽量使各通流元件具有良好的性能。同时，也可参考相关的设计经验和最新的研究成果等。

以叶轮设计为例进行简要说明。方案设计中已确定了 b_2/D_2 和其他的叶轮出口参数，则在逐级详细计算中确定叶轮进口的 D_0 和 D_1 时应尽量遵循 w_1 最小的原则，正确选择 d/D_2 使 c_0 和 c_1 处于合适范围，同时考虑叶轮进口处具有较大的转弯半径，等等。还要注意校核某些对性能有重要影响的参数是否处于最佳范围，例如：$w_1/w_2 \leqslant 1.6$，$Ma_{w_1} \leqslant 0.55$，$Ma_{c_2} \leqslant 0.7$，$\alpha_2 = 18° \sim 24°$，冲角 $i = -2° \sim +1°$，$D_1/D_2 = 0.45 \sim 0.65$（最佳 $0.5 \sim 0.6$），等等。

8.5.2 通流截面上气流热力参数的计算

在离心压缩机热力设计中，各个通流截面上通常至少要计算四个气流参数：温度 T、压力 p、密度 ρ、绝对速度 c（有时也需计算相对速度 w，包括利用几何关系求其分量，以下以 c 为例说明）。有了这四个参数，就可以通过第 2 章给出的热力参数之间的关系方便地求出其他所需热力参数，如：焓 h、滞止温度 T_{st}、滞止压力 p_{st}、滞止焓 h_{st} 等。

为了计算 T、p、ρ、c 四个参数，通常用到下列基本方程。为分析方便，把方程写成需要的形式。

连续方程
$$q_m = q_{Vin}\rho_{in} = c_{ir}A_i\rho_i$$

当考虑内漏气现象时，在叶轮进出口可采用下面形式的连续方程
$$q_m(1+\beta_L) = q_{Vin}\rho_{in}(1+\beta_L) = c_{ir}A_i\rho_i$$

能量方程
$$W_{tot} = \frac{\kappa R}{\kappa-1}(T_i - T_{in}) + \frac{c_i^2 - c_{in}^2}{2}$$

过程方程
$$\frac{p_i}{p_{in}} = \left(\frac{T_i}{T_{in}}\right)^{\frac{m}{m-1}} = \left(\frac{\rho_i}{\rho_{in}}\right)^m$$

状态方程
$$\frac{p_i}{\rho_i} = RT_i$$

式中，下角标 i 表示要进行热力参数计算的计算截面，而为了计算方便，选取压缩机进口或某段进口截面作为参考截面，用下角标 in 表示；A_i 表示计算截面的通流截面面积；c_i 为计算截面上的气流绝对速度；c_{ir} 表示与截面 A_i 垂直的气流绝对速度的分速度。

有了上述方程，通流截面上的热力参数往往还不能直接求解。实际上，只有在速度能够事先确定的情况下才可以直接求解；若速度不能事先确定，则需要进行迭代求解。本章针对离心压缩机热力设计中的上述两种情况，分别叙述计算各通流截面上气流参数的方法。

1. 先设计通流截面的结构和面积，再计算速度及其他气流参数

离心压缩机的热力设计中，有些通流截面的结构参数是由设计者参考经验范围直接选择确定的。在这种情况下，需要计算气流参数时，通流截面面积已经确定但速度未知。下面以压缩机第一级无叶扩压器出口截面作为计算截面（用下角标 4 表示），以压缩机进口（吸气室进

口）截面作为参考截面（用下角标 in 表示），对这类截面气流参数的计算方法做一说明。

设计中通过选取无叶扩压器出口直径 D_4 和出口宽度 b_4（详见第 5 章固定元件），通流截面面积 $A_4 = \pi D_4 b_4$ 可以确定；通过叶轮的设计计算，叶轮所做的功 $W_{tot} = W_{pol}/\eta_{pol}$ 及无叶扩压器出口截面的气流角 α_4 也已确定，参考截面 in 截面的全部参数已知。气流参数可按下列步骤迭代计算：

假定比体积比
$$k_{v4} = \frac{\rho_4}{\rho_{in}}$$

$$c_{4r} = \frac{q_{Vin}}{k_{v4}\pi D_4 b_4}, \quad c_4 = c_{4r}/\sin\alpha_4$$

$$\Delta T_4 = T_4 - T_{in} = \frac{\kappa-1}{\kappa R}\left(\frac{W_{pol}}{\eta_{pol}} - \frac{c_4^2 - c_{in}^2}{2}\right)$$

$$k'_{v4} = \frac{\rho_4}{\rho_{in}} = \left(\frac{T_4}{T_{in}}\right)^{\sigma-1} = \left(1 + \frac{\Delta T_4}{T_{in}}\right)^{\sigma-1}$$

其中
$$\sigma = \frac{m}{m-1} = \frac{\kappa}{\kappa-1}\eta_{pol}$$

假如 $|k'_{v4} - k_{v4}| \leqslant \delta$ 成立（其中 δ 是人为规定的小量），则迭代计算结束，否则重新假定 k_{v4}，继续迭代计算，直至 $|k'_{v4} - k_{v4}| \leqslant \delta$ 成立。则 ρ_4、T_4、p_4 计算式为
$$\rho_4 = \rho_{in} k_{v4}, \quad T_4 = T_{in} + \Delta T_4, \quad p_4 = \rho_4 R T_4$$

c_4 已在迭代过程中算出。需要说明：

1）本例中，W_{pol} 和 η_{pol} 是与过程有关的量，必须根据参考截面（in 截面）与计算截面（4 截面）之间的实际情况确定。对本例而言，in→4 截面之间只经过第一级叶轮，所以 W_{pol} 应代入第一级叶轮所做的功，η_{pol} 则取第一级的多变效率并用于计算多变过程指数系数 σ。

2）若参考截面不变，计算截面改为第二级无叶扩压器出口截面，则 in→4 截面之间经过第一级和第二级两级叶轮，所以 W_{pol} 应代入第一级和第二级两级叶轮所做的功，η_{pol} 则应取第一级和第二级两级的平均多变效率并据此计算多变过程指数系数 σ。同理，若参考截面不变，计算截面改为全段最后一级无叶扩压器的出口截面，则 W_{pol} 应代入全段的功，而 η_{pol} 应取段的平均多变效率。

2. 先选取或计算速度，再计算其他气流参数及通流截面面积

以压缩机第一级叶轮叶片进口截面的气流参数计算为例。该级叶轮叶片进口截面为计算截面（用下角标 1 表示），压缩机吸气室进口 in 截面作为参考截面，各级叶轮所做的功及各级效率在前面也均已确定。计算截面的速度 c_1 可直接根据 c_0 确定（详见第 4 章叶轮），且假定叶轮叶片进口气流无预旋，即 $c_{1u} = 0$，c_1 的方向与计算截面垂直，则其他气流参数可按下列方法计算，即

$$\Delta T_1 = T_1 - T_{in} = \frac{\kappa-1}{\kappa R}\left(\frac{W_{pol}}{\eta_{pol}} - \frac{c_1^2 - c_{in}^2}{2}\right)$$

$$k_{v1} = \frac{\rho_1}{\rho_{in}} = \left(1 + \frac{\Delta T_1}{T_{in}}\right)^{\sigma-1}, \quad 其中 \quad \sigma = \frac{m}{m-1} = \frac{\kappa}{\kappa-1}\eta_{pol}$$

$$\rho_1 = \rho_{in} k_{v1}, \quad T_1 = T_{in} + \Delta T_1, \quad p_1 = \rho_1 R T_1, \quad A_1 = \frac{q_{Vin}}{c_1 k_{v1}} \quad 或 \quad A_1 = \frac{q_{Vin}(1+\beta_L)}{c_1 k_{v1}}$$

可以看出，由于速度 c_1 已知，该叶轮叶片进口截面的气流参数不需要迭代计算，且叶片进口截面的结构尺寸可依据截面面积 A_1 及使 w_1 最小的原则进行设计。

需要说明：对本例而言，in→1 截面之间不存在任何叶轮，所以应取 $W_{pol} = 0$，η_{pol} 则取第一级的多变效率（如果设计中单独选取了吸气室效率，也可取吸气室效率），并用于计算多变过程指数系数 σ。若参考截面不变，计算截面改为段内第二级叶轮叶片进口截面，则 W_{pol} 应取第一级的功，η_{pol} 取第一级的多变效率，以此类推。

8.5.3 主轴三段最大轴径平均直径的估算

单轴离心压缩机的主轴通常沿其长度分段具有不同的直径，且往往是中间部分的轴段直径较大，两端的轴段直径较小。这里所谓"主轴三段最大轴径的平均直径"，指的是主轴中部三段直径最大的轴段所具有的平均直径。

进行叶轮进口部分的设计时，叶轮进口处轮毂直径 d 的大小与主轴在该处的轴径 d_Z 有关，而 d_Z 的大小直接影响到轴的临界转速 n_k。为使压缩机能够安全运行，转子的工作转速应与主轴的临界转速避开一定的距离。当工作转速 n 小于一阶临界转速 n_{k1} 时，主轴称为刚性轴；当工作转速 n 大于 n_{k1} 而小于二阶临界转速 n_{k2} 时，主轴称为柔性轴。

通常，对于刚性轴

$$n_{k1} \geqslant 1.25n \tag{8-20}$$

对于柔性轴

$$1.3n_{k1} \leqslant n \leqslant 0.77n_{k2} \tag{8-21}$$

且一般有

$$n_{k2} = (3.6 \sim 3.9)n_{k1} \tag{8-22}$$

主轴直径可参考下述经验公式确定，即

$$d_{Zm} = K_d(K+2.3)D_{2m}\sqrt{\frac{n_{k1}}{1000}} \tag{8-23}$$

式中，d_{Zm} 为主轴三段最大轴径的平均直径；K 为主轴上的叶轮数量；D_{2m} 为主轴上叶轮的平均外径（单位与 d_{Zm} 一致）；n、n_{k1}、n_{k2} 的单位为 r/min；系数 $K_d = 0.019 \sim 0.027$，对于轴端密封较长和流量较大的压缩机取较大值。

将式（8-20）代入式（8-23），可得

$$d_{Zm} \geqslant K_d(K+2.3)D_{2m}\sqrt{\frac{n}{800}} \tag{8-24}$$

所以，在热力设计基本完成时，对于刚性轴，可用式（8-24）校核主轴三段最大直径的平均值。若式（8-24）成立，说明设计基本满足工作转速避开主轴临界转速的要求。否则，需对热力设计确定的轴径进行调整。

将式（8-21）、式（8-22）代入式（8-23），可得

$$K_d(K+2.3)D_{2m}\sqrt{\frac{n}{2770 \sim 3000}} \leqslant d_{Zm} \leqslant K_d(K+2.3)D_{2m}\sqrt{\frac{n}{1300}} \tag{8-25}$$

即对于柔性轴，可用式（8-25）校核主轴三段最大轴径的平均直径。若 d_{Zm} 处于式（8-25）给出的范围，说明设计基本满足工作转速避开主轴临界转速的要求。否则，需对热力设计确定的轴径进行调整。

当有类似机器可供参考时，压缩机轴径也可用下面经验公式确定，即

$$d_Z = L\sqrt{\frac{n_{k1}}{K_d'}\left(\frac{m}{L}\right)^{0.5}} \tag{8-26}$$

式中，d_z 为主轴的最大直径（mm）；L 为轴承间距（m）；m 为转子质量（kg）；n_{k1} 为主轴的一阶临界转速（r/min）；系数 $K_d' = 6.0 \sim 7.5$，压缩机级数多、轴端密封长，取上限值。

可先利用类似机器的 n_{k1}、m、L、d_z，反算出 K_d'，再参考类似机器，估算新机器的转子质量 m 和轴承跨距 L，则计算出的 d_z 准确性更大。

应该说明，这里给出的方法只是一个初步保证措施，上述计算所针对的"主轴三段最大轴径"，其段数也可根据实际情况适当增加或减少。即便如此，热力设计所确定的轴径是否真正满足工作转速避开主轴临界转速的要求，还需要经过主轴临界转速的计算才能最终确定。

8.5.4 转速和各种尺寸的圆整

通常，转速最好圆整到百位或十位数，叶轮和固定元件的各种直径、宽度等尺寸最好圆整到个位数。圆整后，应对相关气流参数重新核算。例如，转速 n 和叶轮出口直径 D_2 圆整后，应核算一下叶轮圆周速度 u_2 及对段压比 ε_i 的影响，需要时应进行适当调整和重新计算。另外，转速圆整后，也应对各级的 b_2/D_2 进行核算。

8.6 离心压缩机热力设计例题

8.6.1 设计任务

采用效率法进行一台单轴多级离心压缩机的热力设计，所有叶轮采用二维常规叶轮。设计参数如下：

进口体积流量 $q_{Vin} = 350\mathrm{m^3/min}$，进口压力 $p_{in} = 0.09604\mathrm{MPa}$，进口温度 $t_{in} = 20℃$，出口压力 $p_{out} = 0.4116\mathrm{MPa}$，冷却水温度 $t_{H_2O} = 20℃$，工质为干空气，$\kappa = 1.4$，$R = 286.846\mathrm{J/(kg \cdot K)}$。

8.6.2 设计参数的整理与计算

1. 计算压比

为使压缩机性能不低于设计任务要求，将升压 Δp 提高 3%，确定计算压比 ε_{cal}。

$$1.03\Delta p = 1.03(p_{out} - p_{in}) = 1.03 \times (0.4116 - 0.09604)\mathrm{MPa} = 0.32503\mathrm{MPa}$$

$$\varepsilon_{cal} = \frac{p_{in} + 1.03\Delta p}{p_{in}} = \frac{0.09604 + 0.32503}{0.09604} = 4.384$$

$$p_{out,cal} = p_{in}\varepsilon_{cal} = 0.09604 \times 4.384\mathrm{MPa} = 0.42104\mathrm{MPa}$$

2. 计算流量

考虑到压缩机存在外漏气，压缩机的进口流量应取得比设计任务中的流量大一些。现选取 $q_{Vin,cal} = 1.03q_{Vin}$，则

$$q_{Vin,cal} = 1.03q_{Vin} = 1.03 \times 350\mathrm{m^3/min} = 360.5\mathrm{m^3/min} = 6.01\mathrm{m^3/s}$$

$$q_{m,cal} = q_{Vin,cal}\rho_{in} = q_{Vin,cal}p_{in}/(RT_{in})$$

$$= 6.01 \times 0.09604 \times 10^6/(286.846 \times 293)\mathrm{kg/s} = 6.8657\mathrm{kg/s}$$

8.6.3 方案设计

1. 段数的确定和各段压比及压缩功的分配

(1) 确定压缩机段数 根据计算压比 ε_{cal}，参考本章推荐的经验范围，可选择中间冷却次数 $Z=1$；由于设计条件符合图8-3的要求，参考图8-3，可选择中间冷却次数 $Z=1$ 和 $Z=2$ 两个方案。因为只是例题，所以直接选取中间冷却次数 $Z=1$，即段数 $N=2$ 的方案进行热力设计。

(2) 各段压比分配

1) 各段进口温度计算。

第一段
$$T_{inI} = (273+20)K = 293K$$

第二段
$$T_{inII} = T_{H_2O} + 12K = (273+20+12)K = 305K$$

2) 选取各段平均多变效率 η_{poli}。

第一段
$$\eta_{polI} = 0.825$$

第二段
$$\eta_{polII} = 0.805$$

3) 选取各段中冷器压力损失比 λ_i。

选取 $\lambda_I = 0.98$。

4) 根据最省功原则，初步计算段压比分配。

$$Y_I = \frac{T_{inII}\,\eta_{polI}}{T_{inI}\,\eta_{polII}} = \frac{305 \times 0.825}{293 \times 0.805} = 1.0668$$

$$\varepsilon_I = \sqrt{\frac{\varepsilon_{cal}}{\lambda_I}(Y_I)^{\frac{\kappa}{\kappa-1}}} = \sqrt{\frac{4.384}{0.98}1.0668^{3.5}} = 2.3685$$

$$\varepsilon_{II} = \frac{\varepsilon_I}{Y_I^{\frac{\kappa}{\kappa-1}}} = \frac{2.3685}{1.0668^{3.5}} = 1.8888$$

设计中，对上述各段压比做了微调，调整后的各段压比和进出口压力列于表8-2。

表8-2 调整后的各段压比和进出口压力

名 称	单位	第I段	第II段	备 注
调整前的压比 ε	—	2.3685	1.8888	
调整后的压比 ε	—	2.36847	1.88887	
调整前后的压比偏差 e	%	−0.0013	0.0037	容许
段的进口压力 p_{in}	MPa	0.09604	0.22292	$p_{inII} = p_{inI}\,\varepsilon_I\,\lambda_I$
段的出口压力 p_{out}	MPa	0.22747	0.42107	$p_{outI} = p_{inI}\,\varepsilon_I$ $p_{outII} = p_{inI}\,\varepsilon_I\,\lambda_I\,\varepsilon_{II}$
冷却器压力损失比 λ_I	—	0.98	—	
段的进口温度 T_{in}	K	293	305	

校核压比
$$\varepsilon_{cal} = \varepsilon_I\,\lambda_I\,\varepsilon_{II} = 2.36847 \times 0.98 \times 1.88887 = 4.38426$$

(3) 各段进口参数及压缩功计算

1）各段进口压力：见表 8-2。

2）各段进口体积流量 q_{Vini}。

第一段　　　　$q_{VinI} = q_{Vin,cal} = 360.5\,\text{m}^3/\text{min} = 6.01\,\text{m}^3/\text{s}$

第二段　　　　$q_{VinII} = q_{VinI}\dfrac{p_{inI}}{p_{inII}}\dfrac{T_{inII}}{T_{inI}} = 6.01 \times \dfrac{0.09604 \times 305}{0.22292 \times 293}\,\text{m}^3/\text{s} = 2.6953\,\text{m}^3/\text{s}$

3）各段多变压缩功 W_{poli} 的计算。各段的多变指数系数

$$\sigma_I = \frac{\kappa}{\kappa-1}\eta_{polI} = 3.5 \times 0.825 = 2.8875$$

$$\sigma_{II} = \frac{\kappa}{\kappa-1}\eta_{polII} = 3.5 \times 0.805 = 2.8175$$

各段的多变压缩功　　　　　　$W_{poli} = \sigma_i R T_{ini}(\varepsilon_i^{\frac{1}{\sigma_i}} - 1)$

$$W_{polI} = 2.8875 \times 286.846 \times 293 \times (2.36847^{\frac{1}{2.8875}} - 1)\,\text{J/kg} = 84450.45\,\text{J/kg}$$

$$W_{polII} = 2.8175 \times 286.846 \times 305 \times (1.88887^{\frac{1}{2.8175}} - 1)\,\text{J/kg} = 62420.65\,\text{J/kg}$$

2. 各段叶轮主要参数和级数的确定

各段叶轮主要参数的选取及叶轮级数计算的中间过程略去，结果列于表 8-3。

表 8-3　段内叶轮主要参数的选取及级数计算

名　称	单　位	段　数		备　注
		I	II	
叶轮叶片出口角 β_{2A}	°	50	45	选取
流量系数 φ_{2r}	—	0.26	0.24	选取
叶轮叶片数 z	片	21	19	选取
周速系数 $\varphi_{2u} = 1 - \varphi_{2r}\cot\beta_{2A} - \dfrac{\pi}{z}\sin\beta_{2A}$	—	0.6672	0.6431	
轮阻与漏气损失系数 $\beta_L + \beta_{df}$	—	0.0280	0.0411	选取
多变效率 η_{pol}	—	0.825	0.805	选取
流动效率 $\eta_h = \eta_{pol}(1 + \beta_L + \beta_{df})$	—	0.8481	0.8380	
多变能量头系数 $\psi = \eta_h\varphi_{2u}$	—	0.5659	0.5389	
初步选取圆周速度 u_2'	m/s	275	240	选取
段的多变压缩功 W_{pol}	J/kg	84450.45	62420.65	前已算好
计算级数 $K' = W_{pol}/(\psi u_2'^2)$	—	1.9733	2.0109	
圆整后的级数 K	—	2	2	选取
级数圆整后的圆周速度 $u_2 = \sqrt{W_{pol}/(K\psi)}$	m/s	273.16	240.66	

3. 缸数的确定

由于本压缩机只有两段共四级叶轮，所以只需一个缸即可。

4. 主轴转速 n 的确定和各级叶轮 b_2/D_2 的核算

（1）主轴转速 n 的确定

1）对缸内第一级。取压缩机进口（即第一段进口）截面为参考截面，第一段第一级叶

轮出口为计算截面。选取第一级叶轮出口相对宽度 $b_2/D_2 = 0.0554$，$\tau_2 = 0.9461$，$\varphi_{2r} = 0.26$，$\eta_{pol} = 0.83$，$u_2 = 273.16 \text{m/s}$，$z = 21$，$\beta_L + \beta_{df} = 0.0247$，压缩机进口气流速度 $c_{in1} = 30 \text{m/s}$。

则

$$\varphi_{2u} = 1 - \varphi_{2r}\cot\beta_{2A} - \frac{\pi}{z}\sin\beta_{2A} = 1 - 0.26\cot50° - \frac{\pi}{21}\sin50° = 0.6672$$

$$W_{pol} = \eta_{pol}(1+\beta_{df}+\beta_L)\varphi_{2u}u_2^2$$
$$= 0.83 \times (1+0.0247) \times 0.6672 \times 273.16^2 \text{ J/kg} = 42341.39 \text{ J/kg}$$

$$\sigma = \frac{\kappa}{\kappa-1}\eta_{pol} = \frac{1.4}{1.4-1} \times 0.83 = 2.905$$

$$c_{2r} = u_2\varphi_{2r} = 273.16 \times 0.26 \text{m/s} = 71.02 \text{m/s}$$

$$\alpha_2 = \arctan\frac{\varphi_{2r}}{\varphi_{2u}} = \arctan\frac{0.26}{0.6672} = 21.29°$$

$$c_2 = \frac{c_{2r}}{\sin\alpha_2} = \frac{71.02}{\sin21.29°}\text{m/s} = 195.6 \text{m/s}$$

$$\Delta T_2 = \frac{\kappa-1}{R\kappa}\left(\frac{W_{pol}}{\eta_{pol}} - \frac{c_2^2 - c_{in1}^2}{2}\right)$$
$$= \frac{1.4-1}{286.846 \times 1.4}\left(\frac{42341.39}{0.83} - \frac{195.6^2 - 30.0^2}{2}\right) \text{K} = 32.21\text{K}$$

$$k_{v2} = \left(1+\frac{\Delta T_2}{T_{in\,1}}\right)^{\sigma-1} = \left(1+\frac{32.21}{293}\right)^{2.905-1} = 1.2198$$

$$n = 33.9\sqrt{\frac{k_{v2}\tau_2\varphi_{2r}(b_2/D_2)u_2^3}{q_{Vin1}}}$$
$$= 33.9\sqrt{\frac{1.2198 \times 0.9461 \times 0.26 \times 0.0554 \times 273.16^3}{6.01}} \text{r/min} = 8049.01 \text{r/min}$$

说明：本例题中，叶轮流量与压缩机流量相同，没有考虑内漏气现象对叶轮流量的影响。下面不再重复说明。

圆整转速 $n = 8050 \text{r/min}$，则第一级叶轮的 b_2/D_2 为

$$\left(\frac{b_2}{D_2}\right)_{fsc} = \frac{q_{Vin1}}{k_{v2}\tau_2\varphi_{2r}u_2^3}\left(\frac{n}{33.9}\right)^2$$
$$= \frac{6.01}{1.2198 \times 0.9461 \times 0.26 \times 273.16^3}\left(\frac{8050}{33.9}\right)^2 = 0.0554$$

由于设计中各段各级的压比、圆周速度、叶片出口角等参数总体趋势是前高后低，因而各级的 b_2/D_2 也应前大后小且末级最小，下面校核缸内末级的 b_2/D_2。

2）对缸内末级。选取末段（第二段）进口为参考截面，末段末级叶轮出口为计算截面。选取末级叶轮的 $\tau_2 = 0.9401$，$u_2 = 240.66 \text{m/s}$，$\beta_{2A} = 45°$，$\varphi_{2r} = 0.24$，$z = 19$，W_{pol} 和 η_{pol} 取末段的值，$W_{pol,lse} = 62420.65 \text{kJ/kg}$，$\eta_{pol,lse} = 0.805$，选取末段进口气流速度 $c_{in\text{II}} = 30 \text{m/s}$。

则
$$\varphi_{2u} = 1 - \varphi_{2r}\cot\beta_{2A} - \frac{\pi}{z}\sin\beta_{2A} = 1 - 0.24\cot45° - \frac{\pi}{19}\sin45° = 0.6431$$

$$\sigma = \frac{\kappa}{\kappa-1}\eta_{pol} = \frac{1.4}{1.4-1}\times0.805 = 2.8175$$

$$c_{2r} = u_2\varphi_{2r} = 240.66\times0.24\,\text{m/s} = 57.76\,\text{m/s}$$

$$\alpha_2 = \arctan\frac{\varphi_{2r}}{\varphi_{2u}} = \arctan\frac{0.24}{0.6431} = 20.47°$$

$$c_2 = \frac{c_{2r}}{\sin\alpha_2} = \frac{57.76}{\sin20.47°}\,\text{m/s} = 165.16\,\text{m/s}$$

$$\Delta T_2 = \frac{\kappa-1}{R\kappa}\left(\frac{W_{pol,lse}}{\eta_{pol,lse}} - \frac{c_2^2 - c_{in,lse}^2}{2}\right)$$

$$= \frac{1.4-1}{286.846\times1.4}\left(\frac{62420.65}{0.805} - \frac{165.16^2 - 30.0^2}{2}\right)\,\text{K} = 64.1\,\text{K}$$

$$k_{v2} = \left(1 + \frac{\Delta T_2}{T_{in\,\text{II}}}\right)^{\sigma-1} = \left(1 + \frac{64.1}{305}\right)^{2.8175-1} = 1.4143$$

$$\left(\frac{b_2}{D_2}\right)_{lsc} = \frac{q_{V\,in\,\text{II}}}{k_{v2}\tau_2\varphi_{2r}u_2^3}\left(\frac{n}{33.9}\right)^2$$

$$= \frac{2.6953}{1.4143\times0.9401\times0.24\times240.66^3}\left(\frac{8050}{33.9}\right)^2 = 0.03417$$

缸内首级、末级的 b_2/D_2 都在 $0.02\sim0.065$ 范围内，且

$$\left[\left(\frac{b_2}{D_2}\right)_{fsc} + \frac{b_2}{D_2}\right)_{lsc}\right]\times0.5 = (0.0554 + 0.03417)/2 = 0.04479$$

接近 0.045，即各叶轮的 b_2/D_2 分布范围大致以二维常规叶轮 b_2/D_2 的性能最佳范围 $0.04\sim$ 0.05 为中心，基本符合要求，可以选取 $n = 8050\,\text{r/min}$。

3）校核 τ_2。取首级叶片厚度 $\delta = 6\text{mm}$，叶轮叶片出口计算厚度 $\delta_{cal} = 4\text{mm}$，则

$$D_2 = \frac{60u_2}{\pi n} = \frac{60\times273.16}{\pi\times8050}\,\text{m} = 0.64807\,\text{m} = 648.07\,\text{mm}$$

$$\tau_2 = 1 - \frac{z\delta_{cal}}{\pi D_2\sin\beta_{2A}} = 1 - \frac{21\times0.004}{\pi\times0.64807\times\sin50°} = 0.9461$$

取末级叶片厚度 $\delta = 6\text{mm}$，叶轮叶片出口计算厚度 $\delta_{cal} = 4\text{mm}$，则

$$D_2 = \frac{60u_2}{\pi n} = \frac{60\times240.66}{\pi\times8050}\,\text{m} = 0.57096\,\text{m} = 570.96\,\text{mm}$$

$$\tau_2 = 1 - \frac{z\delta_{cal}}{\pi D_2\sin\beta_{2A}} = 1 - \frac{19\times0.004}{\pi\times0.57096\times\sin45°} = 0.9401$$

校核结果与原取数值相符合，第一级和末级的计算结果如下：

第一级 $\qquad\qquad\qquad b_2/D_2 = 0.0554, \quad \tau_2 = 0.9461$

末　　级 $\qquad b_2/D_2 = 0.03417, \quad \tau_2 = 0.9401$

转　　速 $\qquad n = 8050\text{r/min}$

（2）各级叶轮 b_2/D_2 的校核及方案设计主要结果　上述转速的确定实际上是多次计算和调整的结果，使首级和末级叶轮的 b_2/D_2 处于比较合理的范围。现将该转速下各段各级叶轮的 b_2/D_2 列于表8-4，以校核其是否真正比较合理。计算中，选取各段进口为参考截面，各级叶轮出口为计算截面。同时，将方案设计的主要结果也列于表中，见表8-4。

表8-4　各级叶轮出口相对宽度核算及方案设计主要结果

名　称	单　位	第Ⅰ段		第Ⅱ段		备　注
		第一级	第二级	第三级	第四级	
各段进口体积流量 q_{Vin}	m^3/s	6.01		2.6953		
各段各级质量流量	kg/s	6.8657				
各段进口压力 p_{in}	MPa	0.09604		0.22292		
各段进口温度 T_{in}	K	293		305		
叶轮叶片出口安装角 β_{2A}	°	50	50	45	45	选取
流量系数 φ_{2r}	—	0.26	0.26	0.24	0.24	选取
叶轮圆周速度 u_2	m/s	273.16	273.16	240.66	240.66	
轮阻与漏气损失系数 $\beta_L + \beta_{df}$	—	0.0247	0.0312	0.0376	0.0445	选取
叶片数 z	片	21	21	19	19	选取
段平均多变效率	—	0.825		0.805		选取
各级多变效率 η_{pol}	—	0.83	0.82	0.81	0.8	选取
段平均指数系数 $\sigma = \dfrac{\kappa}{\kappa-1}\eta_{pol}$	—	2.8875		2.8175		
各级指数系数 $\sigma = \dfrac{\kappa}{\kappa-1}\eta_{pol}$	—	2.905	2.87	2.835	2.8	
周速系数 $\varphi_{2u} = 1 - \varphi_{2r}\cot\beta_{2A} - \dfrac{\pi}{z}\sin\beta_{2A}$	—	0.6672		0.6431		
叶轮出口径向分速度 $c_{2r} = u_2\varphi_{2r}$	m/s	71.02		57.76		
叶轮出口绝对气流方向角 $\alpha_2 = \arctan\left(\dfrac{\varphi_{2r}}{\varphi_{2u}}\right)$	°	21.29		20.47		
叶轮出口气流绝对速度 $c_2 = \dfrac{c_{2r}}{\sin\alpha_2}$	m/s	195.6		165.16		
各级多变压缩功 $W_{pol} = \varphi_{2u}(1+\beta_L+\beta_{df})\eta_{pol}u_2^2$	J/kg	42341.39	42096.6	31304.11	31123.24	
各段多变功 $W_{pol,se} = W_{pol\,1} + W_{pol\,2}$	J/kg	84437.99		62427.35		
各段总耗功	J/kg	102349.08		77549.5		
$\Delta T_2 = \dfrac{\kappa-1}{R\kappa}\left(\dfrac{W_{pol}}{\eta_{pol}} - \dfrac{c_2^2 - c_{in}^2}{2}\right)$	℃	32.21	83.34	25.36	64.11	各段第二级使用段多变压缩功及段平均效率计算
$k_{v2} = \left(1 + \dfrac{\Delta T_2}{T_{in}}\right)^{\sigma-1}$	—	1.2198	1.6040	1.1578	1.4145	各段第二级使用段平均指数系数
相对宽度 $\dfrac{b_2}{D_2} = \dfrac{q_{Vin}}{k_{v2}\tau_2 u_2^3 \varphi_{2r}}\left(\dfrac{n}{33.9}\right)^2$	—	0.0554	0.04214	0.04174	0.03417	

（续）

名　　称	单位	第Ⅰ段		第Ⅱ段		备　注
		第一级	第二级	第三级	第四级	
叶轮直径 $D_2 = \dfrac{60u_2}{\pi n}$	m	0.64807		0.57096		
叶轮叶片出口宽度 b_2	m	0.0359	0.0273	0.0238	0.0195	
叶轮叶片厚度 δ	mm	6				选取
叶片出口计算厚度 δ_{cal}	mm	4				选取
叶轮出口阻塞系数 $\tau_2 = 1 - \dfrac{z\delta_{cal}}{\pi D_2 \sin\beta_{2A}}$	—	0.9461		0.9401		校核
各段内功率 $P_{se} = q_m W_{tot,se}$	W	702698.08		532431.60		
整机内功率 $P = P_{\mathrm{I}} + P_{\mathrm{II}}$	kW	1235.13				

通过校核，认为各级叶轮的 b_2/D_2 分布在比较好的范围，基本符合要求。

5. 方案比较（略）

至此，方案设计结束。说明：因为是例题，所以只选择了一种分段方案进行计算。实际中，应该选取若干种分段方案分别计算，然后通过比较，择优确定最终方案。

8.6.4 逐级详细计算

1. 主轴三段最大轴径平均直径的估算

压缩机主轴采用柔性轴结构，按照转速避开临界转速的要求，主轴三段最大轴径的平均直径 d_{Zm} 应满足下式要求，即

$$K_d(K+2.3)D_{2m}\sqrt{\frac{n}{2770 \sim 3000}} \leqslant d_{Zm} \leqslant K_d(K+2.3)D_{2m}\sqrt{\frac{n}{1300}}$$

其中，取 $K_d = 0.023$，叶轮级数 $K = 4$，且

$$D_{2m} = \frac{0.64807 + 0.57096}{2}\mathrm{m} \approx \frac{0.648 + 0.571}{2}\mathrm{m} = 0.6095\mathrm{m}$$

则

$$d_{Zm} \leqslant K_d(K+2.3)D_{2m}\sqrt{\frac{n}{1300}} = 0.023 \times 6.3 \times 0.6095 \times \sqrt{\frac{8050}{1300}}\mathrm{m} = 0.2198\mathrm{m}$$

$$d_{Zm} \geqslant K_d(K+2.3)D_{2m}\sqrt{\frac{n}{2885}} = 0.023 \times 6.3 \times 0.6095 \times \sqrt{\frac{8050}{2885}}\mathrm{m} = 0.1475\mathrm{m}$$

即在下面的逐级详细计算中，设计各级叶轮轮毂直径 d 时，应注意使主轴三段最大轴径的平均直径 d_{Zm} 处于下述范围内：$0.1475\mathrm{m} \leqslant d_{Zm} \leqslant 0.2198\mathrm{m}$，这样有利于通过主轴的临界转速计算。

2. 逐级详细计算

选择每段进口截面作为参考截面，段内其他通流截面作为计算截面。各段参考截面（进口截面）及主要运行参数见表8-5。

表 8-5　压缩机各段进口截面及主要运行参数

名　称	单位	第 I 段	第 II 段
进口温度 T_{in}	K	293	305
进口压力 p_{in}	MPa	0.09604	0.22292
进口空气密度 $\rho_{in} = \dfrac{p_{in}}{RT_{in}}$	kg/m³	1.1427	2.5480
进口体积流量 q_{Vin}	m³/s	6.01	2.6953
质量流量 q_m	kg/s	6.8657	
出口压力 p_{out}	MPa	0.22747	0.42107
主轴转速 n	r/min	8050	

经方案设计后，两段的主要设计参数选取见表 8-6。

表 8-6　各段所选取的主要设计参数

名　称	单位	第 I 段		第 II 段	
		第一级	第二级	第三级	第四级
叶轮叶片出口安装角 β_{2A}	°	50		45	
流量系数 φ_{2r}	—	0.26		0.24	
叶片数 z	片	21		19	
$1+\beta_L+\beta_{df}$	—	1.0247	1.0312	1.0376	1.0445
级多变效率 η_{pol}	—	0.83	0.82	0.81	0.80
等熵指数 κ	—	1.4			
叶轮外径 D_2	mm	648		571	
叶轮圆周速度 $u_2 = \pi D_2 n/60$	m/s	273.13		240.675	

两段进口法兰截面尺寸分别为

$$a_{inI} = 322\text{mm}, \quad b_{inI} = 340\text{mm}$$

$$a_{inII} = 210\text{mm}, \quad b_{inII} = 230\text{mm}$$

第一段进口法兰截面处气流速度为

$$c_{inI} = \frac{q_{Vin,cal}}{a_{inI}b_{inI} + \pi b_{inI}^2/4} = \frac{6.01}{0.322 \times 0.340 + \pi \times 0.340^2/4}\ \text{m/s} = 30.0\text{m/s}$$

$$c_{inII} = \frac{q_{VinII}}{a_{inII}b_{inII} + \pi b_{inII}^2/4} = \frac{2.6953}{0.210 \times 0.230 + \pi \times 0.230^2/4}\ \text{m/s} = 30.0\text{m/s}$$

后因叶轮 D_2 尺寸圆整，叶轮做功能力有微小变化，第二段进口 q_{VinII} 略微减小，但经核算，仍有 $c_{inII} = 30\text{m/s}$。

逐级详细计算的具体步骤及计算结果列于表 8-7。需要注意：下面计算表格中，凡是在备注栏中先标明"选取"而在后面步骤中又标明"校核"的参数，都是应该先选取然后经过校核的参数，若校核结果与前面选取的数值不一致，应该返回到前面选取的步骤重新选取，反复进行迭代计算，直至使前面选取的数值与后面校核的结果相符为止。

表 8-7　逐级详细计算结果

序号	名称及符号或计算公式	单位	第Ⅰ段		第Ⅱ段		备　注
			第一级	第二级	第三级	第四级	
1	轮毂比 d/D_2		0.3				选取范围为 0.25~0.40
2	轮毂直径 d	m	0.1944		0.1713		四段轴径平均直径为 0.18285m,满足前面避开临界转速的初步估算
3	速度系数 $K_c=c_1'/c_0$		1.06	1.07	1.07	1.08	选取范围 $K_c\approx1$
4	直径比 $K_D=D_1/D_0$		1.03		1.02		选取范围为 1.0~1.05
5	叶轮叶片进口阻塞系数 τ_1		0.8637	0.8541	0.8408	0.8339	选取
6	叶轮叶片出口阻塞系数 τ_2		0.9461		0.9401		选取
7	叶轮进口比体积比 $k_{v0}=\rho_0/\rho_{in,se}$		0.9829	1.3412	0.9925	1.2374	选取
8	叶轮出口比体积比 $k_{v2}=\rho_2/\rho_{in,se}$		1.2198	1.6040	1.1578	1.4143	选取
9	叶轮进口直径 $(D_0)_{w_1\min}$ [①]	m	0.3698	0.3454	0.2979	0.2856	利用注①公式计算(见表后)
10	叶轮进口面积 $A_0=\pi(D_0^2-d^2)/4$	m^2	0.07772	0.06402	0.04665	0.04102	
11	叶轮进口气流速度 $c_0=q_{Vin,se}/(k_{v0}A_0)$	m/s	78.67	69.99	58.21	53.10	
12	$T_0-T_{in,se}=\Delta T_0$ $\Delta T_0=\dfrac{\kappa-1}{\kappa R}\left(\dfrac{W_{pol}}{\eta_{pol}}-\dfrac{c_0^2-c_{in,se}^2}{2}\right)$	K	-2.634	48.821	-1.239	37.5386	计算第一、三级时多变功为零;计算第二、四级时加入第一、三级的多变功。效率与功对应
13	$\sigma=\kappa\eta_{pol}/(\kappa-1)$		2.905	2.87	2.835	2.8	下一步 k_{v0} 计算中,第二、四级的计算使用第一、三级的指数系数
14	叶轮进口 $k_{v0}=(1+\Delta T_0/T_{in,se})^{\sigma-1}$		0.9829	1.3412	0.9925	1.2374	校核 7
15	$T_0=T_{in,se}+\Delta T_0$	K	290.37	341.82	303.76	342.54	
16	$\rho_0=k_{v0}\rho_{in,se}$	kg/m^3	1.1232	1.5326	2.5289	3.1529	
17	$p_0=\rho_0 RT_0$	MPa	0.093553	0.150271	0.220349	0.309792	
18	叶轮叶片进口直径 $D_1=K_D D_0$	m	0.3809	0.3558	0.3039	0.2913	
19	叶轮进出口直径比 D_1/D_2		0.5878	0.5491	0.5322	0.5102	$D_1/D_2=0.5\sim0.6$
20	$u_1=n\pi D_1/60$	m/s	160.55	149.97	128.09	122.78	
21	叶轮叶片进口前速度 $c_1'=K_c c_0$	m/s	83.39	74.89	62.28	57.35	
22	叶轮叶片进口后速度 $c_1=c_1'/\tau_1$	m/s	96.55	87.68	74.08	68.77	认为 $c_1=c_{1r}$
23	叶轮叶片进口气流角 $\beta_1=\arctan(c_1/u_1)$	°	31.02	30.31	30.04	29.25	
24	叶轮叶片进口安装角 β_{1A}	°	31		30		圆整
25	冲角 $i=\beta_{1A}-\beta_1$	°	-0.02	0.69	-0.04	0.75	允许范围为 -2°~1°

（续）

序号	名称及符号或计算公式	单位	第Ⅰ段		第Ⅱ段		备　注
			第一级	第二级	第三级	第四级	
26	叶轮叶片厚度 δ	mm	6				
27	叶轮叶片计算厚度 δ_{cal}	mm	4				
28	叶轮叶片进口阻塞系数 $\tau_1 = 1 - z\delta_{cal}/(\pi D_1 \sin\beta_{1A})$		0.8637	0.8541	0.8408	0.8339	校核5
29	$T_1 - T_{in,se} = \Delta T_1$ $\Delta T_1 = \dfrac{\kappa-1}{R\kappa}\left(\dfrac{W_{pol}}{\eta_{pol}} - \dfrac{c_1^2 - c_{in,se}^2}{2}\right)$	K	-4.1943	47.4320	-2.2849	36.5875	计算第一、三级时多变功为零；计算第二、四级时加入第一、三级的多变功。效率与功对应。第二、四级的计算中使用第一、三级的指数系数
30	叶片进口比体积比 $k_{v1} = (1 + \Delta T_1/T_{in,se})^{\sigma-1}$		0.9729	1.3309	0.9863	1.2311	
31	叶片进口宽度 $b_1 = q_{Vin,se}/(k_{v1}c_1\pi D_1\tau_1)$	mm	61.91	53.95	45.95	41.72	
32	校核 $b_1 = (D_0^2 - d^2)/(4D_1 K_c)$	mm	62.18	53.53	45.67	41.50	误差≤0.22mm
33	叶片进口相对速度 $w_1 = \sqrt{c_1^2 + u_1^2}$	m/s	187.35	173.72	147.97	140.73	
34	叶片进口温度 $T_1 = T_{in,se} + \Delta T_1$	K	288.81	340.43	302.72	341.59	
35	$\rho_1 = k_{v1}\rho_{in,se}$	kg/m³	1.1117	1.5208	2.5131	3.1368	
36	$p_1 = \rho_1 R T_1$	MPa	0.092098	0.148508	0.218223	0.307355	
37	叶片进口马赫数 $Ma_{w_1} = w_1/\sqrt{\kappa R T_1}$		0.5501	0.4698	0.4244	0.3800	$Ma_{w_1} \leq 0.55$
38	$\varphi_{2u} = 1 - \varphi_{2r}\cot\beta_{2A} - \dfrac{\pi}{z}\sin\beta_{2A}$		0.6672		0.6431		
39	$w_2 = u_2\sqrt{(1-\varphi_{2u})^2 + \varphi_{2r}^2}$	m/s	115.35		103.51		
40	叶道扩压度 $K_w = w_1/w_2$		1.6242	1.5060	1.4295	1.3596	$K_w \leq 1.6$
41	叶轮出口绝对气流角 $\alpha_2 = \arctan(\varphi_{2r}/\varphi_{2u})$	°	21.29		20.465		$\alpha_2 \geq 18°$
42	叶轮出口绝对速度 $c_2 = \varphi_{2r}u_2/\sin\alpha_2$	m/s	195.58		165.21		
43	绝对速度切向分速度 $c_{2u} = \varphi_{2u}u_2$	m/s	182.23		154.78		
44	绝对速度径向分速度 $c_{2r} = \varphi_{2r}u_2$	m/s	71.01		57.76		
45	叶轮加给单位质量气体的总能量 $W_{tot} = \varphi_{2u}u_2^2(1 + \beta_L + \beta_{df})$	kJ/kg	51.0025	51.3260	38.6519	38.9089	
46	$T_2 - T_{in,se} = \Delta T_2$ $\Delta T_2 = \dfrac{\kappa-1}{\kappa R}\left(W_{tot} - \dfrac{c_2^2 - c_{in,se}^2}{2}\right)$	K	32.20	83.32	25.35	64.11	计算第二、四级的温升时注意加入两级的功
47	叶片出口比体积比 $k_{v2} = (1 + \Delta T_2/T_{in,se})^{\sigma-1}$		1.2197	1.6038	1.1578	1.4145	校核8，计算第一、三级使用第一、三级的指数系数，计算第二、四级使用段平均指数系数

（续）

序号	名称及符号或计算公式	单位	第Ⅰ段 第一级	第Ⅰ段 第二级	第Ⅱ段 第三级	第Ⅱ段 第四级	备注
48	叶轮出口温度 $T_2 = T_{in,se} + \Delta T_2$	K	325.2	376.32	330.35	369.11	
49	叶轮出口密度 $\rho_2 = \rho_{in,se} k_{r2}$	kg/m³	1.3938	1.8327	2.9501	3.6041	
50	叶轮出口压力 $p_2 = \rho_2 R T_2$	MPa	0.130016	0.197832	0.279550	0.381593	
51	$\varepsilon_2 = p_2 / p_{in,se}$		1.3538	2.0599	1.2540	1.7118	
52	叶片出口马赫数 $Ma_{c_2} = c_2 / \sqrt{\kappa R T_2}$		0.5412	0.5031	0.4536	0.4291	$Ma_{c_2} \le 0.7$
53	叶轮叶片出口计算厚度 δ_{cal}	mm	4				叶片厚度取 6
54	叶轮出口叶片阻塞系数 $\tau_2 = 1 - \dfrac{z \delta_{cal}}{\pi D_2 \sin\beta_{2A}}$		0.9461		0.9401		校核 6
55	叶轮出口宽度 $b_2 = q_{Vin,se} / (\pi D_2 k_{r2} c_{2r} \tau_2)$	mm	36.03	27.40	23.90	19.56	
56	叶轮出口相对宽度 b_2/D_2		0.05560	0.04228	0.04186	0.03426	$b_2/D_2 = 0.02 \sim 0.065$
57	级反作用度 $\rho = \dfrac{(w_1^2 - w_2^2) + (u_2^2 - u_1^2)}{2\varphi_{2u} u_2^2}$		0.7094	0.6930	0.7073	0.6972	
58	轮盖倾角 $\theta = \arctan[2(b_1 - b_2)/(D_2 - D_1)]$	°	10.97	10.30	9.38	9.00	$\theta \approx 8° \sim 12°$
59	轮盖密封直径 D_s	m	0.4189	0.3914	0.3342	0.3204	
60	轮盖密封齿数 Z	片	5				
61	轮盖密封间隙 s	mm	0.4				选取
62	漏气损失系数 $\beta_L = \dfrac{\bar{\alpha} \dfrac{D_s}{D_2} \dfrac{1000S}{D_2} \sqrt{\dfrac{3}{4Z}}[1 - (D_1/D_2)^2]}{1000 \tau_2 \varphi_{2r} \sqrt{k_{r2}} b_2/D_2}$		0.005794	0.006414	0.009260	0.009970	取 $\bar{\alpha} = 0.7$
63	轮阻损失系数 $\beta_{df} = \dfrac{0.172}{1000 \tau_2 \varphi_{2r} \varphi_{2u} b_2/D_2}$		0.01885	0.02479	0.02832	0.03460	
64	$1 + \beta_L + \beta_{df}$		1.02464	1.03120	1.03758	1.04457	校核
65	叶片圆弧曲率半径 $R = \dfrac{1 - (D_1/D_2)^2}{4[\cos\beta_{2A} - (D_1/D_2)\cos\beta_{1A}]} D_2$	m	0.76312	0.65737	0.4156	0.3980	
66	叶片圆弧圆心半径 $R_0 = [R(R - D_2\cos\beta_{2A}) + (D_2/2)^2]^{1/2}$	m	0.60784	0.51313	0.29399	0.27968	
67	轮盖进口半径 $r = (r/b_1) b_1$	mm	37.15	32.37	27.57	25.03	取 $r/b_1 = 0.6$
68	无叶扩压器进口直径 $D_3 = (D_3/D_2) D_2$	m	0.6901		0.6081		取 $D_3/D_2 = 1.065$
69	无叶扩压器进口宽度 $b_3 = b_2$	mm	36.03	27.40	23.90	19.56	选取

（续）

序号	名称及符号或计算公式	单位	第Ⅰ段 第一级	第Ⅰ段 第二级	第Ⅱ段 第三级	第Ⅱ段 第四级	备 注
70	无叶扩压器进口气流角 $\alpha_3 = \arctan[(b_2/b_3)\tan\alpha_2]$	°	21.29		20.465		
71	无叶扩压器出口直径 $D_4 = (D_4/D_2)D_2$	m	1.053		0.9279		取 $D_4/D_2 = 1.625$
72	无叶扩压器出口宽度 $b_4 = b_3$	mm	36.03	27.40	23.90	19.56	选取
73	无叶扩压器出口气流角 $\alpha_4 = \alpha_3$	°	21.29		20.465		
74	无叶扩压器出口比体积比 $k_{v4} = \rho_4/\rho_{in,se}$		1.3182	1.7134	1.2196	1.4809	选取
75	无叶扩压器出口气流速度 $c_4 = q_{Vin,se}/(\pi D_4 b_4 k_{v4}\sin\alpha_4)$	m/s	105.3508	106.5796	90.7247	91.2949	
76	$T_4 - T_{in,se} = \Delta T_4$ $\Delta T_4 = \dfrac{\kappa-1}{\kappa R}\left(W_{tot} - \dfrac{c_4^2 - c_{in,se}^2}{2}\right)$	K	45.7220	96.7158	34.8484	73.5521	计算第二、四级的温升时注意加入两级的功
77	$k_{v4} = (1 + \Delta T_4/T_{in,se})^{\sigma-1}$		1.3182	1.7133	1.2196	1.4809	校核74。计算第一、三级使用第一、三级的指数系数,计算第二、四级使用段平均指数系数
78	无叶扩压器出口温度 $T_4 = T_{in,se} + \Delta T_4$	K	338.722	389.7158	339.8484	378.5521	
79	无叶扩压器出口密度 $\rho_4 = \rho_{in,se}k_{v4}$	kg/m³	1.5063	1.9578	3.1075	3.7733	
80	无叶扩压器出口压力 $p_4 = \rho_4 R T_4$	MPa	0.146353	0.218859	0.302932	0.409728	
81	$c_{4u} = c_4\cos\alpha_4$	m/s	98.1611	99.3060	84.9987	85.5329	
82	$c_{4r} = c_4\sin\alpha_4$	m/s	38.2517	38.6978	31.7205	31.9199	
83	回流器进口直径 $D_5 = D_4$	m	1.053		0.9279		各段末级没有弯道和回流器
84	回流器进口宽度 $b_5 = b_4$	mm	36.03		23.90		
85	回流器入口气流角 $\alpha_5 = \arctan\left(K\dfrac{b_4}{b_5}\tan\alpha_4\right)$	°	31.9432		30.8415		取 $K=1.6(K=1.5\sim1.7)$
86	回流器叶片入口安装角 α_{5A}	°	32		31		选取
87	$\alpha_{4-5} = (\alpha_4 + \alpha_5)/2$	°	26.6166		25.6533		
88	弯道转弯内半径 $R_1 = (7\sim14)b_4\sin^2\alpha_{4-5} - 0.25(b_4+b_5)$	mm	54.3045		32.8442		$(7\sim14)$取10
89	弯道转弯外半径 $R_2 = R_1 + b_4$	mm	90.3345		56.7442		
90	回流器出口直径 $D_6 = D_{0next}$②	mm	345.4		285.6		也可如下设计:$D_6 = D_{0next} + 2$ $(r/b_6)b_6$,$r/b_6 = 0.45$
91	回流器叶片出口安装角 α_{6A}	°	90		90		选取

（续）

序号	名称及符号或计算公式	单位	第Ⅰ段		第Ⅱ段		备 注
			第一级	第二级	第三级	第四级	
92	回流器叶片数 $Z_5=\left(\dfrac{l}{t}\right)_{opt}\dfrac{2\pi\sin[(\alpha_{5A}+\alpha_{6A})/2]}{\ln(D_5/D_6)}$	片	10.599 选取 $z_5=11$		9.9781 选取 $z_5=10$		选取 $(l/t)_{opt}=2.15$
93	回流器叶片厚度 δ_5	mm	15		15		选取
94	回流器叶片计算厚度 δ_{5cal}	mm	8		8		选取
95	回流器叶片进口阻塞系数 $\tau_5=1-z_5\delta_{5cal}/(\pi D_5\sin\alpha_{5A})$		0.9498		0.9467		
96	回流器叶片出口阻塞系数 $\tau_6=1-z_5\delta_{5cal}/(\pi D_6\sin\alpha_{6A})$		0.9189		0.9108		
97	下级进口速度比 $K_{c0}=c_{0next}/c_6$		1.06		1.06		选取范围 1.05~1.08
98	回流器出口速度 $c_6=c_{0next}/K_{c0}$	m/s	66.0283		50.0943		认为 $c_6=c_{6r}$
99	$T_6-T_{in,se}=\Delta T_6$ $\Delta T_6=\dfrac{\kappa-1}{\kappa R}\left(W_{tot}-\dfrac{c_6^2-c_{in,se}^2}{2}\right)$	K	49.0782		37.6979		
100	回流器出口比体积比 $k_{t6}=(1+\Delta T_6/T_{in,se})^{\sigma-1}$		1.3432		1.2384		
101	回流器出口温度 $T_6=T_{in,se}+\Delta T_6$	K	342.0782		342.6979		
102	回流器出口密度 $\rho_6=\rho_{in,se}k_{t6}$	kg/m³	1.53487		3.15544		
103	回流器出口压力 $p_6=\rho_6 RT_6$	MPa	0.150607		0.310185		
104	回流器出口宽度 $b_6=q_{Vin,se}/(k_{t6}\pi D_6 c_6\tau_6)$	m	0.06796		0.05317		
105	段出口速度 c_{out}	m/s		30.0		30.0	选取
106	段出口温升 $T_{out}-T_{in,se}=\Delta T_{out}$ $\Delta T_{out}=\dfrac{\kappa-1}{\kappa R}\left(W_{tot}-\dfrac{c_{out}^2-c_{in,se}^2}{2}\right)$	K		101.9248		77.2548	注意加入全段的功
107	$k_{rout}=(1+\Delta T_{out}/T_{in,se})^{\sigma-1}$			1.75674		1.50734	注意用段平均指数系数
108	段出口温度 $T_{out}=T_{in,se}+\Delta T_{out}$	K		394.9248		382.2548	
109	段出口密度 $\rho_{out}=\rho_{in,se}k_{rout}$	kg/m³		2.00743		3.84070	
110	段出口压力 $p_{out}=\rho_{out}RT_{out}$	MPa		0.227419		0.421126	满足设计要求
111	各级内功率 $P_i=q_{m,cal}W_{tot}$	kW	350.1679	352.3889	265.3723	267.1368	
112	各段内功率 $P_{i,se}$	kW		702.5568		532.5091	
113	整机内功率 $\sum P_i$	kW			1235.0659		

① $(D_0)_{w_1min}=\sqrt{d^2+\sqrt[3]{2}\left[4\tau_2 k_{v2}K_c\varphi_{2r}(b_2/D_2)/(\tau_2 k_{t0}K_D)\right]^{2/3}D_2^2}$。

② 下角标 next 表示下一级。

3. 第Ⅰ段吸气室和末段排气蜗壳的设计计算

（1）第Ⅰ段吸气室的设计计算　选择双支撑径向进气吸气室，如图 8-4 所示。

第Ⅰ段进口及吸气室出口参数为

$$T_{in}=293K,\quad \sigma=2.905,\quad q_{Vin}=6.01m^3/s,\quad c_{in}=30m/s$$

$$D_0 = 0.3698\text{m}, \quad d = 0.1944\text{m}, \quad c_0 = 78.67\text{m/s}, \quad A_0 = 0.07772\text{m}^2$$

由于吸气室内速度很低，可认为气体不可压缩。

1）进气通道。吸气室进口截面（图8-5，前已计算）：

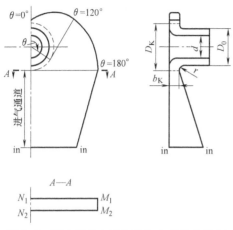

图8-4 双支撑径向进气吸气室结构示意图

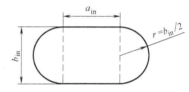

图8-5 吸气室进口截面示意图

$$a_{\text{in}} = 0.322\text{m}, \quad b_{\text{in}} = 0.34\text{m}$$

$$A_{\text{in}} = a_{\text{in}}b_{\text{in}} + \pi b_{\text{in}}^2/4 = (0.322\times0.34+\pi\times0.34^2/4)\text{m}^2 = 0.200272\text{m}^2$$

进气通道出口截面（$\theta=180°$处的D_{K}圆切面——$A_{180°}$截面）：

取$c_{180°}=c_{\text{K}}=44.28339\text{m/s}$，则$A_{180°}$截面和$D_{\text{K}}$圆周的通流截面面积$A_{\text{K}}$为

$$A_{180°} = A_{\text{K}} = \frac{q_{V\text{in}}}{c_{\text{K}}} = \frac{6.01}{44.28339} \text{m}^2 = 0.1357168\text{m}^2$$

选取$D_{\text{K}}=0.48\text{m}$，$A_{180°}$截面为矩形截面，则$A_{180°}$截面和$D_{\text{K}}$圆周通流截面$A_{\text{K}}$的平均宽度为

$$b_{\text{K}} = \frac{A_{\text{K}}}{\pi D_{\text{K}}} = \frac{0.1357168}{\pi\times0.48}\text{m} = 0.09\text{m}$$

$A_{180°}$截面的长度$2M_1N_1$为

$$2M_1N_1 = A_{180°}/b_{\text{K}} = 0.1357168/0.09\text{m} = 1.507964\text{m}$$

2）螺旋通道。螺旋通道的形状关于中心垂线两面对称，所以对它的分析与设计可以只针对图8-4所示的一半螺旋通道进行。螺旋通道中，任意θ角处D_{K}圆的切面面积用矩形$N_1M_1M_2N_2$表示（图8-4），且有

$$N_1N_2 = M_1M_2 = b_{\text{K}} = 0.09\text{m}$$

要确定螺旋通道的型线，实际上是在b_{K}确定之后，确定各个θ角处D_{K}圆切面面积的边长M_1N_1。

螺旋通道任意θ角处D_{K}圆切面面积上通过的流量为

$$q_\theta = q_{V\text{in}}\frac{\theta}{360°}$$

任意θ角处D_{K}圆切面面积为

$$A_\theta = \frac{q_\theta}{c_{\text{K}}}$$

则

$$M_1N_1 = \frac{q_{Vin}}{c_K b_K} \frac{\theta}{360°}$$

根据上式，各 θ 角处 D_K 圆矩形切面面积的边长 M_1N_1 见表 8-8。因为螺旋通道的型线关于中心垂线两面对称，所以表中只给出 $\theta = 0° \sim 180°$ 范围内的 M_1N_1 值。

表 8-8　各 θ 角处 D_K 圆矩形切面面积的边长 M_1N_1 计算表

名　称	单　位	数　值					
θ	°	10	20	30	40	50	60
M_1N_1	mm	41.89	83.78	125.66	167.55	209.44	251.33
θ	°	70	80	90	100	110	120
M_1N_1	mm	293.22	335.10	376.99	418.88	460.77	502.65
θ	°	130	140	150	160	170	180
M_1N_1	mm	544.54	586.43	628.32	670.21	712.09	753.98

3）环形收敛通道。环形收敛通道为 A_K 截面至吸气室出口 A_0 截面，A_K 截面上面已算，A_0 截面前面已知。

为了使螺旋通道向环形收敛通道的 90° 转弯半径 r 与两边壁面相切，可有

$$r = \frac{D_K - D_0}{2} = \frac{0.48 - 0.3698}{2}\text{m} = 0.0551\text{m}$$

校核相对转弯半径

$$\bar{r} = \frac{r}{b_K} = \frac{0.0551}{0.09} = 0.6122 > 0.38 \qquad （满足要求）$$

环形收敛通道的收敛度 K_c 为

$$K_c = \frac{A_K}{A_0} = \frac{0.1357168}{0.07772} = 1.7462 \qquad （建议值为 K_c \geq 2）$$

注：$A_{180°}$ 和 A_K 目前为矩形截面，可考虑转换为图 5-2 所示的梯形截面，即在 M_1N_1 长度不变的前提下，仍令 $N_1N_2 = b_K$，但将宽度 M_1M_2 适当放大，并将图形中的直角和锐角改为圆弧连接，这样有利于螺旋通道中气流速度更加均匀。

（2）末段排气蜗壳的设计计算

1）设计的一般考虑和原则。采用圆形对称外蜗壳（图 8-6），蜗壳型线按气体自由流动规律——动量矩不变规律设计。

在蜗壳回转面上，针对不同蜗壳螺旋角 φ 给出对应的半径 r_s，从而根据这些离散点做出蜗壳型线；同样针对不同的蜗壳螺旋角 φ，给出蜗壳通道圆形子午通流截面的半径 ρ 和圆形截面的圆心距压缩机转轴中心的距离 R_c，从而可构造出整个蜗壳的螺旋通道。

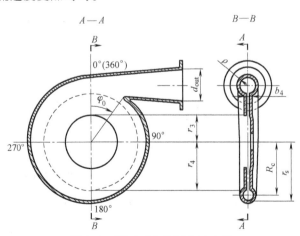

图 8-6　圆形对称外蜗壳示意图

蜗壳各个参数之间的关系为

$$K = \frac{720° \pi c_{4u} r_4}{q_{V4}}$$

$$\rho = \sqrt{\frac{2r_4 \varphi}{K} + \frac{\varphi}{K}}$$

$$R_c = r_4 + \rho$$

$$r_s = R_c + \rho$$

各参数及单位为：c_{4u}（m/s），r_4（m），q_{V4}（m³/s），K（m⁻¹），ρ（m）、R_c（m），r_s（m），φ（°）。

2）末段无叶扩压器出口参数（蜗壳进口参数）。

$$c_{4u} = 85.5329\text{m/s}, \quad D_4 = 0.9279\text{m}, \quad k_{V4} = 1.4809, \quad q_{V\text{in,se}} = 2.6953\text{m}^3/\text{s}$$

$$r_4 = D_4/2 = 0.9279/2 \text{ m} = 0.46395 \text{ m}$$

$$q_{V4} = q_{V\text{in,se}}/k_{V4} = 2.6953/1.4809 \text{ m}^3/\text{s} = 1.8200419\text{m}^3/\text{s}$$

3）蜗壳主要参数的计算。

$$K = \frac{720° \pi c_{4u} r_4}{q_{V4}} = \frac{720° \pi \times 85.5329 \times 0.46395}{1.8200419} \text{ m}^{-1} = 49317.98896\text{m}^{-1}$$

针对不同蜗壳螺旋角处的蜗壳截面尺寸计算结果见表8-9。

表8-9　不同蜗壳螺旋角处的蜗壳截面尺寸计算结果

名　称	单位	数　　值					
蜗壳螺旋角 φ	°	15	30	45	60	75	90
蜗壳子午通流截面半径 ρ	m	0.01710	0.02437	0.03001	0.03482	0.03909	0.04297
子午通流截面圆心的轴心距 R_c	m	0.48105	0.48832	0.49396	0.49877	0.50304	0.50692
回转面蜗壳型线半径 r_s	m	0.49815	0.51269	0.52397	0.53359	0.54213	0.54989
蜗壳螺旋角 φ	°	105	120	135	150	165	180
蜗壳子午通流截面半径 ρ	m	0.04658	0.04995	0.05314	0.05617	0.05906	0.06184
子午通流截面圆心的轴心距 R_c	m	0.51053	0.51390	0.51709	0.52012	0.52301	0.52579
回转面蜗壳型线半径 r_s	m	0.55711	0.56385	0.57023	0.57629	0.58207	0.58763
蜗壳螺旋角 φ	°	195	210	225	240	255	270
蜗壳子午通流截面半径 ρ	m	0.06452	0.06712	0.06963	0.07206	0.07444	0.07675
子午通流截面圆心的轴心距 R_c	m	0.52847	0.53107	0.53358	0.53601	0.53839	0.54070
回转面蜗壳型线半径 r_s	m	0.59299	0.59819	0.60321	0.60807	0.61283	0.61745
蜗壳螺旋角 φ	°	285	300	315	330	345	360
蜗壳子午通流截面半径 ρ	m	0.07901	0.08121	0.08337	0.08549	0.08756	0.08960
子午通流截面圆心的轴心距 R_c	m	0.54296	0.54516	0.54732	0.54944	0.55151	0.55355
回转面蜗壳型线半径 r_s	m	0.62197	0.62637	0.63069	0.63493	0.63907	0.64315

4）蜗壳出口扩压管设计。蜗壳出口扩压管结构如图8-6所示。已知第Ⅱ段的有关参数如下：

质量流量 $q_m = 6.8657 \text{kg/s}$，段出口密度 $\rho_{\text{out}} = 3.8407 \text{kg/m}^3$，蜗壳螺旋线 $\varphi = 360°$ 处圆形通流截面半径 $\rho_{\varphi=360°} = 0.0896\text{m}$，段出口速度 $c_{\text{out}} = 30\text{m/s}$，取蜗壳出口扩压管的扩张角 $\theta = 6°$。

蜗壳扩压管出口（即蜗壳出口）截面面积 A_{out} 为

$$A_{\text{out}} = \frac{q_m}{c_{\text{out}}\rho_{\text{out}}} = \frac{6.8657}{30 \times 3.8407} \text{m}^2 = 0.0595872\text{m}^2$$

蜗壳出口圆形截面直径 d_{out} 为

$$d_{\text{out}} = \sqrt{4A_{\text{out}}/\pi} = \sqrt{4 \times 0.0595872/\pi} \text{ m} = 0.275443\text{m}$$

扩压管长度 L 为

$$L = \frac{d_{\text{out}}/2 - \rho_{\varphi=360°}}{\tan(\theta/2)} = \frac{0.275443/2 - 0.0896}{\tan(6°/2)} \text{m} = 0.918213\text{m}$$

设计结果：

蜗壳扩压管出口圆形截面直径 $d_{\text{out}} = 0.275443\text{m}$，扩压管长度 $L = 0.918213\text{m}$。

至此，本例设计完成。

说明：本例题重在给出基本设计方法，设计结果和参数选取未必最佳。为了压缩篇幅，只对一个吸气室和蜗壳进行了设计计算。

学习指导和建议

8-1 掌握本章热力设计方法的使用条件和所要解决的基本问题。

8-2 掌握效率法热力设计的主要内容和主要设计思路。

8-3 体会前面各章的基本方程、基本概念和基础知识在设计中是如何应用的。

8-4 通过完成离心压缩机的热力设计，加深对热力设计方法的理解和掌握。

思考题和习题

8-1 本章热力设计方法的使用条件是什么？

8-2 热力设计所要解决的基本问题是什么？

8-3 热力设计有哪些主要方法？什么是基于模型级数据库的设计方法？

8-4 效率法为何称为"效率法"？效率法设计包括哪些主要内容？

8-5 效率法方案设计主要解决什么问题？解决的主要思路是什么？

8-6 效率法逐级详细计算主要解决什么问题？解决的主要思路是什么？

8-7 采取中间冷却的主要目的是什么？

8-8 本章介绍的热力设计方法中，压缩机分段和确定段压比的原则是什么？

8-9 按照本章介绍的方法，单轴多级离心压缩机的主轴转速如何确定？

8-10 方案设计中，各段叶轮的主要参数应该怎样选取？

8-11 什么是参考截面？什么是计算截面？如何确定两个截面之间叶轮对气体的做功和多变过程指数？

8-12 主轴三段最大轴颈的平均直径如何估算？

8-13 基本方程在热力设计中是如何应用的？主要解决什么问题？

8-14 本章例题的气体压缩过程中，气体温度超过了 100℃。如要控制气体温度小于 100℃，你打算如何修改设计方案？

参 考 文 献

[1] 徐忠. 离心式压缩机原理（修订本）[M]. 北京：机械工业出版社，1990.

[2] 续魁昌. 风机手册 [M]. 北京：机械工业出版社，2001.

[3] 吴玉林，陈庆光，刘树红. 通风机和压缩机 [M]. 北京：清华大学出版社，2005.

[4] MAN Turbomaschinen AG, GHH BORSIG. Reduction in costs and power consumption by employing multishaft compressors in high-pressure applications. GHH BORSIG, Turbomaschinen GmbH, Bahnhofstrasse 66, 46145 Oberhausen/Germany.

[5] 江宏俊. 流体力学：上、下册 [M]. 北京：高等教育出版社，1985.

[6] 景思睿，张鸣远. 流体力学 [M]. 西安：西安交通大学出版社，2001.

[7] 党锡淇，许庆余. 理论力学 [M]. 西安：西安交通大学出版社，1989.

[8] 沈维道，郑培芝，蒋淡安. 工程热力学 [M]. 北京：高等教育出版社，1983.

[9] 傅秦生. 工程热力学 [M]. 北京：机械工业出版社，2012.

[10] 李庆宜. 通风机 [M]. 北京：机械工业出版社，1981.

[11] 里斯 B Ф. 离心压缩机械 [M]. 朱报祯，余文龙，于绍和，译. 北京：机械工业出版社，1986.

[12] 埃克 B. 通风机 [M]. 沈阳鼓风机研究所，等译. 北京：机械工业出版社，1983.

[13] Stepanoff A J. Turboblowers [M]. New York：John Wiley & Sons Inc.，1955.

[14] Daily J W, Nece R E. Chamber dimension effects on induced flow and frictional resistance of enclosed rotating disks [J]. ASME, Journal of Basic Engineering, 1960, 82.

[15] 斯捷金 Б C. 喷气发动机原理 [M]. 张惠民，鲁启新，等译. 北京：国防工业出版社，1956.

[16] Stanitz J D. Some theoretical aerodynamic investigations of impellers in radical and mixed-flow centrifugal compressors [J]. ASME, Trans. 1952, 74：473.

[17] Wiesner F J. A review of slip factors for centrifugal impellers [J]. ASME, Trans：Series A, 1967 (4).

[18] Predin A, Bilus I. Prerotation Flow Measurement [J]. Flow Measurement and Instrumentation, 2003, 14：243-247.

[19] Predin A, Bilus I. Prerotation flow at the entrance to a radial impeller [J]. Journal of Mechanical Engineering, 2000, 46：276-290.

[20] 何鹏. 离心式通风机进口预旋实验研究 [D]. 西安：西安交通大学能源与动力工程学院，2005.

[21] 阎庆绶，陈仰吾，李治勤. 离心通风机入口流体预旋的试验研究 [J]. 风机技术，1990 (4)：14-18.

[22] 蔡衍芳，吴晓武，史丽文. 多叶通风机预旋的实验研究 [J]. 风机技术，1998 (3)：20-22.

[23] Tan Jiajian, Qi Datong, Luo Tengfei. A new approach to the calculation of Euler work for centrifugal fan impellers [J]. Proc. Instn Mech. Engrs, Part C：Journal of Mechanical Engineering Science, 2009, 223 (7)：1591-1596.

[24] Ecket B, Schnell E. Axial and Radial kompressoren [M]. Berlin：Springer-Verlag, 1961.

[25] Yoshinaga Y, Kaneki T, Kobayashi H, et al. A study of performance improvement for high specific speed centrifugal compressors by using diffusers with half guide vanes [J]. ASME, Journal of Fluids Engineering, 1987, 109 (4)：359-367.

[26] Issac J M, Sitaram N, Govardhan M. Effect of diffuser vane height and position on the performance of a centrifugal compressor [J]. Proc. Instn Mech. Engrs, Part A：Journal of Power and Energy, 2004, 218 (8)：647-654.

[27] Sitaram N, Issac J M. An experimental investigation of a centrifugal compressor with hub vane diffusers [J]. Proc. Instn Mech. Engrs, Part A：Journal of Power and Energy, 1997, 211 (5)：411-427.

［28］ Liu R，Xu Z. Numerical investigation of a high speed centrifugal compressor with hub vane diffusers ［J］. Proc. Instn Mech. Engrs，Part A：Journal of Power and Energy，2004，218（3）：155 -169.

［29］ 张伟，卢勇，宫武旗，等. 半高扩压器对吸尘器用离心风机性能影响的研究 ［J］. 电器，2013（S1）：633-637.

［30］ Zhang W，Gong W，Fan X，et al. The effect of half vane diffuser on the noise generated from a centrifugal fan ［J］. Experimental Techniques，2012，36（3）：5-13.

［31］ 王锐，祁大同，王学军. 离心压缩机弯道回流器子午型线的改进研究 ［J］. 中国电机工程学报，2010，30（2）：109-114.